计算机系列教材

张羽 黄小平 编著

计算机系统基础

清华大学出版社

北京

内 容 简 介

本书以"层次转换"的方法介绍与计算机系统相关的核心概念和基本原理,试图帮助初学者建立计算机系统的整体概念及"系统观"。本书共分 6 章,主要内容包括计算机系统发展简史、数据和程序的机器级表示、数字逻辑基础、冯•诺依曼结构与哈佛结构、计算机组成与指令集结构、编译器工作原理、虚拟内存、上下文切换、Internet 原理、无线网络及移动社交网络系统等。

本书可用作高等院校计算机专业和物联网工程等相关专业学生的入门教材,也可作为计算机专业人士和技术人员的参考书。

图书在版编目(CIP)数据

计算机系统基础/张羽,黄小平编著. --北京:清华大学出版社,2016(2023.8重印)
计算机系列教材
ISBN 978-7-302-43825-0

Ⅰ. ①计… Ⅱ. ①张… ②黄… Ⅲ. ①计算机系统—教材 Ⅳ. ①TP30

中国版本图书馆 CIP 数据核字(2016)第 101705 号

责任编辑:张　民　战晓雷
封面设计:常雪影
责任校对:时翠兰
责任印制:曹婉颖

出版发行:清华大学出版社
　　　　网　　　址:http://www.tup.com.cn,http://www.wqbook.com
　　　　地　　　址:北京清华大学学研大厦 A 座　　　　邮　　编:100084
　　　　社 总 机:010-83470000　　　　　　　　　　　邮　　购:010-62786544
　　　　投稿与读者服务:010-62776969,c-service@tup.tsinghua.edu.cn
　　　　质量反馈:010-62772015,zhiliang@tup.tsinghua.edu.cn
　　　　课件下载:http://www.tup.com.cn,010-62795954
印 装 者:三河市龙大印装有限公司
经　　销:全国新华书店
开　　本:185mm×260mm　　　　印　　张:15.5　　　　字　　数:357 千字
版　　次:2016 年 10 月第 1 版　　　　　　　　　　　　印　　次:2023 年 8 月第 5 次印刷
印　　数:2621~3620
定　　价:33.00 元

产品编号:064529-01

随着移动互联网、物联网和云计算的快速发展，全社会范围的计算机化显著增强，而如何培养担当这些技术发展重任的计算机专业人才的问题，国内外的专家学者和一批计算机界的有识之士进行了深入的研究和有益的探讨。其中一个重要的共识是：与其他专业相比，计算机专业的人才培养应该更加突出"系统思维"，应该使学生能站在计算机系统整体的高度解决今后面临的应用问题。

作为西北工业大学计算机学院教学改革和陕西省教育厅本科高校"专业综合改革试点"项目中具体落实建设思路的关键内容，本书就计算机专业学生如何建立"系统观"提供了一条学习途径。与目前国内外出版的计算机系统基础类书籍相比，本书有两个基本特色：第一，试图结合自顶向下和自底向上两种方法，阐述计算机系统的基本概念和原理。综合程序员视角和系统构建视角的核心内容，讲授计算机系统各层次之间的转换。同时，不拘泥于单计算机系统内部，而面向更加开放的网络分布式计算环境，实现计算机系统含义的延展；第二，结合国内多年一线教学实践经验及本科计算机专业课程总学时规划的现实需求，对"系统观"和"程序与计算思维"进行统筹考虑和设计，使与之对应的"计算机系统基础"与"程序设计基础"课程相互呼应、相互配合。同时，在内容设计上做好后续计算机专业核心课程（数字逻辑、计算机组成原理、数据结构、编译原理、操作系统和计算机网络）的知识铺垫。

编写本书的主要动机是让刚进入大学校门的学生，在一开始学习计算机专业课程时就对构成计算机专业基础的"计算机系统"有一个整体的、全局的和较为深入的理解，这是一项具有挑战性的任务。我们希望本书有助于具有相关教学经验的老师交流关于如何培养学生"系统思维"能力的见解，为进一步促进计算机专业人才培养贡献一份力量。

本书共6章。第1章是计算机系统的导论，讲述为计算机系统的形成奠定重要基础的人物及事件，并介绍计算机系统中的几个关键概念。第2章阐述计算机系统中的信息表示，以自顶向下的方法揭示抽象数据和高级语言程序到物理的机器级表示之间的层次转换关系。第3章介绍计算机系统中的硬件基本组成，计算机硬件自底向上的层次关系以及计算机系统结构。第4章介绍高级语言程序转换成计算机硬件语言指令集组合的工作原理，并考察代码优化与计算机硬件之间的内在关系。第5章介绍计算机系统中的核心软件——操作系统，并通过一个高级语言示例程序，揭示应用程序、操作系统与计算机硬件之间的交互机制。第6章介绍计算机网络系统中的关键内容，以全球最大的网络——Internet 和当前迅猛发展的移动互联网络系统为线索,阐述多计算机系统之间的软、硬件交互机制和工作原理。

本书是多人智慧的结晶,由张羽和黄小平编著。此外,参加本书编写的人员还有张艳、郭丽、姚朋宾、刘永吉、王时雨、李林、庞晓旭、魏明菲、张谦、覃伟等。本书也是多年讲义的实践成果与积淀,感谢各位同仁和各届学生对本书原讲义内容所提出的宝贵反馈和改进意见。

感谢清华大学出版社和西北工业大学在本书编写过程中提供的支持。特别感谢本书的责任编辑清华大学出版社的张民和战晓雷老师,他们极其专业细致的审校和编辑工作为本书的出版质量提供了可靠的保证。

由于计算机系统相关技术的不断发展,加之作者水平有限,书中难免存有不足之处,恳请广大读者批评指正,我们的电子邮箱是 zhangyu@nwpu.edu.cn。

编 者
2016 年 7 月
于西安

FOREWORD

第1章 绪 论

1.1 计算机系统发展简史

计算的历史十分悠久，它可以解释为什么计算机系统是今天这个样子。本节讲述为计算机系统的形成奠定重要基础的人物及事件，从计算机系统硬件和软件发展的两条线索来揭示计算机系统进化的脉络。

1.1.1 计算机系统硬件发展史

辅助人们进行各种计算的设备自古就有，直到今天它们还在不断进化。让我们先来了解一下计算机系统硬件发展的历史。

1. 早期历史

计算机的英文 computer 原意是从事数据计算的人。而他们往往都需要借助于某些机械计算设备或模拟计算机。这些早期计算设备包括算盘（图 1-1）以及可以追溯到公元前 87 年被古希腊人用于计算行星移动的安提凯希拉仪器。随着中世纪末期欧洲数学与工程学的再次繁荣，1623 年德国科学家威尔汉姆·施卡德（Wilhelm Schickard）率先研制出了欧洲第一部计算设备，这部机械装置改良自时钟的齿轮技术，能进行六位以内数的加减，并经由钟声输出答案，因此又称为"算数钟"，可惜后来毁于火灾，威尔汉姆·施卡德也因战祸而逝。到 1633 年，英国数学家威廉·奥特雷德（William Oughtred）利用对数原理发明了一种圆形计算工具——比例环（Circles of Proportion），后来逐渐演变成近代的计算尺（图 1-2）。直到口袋型计算器发明之前，工程师以及与数学相关的专业人士都使用过计算尺。美国阿波罗计划的工程师甚至利用计算尺将宇航员送上了月球，其计算精度达到 3 或 4 位的有效数字。1642 年法国数学家帕斯卡（图 1-3）为疲于税务计算的税务员父亲发明了滚轮式加法器（图 1-4），可通过转盘进行加法运算。1673 年德国数学家莱布尼茨（图 1-5）将阶梯式圆柱齿轮加以改良，制作出了可以进行四则运算的步进计算器（图 1-6），可惜其成本高昂，不受当时人们的重视。

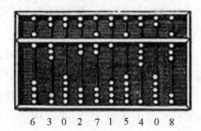

6 3 0 2 7 1 5 4 0 8

图 1-1 算盘

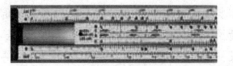

图 1-2 可计算乘除的计算尺

图 1-3　法国数学家帕斯卡

图 1-4　滚轮式加法器

图 1-5　德国数学家莱布尼茨

图 1-6　步进计算器

　　1725 年,法国纺织工人鲁修为便于转织图样,在织布机套上穿孔纸带,他的合作伙伴则在 1726 年着手改良设计,将纸带换成相互串连的穿孔卡片,实现了仅需手工进料的半自动化生产。1801 年,法国人约瑟夫·玛丽·雅卡尔(Joseph-Marie Jacquard)发明了提花织布机,利用打孔卡控制织花图样,与前者不同的是,这种织布机变更串连的卡片时无须更改机械设计,此举被视为可编程机器发展史上的里程碑。

　　1820 年,英国数学家查尔斯·巴贝奇(Charles Babbage)(图 1-7)构想和设计了第一部完全可编程计算机,他称之为分析机。巴贝奇在 1835 年提到,分析机是一台通用的可编程化计算机,以蒸汽引擎驱动,吸收了提花织布机的优点,使用打孔卡输入数据,其中的重要创新是用齿轮模拟算盘的算珠。巴贝奇设计分析机的基本想法是利用"机器"将计算到印刷的过程全部自动化,全面去除人为疏忽导致的错误(如计算错误、抄写错误、校对错误、印制错误等)。尽管巴贝奇的设计方向正确(仅需部分修正),制造计算机的计划仍因各种问题而连连受挫。究其原因,一是巴贝奇难以共事,任何人不合其意便起争端;二是他的机器全是手工打造,上千个零件只要一个零件有一点差错,就会引起重大错误,因此需要远超寻常的制造公差。最后英国政府不愿继续提供资助,在资金告罄后,这项计划夭折了。虽然巴贝奇的构想没有实现,但是,在他的设计中却包含了许多现代计算机的重要硬件部件。他的设计中第一次出现了内存,这使中间值不必再重新输入。此外,他的设计还包括数字输入法和机械输入法。后人按照巴贝奇的设计制造的分析机如图 1-8 所示。

图 1-7 英国数学家巴贝奇

图 1-8 后人制造的分析机

洛夫雷斯(Lovelace)伯爵夫人艾达·奥古斯塔(Ada Augusta)是计算机历史上的传奇人物。艾达是英国诗人拜伦(Lord Byron)的女儿,也是一位杰出的数学家。她对巴贝奇的分析机非常感兴趣,在 1842 年与 1843 年期间,艾达花了 9 个月的时间翻译意大利数学家费德里科·路易吉讲述查尔斯·巴贝奇分析机的论文。在译文后面,她增加了许多注记,详细说明用该机器计算伯努利数的方法,被认为是世界上第一个计算机程序,艾达也因此被认为是世界上第一位程序员。循环——一系列重复执行的指令——的概念也归功于她。美国国防部广泛使用的 Ada 程序设计语言就是以她的名字命名的。

2. 电子计算机的孕育与诞生

1936 年,英国数学家、逻辑学家艾伦·图灵(Alan M. Turing,图 1-9)发表的《论数字计算在决断难题中的应用》,他在这篇论文中提出了图灵机的抽象数学模型(图 1-10),为现代计算机的逻辑工作方式奠定了基础,因此艾伦·图灵被视为"计算机科学之父"。计算机科学这一领域的荣誉最高奖项——图灵奖也以他的名字命名(相当于数学领域的菲尔兹奖章或自然科学领域的诺贝尔奖)。

图 1-9 计算机科学之父——图灵

图 1-10 图灵机的艺术表示

到第二次世界大战爆发时,已经有几台计算机处于设计和建造中。马克一号(Harvard Mark Ⅰ)和 ENIAC 是当时最著名的两台机器。1939 年,马克一号(图 1-11)在 IBM 公司安迪卡特(Endicott)实验室产生,其正式名称为自动化顺序控制计算器

（Automatic Sequence Controlled Calculator，ASCC），是一般用途的电动机械计算机，由哈佛大学数学家霍华德·艾肯（图1-12）任总指挥。马克一号参考了巴贝奇分析机，使用十进位制、转轮式储存器、旋转式开关以及电磁继电器，由数个计算单元平行控制，经由打孔纸带进行计算（改良后由纸带读取器控制，并可依条件切换读取器）。

图1-11 马克一号

图1-12 霍华德·艾肯

虽然马克一号被认为是第一部通用计算机，但其实并没达到图灵完全条件。马克一号后来移至哈佛大学，于1944年5月开机启用。由美国宾夕法尼亚大学的物理学家约翰·莫奇莱（John Mauchly）和该校莫尔电气工程学院的学生约翰·埃克特（J. Presper Eckert）（图1-13）指导建造的 ENIAC（Electronic Numerical Integrator And Computer）被认为是世界上第一部通用的电子计算机。它是满足图灵完全条件的电子计算机，能够重新编程，解决各种计算问题，为美国陆军的弹道研究实验室（BRL）所使用，用于计算火炮的火力表。ENIAC（图1-17）被公认为现代计算机发展史上重要的里程碑。

图1-13 约翰·莫奇莱（左）和
约翰·埃克特（右）

1945年6月，冯·诺依曼（图1-14）与戈德斯坦、勃克斯等人联名发表了一篇长达101页纸的报告，即计算机史上著名的"101页报告"（图1-15）。该报告总结和详细说明了

图1-14 约翰·冯·诺依曼

图1-15 "101页报告"封面

EDVAC 的逻辑设计,是现代计算机发展里程碑式的文献。报告还明确规定用二进制替代十进制运算,首次提出存储程序的概念,并将计算机分成五大组件(图 1-16),这一卓越的思想为电子计算机的逻辑结构设计奠定了基础,已成为计算机设计的基本原则。由于冯·诺依曼在计算机逻辑结构设计上的伟大贡献,被誉为"计算机之父"。

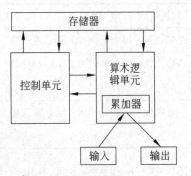

图 1-16　冯·诺依曼结构

负责开发 ENIAC 的约翰·莫奇莱和约翰·埃克特认识到 ENIAC 的局限后,便又着手进行改良,最终 EDVAC 诞生,并于 1949 年 8 月交付给弹道研究实验室(图 1-17),但在发现和解决许多实际问题之后,直到 1951 年 EDVAC 才开始运行。除军用计算机之外,约翰·莫奇莱和约翰·埃克特成立的埃克特·莫奇莱公司研发了 UNIVAC Ⅰ(图 1-18),但由于资金困难,1950 年被雷明顿兰德公司收购。1951 年,美国人口普查局购得了第一台 UNIVAC Ⅰ。为了提高销售量,雷明顿兰德公司与美国哥伦比亚广播公司(CBS)合作预测 1952 年的美国总统选举。由于 UNIVAC Ⅰ成功预测艾森豪威尔将击败当时的竞选热门人物阿德莱·史蒂文森,使得计算机技术在大众中获得了极大的认知,UNIVAC Ⅰ也被视为第一台商用计算机。

图 1-17　正以 160kW 电力作弹道运算的 ENIAC

图 1-18　陈列在维也纳科技博物馆的 UNIVAC

1951 年后,计算机被越来越广泛地用来解决各个领域中的问题。从那时起,探索的重点不仅在于建造更快更大的计算设备,而且在于开发能让人们更有效地使用这些设备的工具。

3. 计算机的五个发展阶段

由于早期的计算机硬件发展受电子元器件的影响很大,因此人们通常用元器件来系统划分计算机的发展历程,如表 1-1 所示。

1)第一代:电子管计算机

第一代计算机采用电子管存储信息。电子管(图 1-19)会大量发热,而且非常不可靠。因此,使用电子管的计算机需要大型空气调节装置,并且需要不断维修。此外,它们

表 1-1　按元器件划分的计算机发展阶段

发展阶段	时间	硬件技术	速度（次/秒）	代表机器
第一代	1946—1957 年	电子管	40 000	IBM 701
第二代	1958—1964 年	晶体管	200 000	IBM 7094
第三代	1965—1971 年	中、小规模集成电路	1 000 000	IBM System/360、DEC PDP-8
第四代	1972—1977 年	大规模集成电路	10 000 000	Altair 8800
第五代	1978 年至今	超大规模集成电路	100 000 000	IBM Blue Gene/L、天河二号

还需要占用很大的空间，耗电量也很大。其存储设备比较落后，最初使用延迟线和静电存储器，容量很小，后来采用磁鼓（磁鼓在读/写臂下旋转，当被访问的存储器单元旋转到读/写臂下时，数据被写入这个单元或从这个单元中读出），有了很大改进。输入设备是读卡机，可以读取穿孔卡片上的孔，输出设备是穿孔卡片机和行式打印机，速度很慢。自从ENIAC 问世后，人类为提高电子计算机性能一直不懈努力，20 世纪 50 年代初，除美国外，英、法、苏联、意大利等国都相继研制出本国的第一台电子计算机，我国也于 1958 年研制成功第一台电子计算机。可是在这十多年的时间里，计算机的性能并未出现明显提高，它的运算速度每秒仅在数千次至上万次左右，其体积虽然不像 ENIAC 那样庞大，但也占了相当大的空间，耗电量也很大。在整个 20 世纪 50 年代，电子管计算机居于统治地位。直到 20 世纪 50 年代末，计算机技术迎来了一次大的发展机遇，其性能出现了数十倍以至几百倍的提高，这就是用晶体管代替电子管的重大变革。

2）第二代：晶体管计算机

第一个晶体管（图 1-20）是在 1947 年由美国贝尔实验室的三位物理学家威廉·肖克利（William Shockley）、约翰·巴丁（John Bardeen）和沃尔特·布拉顿（Walter Brattain）（图 1-21）利用半导体硅作为基片制成的。它的小体积、低功耗以及载流子高速运行的特点使电子管望尘莫及。进入 20 世纪 50 年代后，全球出现了一场以晶体管代替电子管的革命，计算机的性能有了很大的提高。以 IBM 700/7000 系列为例，晶体管机 7094（1964 年）与电子管机 701（1952 年）相比，其主存容量从 2K 增加到 32K 字，存储周期从 $30\mu s$ 下降到 $1.4\mu s$；指令操作码数从 24 增加到 185，运算速度从每秒上万次提高到每秒 50 万次。

图 1-19　电子管

图 1-20　晶体管

尽管用晶体管代替电子管已经使电子计算机的面貌焕然一新，但是随着人们对计算机性能越来越高的追求，新的计算机所包含的晶体管个数已从一万个左右骤增到数十万

图 1-21 约翰·巴丁(左),威廉·肖克利(中)和沃尔特·布拉顿(右)

个,人们需要把晶体管、电阻、电容等一个个元件都焊接到一块电路板上,再由一块块电路板通过导线连接成一台计算机。其复杂的工艺不仅严重影响制造计算机的生产效率,更严重的是很难避免由几十万个元件的几百万上千万个焊点所造成的不可靠性。

随着 1958 年微电子学的深入研究,特别是新的光刻技术和设备的成熟,为计算机的发展又开辟了一个崭新的时代——集成电路时代。

3) 第三代:中、小规模集成电路计算机

第二代计算机中,晶体管和其他计算机元件都被手工集成在印刷电路板上。第三代计算机的特征是集成电路(IC),它使计算机的逻辑元件与存储器均可由集成电路来实现。1958 年,德州仪器公司的电气工程师、2000 年诺贝尔物理学奖得主杰克·基尔比(Jack Kilby,图 1-22)和仙童半导体公司及 Intel 公司的主要创始人、"硅谷之父"罗伯特·诺伊斯(Robert Noyce,图 1-23)同时独立发明了集成电路。它比印刷电路小,更便宜、更快并且更可靠,该项技术又一次大大缩小了计算机的体积,大幅度降低了耗电量,极大地提高了机器的可靠性。人们将由小规模集成电路(SSI)和中等规模集成电路(MSI)构建的计算机称为第三代计算机。其典型的代表为 IBM 公司的通用计算机 IBM 360 和 DEC 公司的 PDP 系列机。Intel 公司另一位创始人戈登·摩尔(Gordon Moore,图 1-24)注意到,一个集成电路上可容纳的晶体管数目约每隔 24 个月便会增加一倍,这就是著名的摩尔定律。

图 1-22 杰克·基尔比

图 1-23 罗伯特·诺伊斯

图 1-24　戈登·摩尔

从 1946 年的 ENIAC 到 1964 年的 IBM 360，历时不到 20 年，计算机的发展经历了电子管—晶体管—集成电路三个阶段。显然，早期计算机的更新换代主要集中体现在组成计算机基本电路的元器件（电子管、晶体管、集成电路）上。

4）第四代：大规模集成电路计算机

大规模集成化是第四代计算机的特征。20 世纪 70 年代早期，一个硅片上可以集成几千个晶体管，而 80 年代中期，一个硅片则可以容纳整个微型计算机。在过去的 40 年中，每一代计算机硬件的功能都变得越来越强大，体积越来越小，价格也越来越低。摩尔定律被改为芯片的集成度每 18 个月增长一倍。

进入 20 世纪 70 年代后，把计算机当做高级工具的狭隘观念已被人们逐渐摒弃，计算机成为一门独立的学科而迅速发展，并影响、改变着人类的生活方式。20 世纪 70 年代末，词汇表中出现了个人计算机（Personal Computer，PC）这个术语。

5）第五代：超大规模集成电路计算机

超大规模集成电路的晶体管数量可以达到 10 000 个（现在已经高达 1 000 000 个）。截至 2012 年，数十亿级别的晶体管处理器已经得到商用。随着半导体制造工艺从 32nm 水平跃升到 22nm，这种集成电路会更加普遍，尽管会遇到诸如工艺角偏差之类的挑战。值得注意的例子是 NVIDIA 公司的 GeForce 700 系列的首款显示核心——代号 GK110 的图形处理器，它采用了 71 亿个晶体管来处理数字逻辑。而 Itanium 的大多数晶体管是用来构成其 3200 万字节的三级缓存。Intel Core i7 处理器的芯片集成度达到了 14 亿个晶体管。目前所采用的设计与早期不同的是广泛应用电子设计自动化工具，设计人员可以把大部分精力放在电路逻辑功能的硬件描述语言表达形式上，而功能验证、逻辑仿真、逻辑综合、布局、布线、版图等可以由计算机辅助完成。

20 世纪 80 年代，出现了更大型、功能更强大的电子计算机，称作工作站（workstation）。它是一种高档的微型计算机，通常配有高分辨率的大屏幕显示器及容量很大的内存储器和外存储器，并且具有较强的信息处理功能和高性能的图形图像处理功能。它是为了单用户使用并提供比个人计算机更强大的性能，尤其是在图形处理、任务并行方面的能力。在 20 世纪 80 年代初期，这个领域的先锋是阿波罗计算机和 Sun 计算机系统公司基于 Motorola 68000 处理器和 UNIX 系统的工作站。工作站通常比较昂贵，价格一般是标准 PC 的数倍。一般来讲，工作站主要应用在以下领域：计算机辅助设计及制造(CAD/CAM)、动画设计、地理信息系统(GIS)、平面图像处理、模拟仿真。工作站根据软硬件平台的不同,一般分为基于 RISC(精简指令系统)架构的 UNIX 系统工作站和基于 Windows、Intel 的 PC 工作站。另外,根据体积和便携性,工作站还可分为台式工作站和移动工作站。

4. 并行体系结构

20 世纪 80 年代末,尽管使用单处理器的计算机依然盛行,但是新的体系结构出现了,即并行体系结构。超大规模集成电路(Very Large Scale Integration,VLSI)的普遍应用加快了并行处理系统结构的发展,出现了大型和巨型的向量机、阵列机、相联处理等多种并行处理系统结构。到 1990 年,在系统结构上的创新和突破影响较大的有精简指令系统计算机(Reduced Instruction Set Computer,RISC)、指令级并行的超标量处理机、超流水处理机、超长指令字(Very Long Instruction Word,VLIW)计算机、多微处理机系统、数据流计算机和智能计算机。1990 年以来,计算机硬件发展进入到新的多计算机和智能计算机时代。最主要的特点是进行大规模并行处理(Massive Parallel Processing,MPP),采用 VLSI 硅片、砷化镓、高密度组装和光电子技术。在一片 CMOS 芯片上集成 5000 万个晶体管制成 4 个微处理器已不困难。

多处理机、多计算机系统是目前大规模并行处理计算机研究和开发的热点,某些产品已进入市场。由数十至上千台微处理机组成的多处理机已进入实用和商品化阶段。工艺化生产的高性能、低价格微处理机组成的多处理机系统有着处理能力强、可靠性高、可维护性好、适用性广、灵活性高等优点,因此,多处理机将是今后并行处理计算机发展的主流。目前已有的 MPP 系统典型的例子有 IBM 公司的 MPP 系统、Fujitsu 公司的 VPP500、CRAY 公司的 Y-MP 和 MPP、Thinking Machines 公司的连接机 CM-5、Intel 公司的 Paragon 等。

1.1.2 计算机系统软件发展史

如果没有构成计算机软件的程序,计算机硬件的能力将难以发挥。了解计算机系统软件的发展历程,对理解软件在现代计算机系统中的地位至关重要。计算机系统软件的发展包括编程语言的发展、编译技术的发展、操作系统的发展以及计算机网络的发展。本节的内容也将围绕这四部分展开,分别讲述它们的发展历史,以便读者对各部分有一个清晰的认识。图 1-25 展示了计算机系统软件发展史上的重大事件,从整体上展示了计算机系统软件的发展脉络。

1. 编程语言的发展

1) 低级语言——汇编语言

20 世纪 40 年代,当计算机刚刚问世的时候,程序员必须手动控制计算机。第一个想到利用程序设计语言来解决问题的人是德国计算机先驱康拉德·楚泽(Konrad Zuse)。这个时候的程序员们使用机器语言来进行编程,编程人员要首先熟记所用计算机的全部

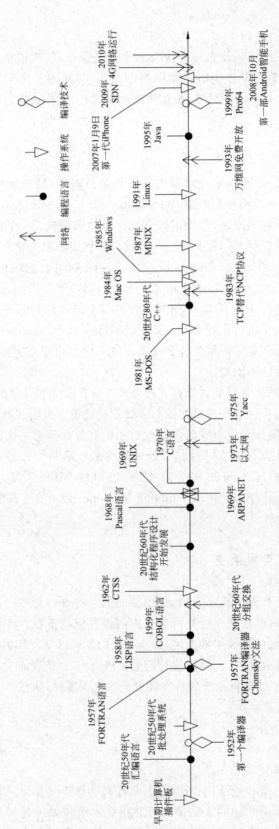

图 1-25 计算机系统软件的发展

指令代码及其含义。编写程序时,程序员得自己处理每条指令和每一数据的存储分配和输入输出,还得记住程序每步所使用的工作单元处在何种状态。这是一件十分烦琐的工作,编写程序花费的时间往往是实际运行时间的几十倍或几百倍。而且,编出的程序全是0和1表示的指令代码,直观性差,还容易出错。为了增强程序设计的用户友好性,汇编语言出现了。20世纪50年代初,科学家约翰·莫齐利(负责制造ENIAC和UNIVAC)等人在UNIVAC上实现了计算机语言的突破,将机器语言代码化使之接近人的自然语言(英语),人们将这种语言称为汇编语言,它使用助记符表示每条机器语言指令,例如ADD表示加,SUB表示减,MOV表示移动数据。相对于机器语言,用汇编语言编写程序就容易许多。例如计算2+6的汇编语言指令如下:

```
MOV  AL, 6
ADD  AL, 2
```

由于程序最终在计算机上执行时采用的都是机器语言,所以需要用一种称为汇编器的翻译程序,把用汇编语言编写的程序翻译成机器代码。编写汇编器的程序员简化了他人的程序设计,是最初的系统程序员。在今天的实际应用中,汇编语言通常被应用在底层硬件操作和高要求的程序优化场合。例如,设备驱动程序、嵌入式操作系统和实时运行程序的一部分代码需要用汇编语言来实现。

2) 高级语言的出现

当硬件变得更强大时,就需要更强大的软件工具使计算机获得更有效的使用。汇编语言向正确的方向前进了一大步,但是程序员还是必须记住很多汇编指令。于是,算法描述能力更强、编写调试效率更高的高级语言应运而生。高级语言的指令形式类似于自然语言和数学语言(例如计算2+6的高级语言指令就是2+6),不仅容易学习,方便编程,也提高了程序的可读性。1957年,IBM公司开发出第一套FORTRAN语言,在IBM 704计算机上运行。1958年,麻省理工学院的约翰·麦卡锡(John MaCarthy,图1-26)发明了第一个用于人工智能的LISP语言。1959年,宾西法尼亚大学的格蕾丝·赫柏(Grace Murray Hopper,图1-27)发明了第一个用于商业应用程序设计的COBOL语言,她也因此被誉为"COBOL之母"。

图1-26 人工智能之父约翰·麦卡锡

图1-27 COBOL之母格蕾丝·赫柏

高级语言的出现实现了一个程序可以在多种计算机上运行的模式。每种高级语言都有配套的翻译程序(称为编译器),编译器可以把高级语言编写的语句翻译成等价的机器指令。系统程序员的角色变得更加明确,系统程序员编写诸如编译器这样的辅助工具,使用这些工具编写应用程序的人称为应用程序员。随着包围硬件的软件变得越来越复杂,应用程序员离计算机硬件越来越远。那些仅仅使用高级语言编程的人不需要懂得机器语言和汇编语言,因此,这个时期有更多的计算机应用领域的人员参与程序设计。

高级语言对软硬件资源的消耗较多,运行效率也较低。由于汇编语言和机器语言可以利用计算机的所有硬件特性并直接控制硬件,同时,汇编语言和机器语言的运行效率高,因此,实时控制、实时检测等领域的许多应用程序仍然使用汇编语言和机器语言来编写。

3) 结构化程序设计的盛行

20 世纪 60 年代末至 70 年代初,出现了软件危机。一方面需要大量的软件系统,如操作系统、数据库管理系统;另一方面软件研制周期长,可靠性差,维护困难。编程的重点是希望编写出的程序结构清晰、易阅读、易修改、易验证,即得到好结构的程序。结构化程序设计理论在 20 世纪 60 年代开始发展,意大利科学家科拉多·伯姆(Corrado Bohm)和朱塞佩·贾可皮尼(Giuseppe Jacopini)于 1966 年 5 月在 *Communications of the ACM* 期刊发表论文(图 1-28),说明任何一个有 goto 指令的程序都可以改为完全不使用 goto 指令的程序。图灵奖得主艾兹赫尔·迪克斯特拉(Edsger Wybe Dijkstra,图 1-29)在 1968 年发表了著名的论文《Go To 语句有害论》(*Go To Statement Considered Harmful*,图 1-30)。

Computational Linguistics

D. G. BOBROW, Editor

Flow Diagrams, Turing Machines And Languages With Only Two Formation Rules

Corrado Böhm and Giuseppe Jacopini

International Computation Centre and Istituto Nazionale per le Applicazioni del Calcolo, Roma, Italy

In this paper, flow diagrams are introduced by the ostensive method; this is done to avoid definitions which certainly would not be of much use. In the first part (written by G. Jacopini), methods of normalization of diagrams are studied, which allow them to be decomposed into base diagrams of three types (first result) or of two types (second result). In the second part of the paper (by C. Böhm), some results of a previous paper are reported [8] and the results of the first part of this paper are then used to prove that every Turing machine is reducible into, or in a determined sense is equivalent to, a program

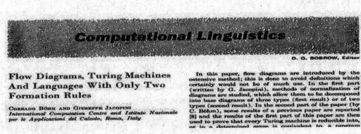

图 1-28 科拉多·伯姆及朱塞佩·贾可皮尼发表的论文

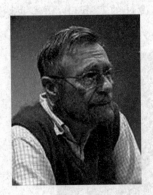

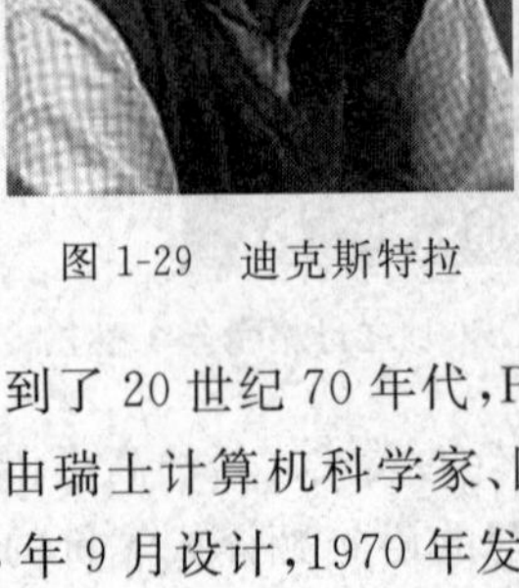

图 1-29 迪克斯特拉

Go To Statement Considered Harmful

Edsger W. Dijkstra

Reprinted from *Communications of the ACM*, Vol. 11, No. 3, March 196

© 1968, Association for Computing Machinery, Inc.

This is a digitized copy derived from an ACM copyrighted work.

be an accurate copy of the author's original work.

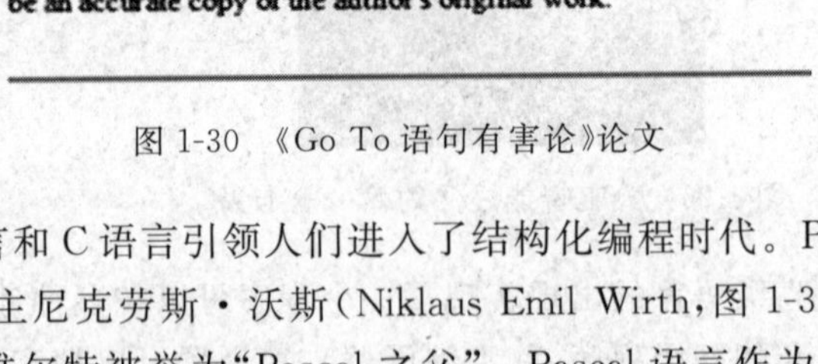

图 1-30 《Go To 语句有害论》论文

到了 20 世纪 70 年代,Pascal 语言和 C 语言引领人们进入了结构化编程时代。Pascal 语言由瑞士计算机科学家、图灵奖得主尼克劳斯·沃斯(Niklaus Emil Wirth,图 1-31)在 1968 年 9 月设计,1970 年发布,因此维尔特被誉为“Pascal 之父”。Pascal 语言作为一个小型的和高效的语言,意图鼓励程序员使用结构化编程和数据结构进行良好的编程实践。此外,沃斯还是 Algol W、Modula、Modula-2、Oberon 等编程语言的主设计师,也是 Euler 语言的发明者之一。

1970 年,贝尔实验室的工程师丹尼斯·里奇(Dennis MacAlistair Ritchie)在肯·汤普逊(Kenneth Lane Thompson,图 1-32)研制的 B 语言基础上发明了 C 语言,这也是它之所以被称为"C"的原因。早期控制计算机操作系统软件的大多核心模块是由汇编语言实现的,随着 C 语言的出现和发展,C 语言已经可以用来编写绝大部分的操作系统程序。1973 年,UNIX 操作系统的内核正式用 C 语言改写,这是 C 语言第一次应用在操作系统的内核编写上。除了提供结构化编程工具外,C 语言还能生成简洁、快速运行的程序,并提供处理硬件问题的能力,如管理通信端口和磁盘驱动器。这些优良特性使 C 语言成为20 世纪 80 年代占统治地位的编程语言。此外,C 语言的设计还影响了许多后来的编程语言,例如 C++、Objective-C 等。

图 1-31 Pascal 之父沃斯

图 1-32 肯·汤普逊(左)和丹尼斯·里奇(右)

4) 面向对象的程序设计

虽然结构化程序设计的理念提高了程序的清晰性、可靠性,并使之便于维护,但它在编写大型程序时仍面临挑战。为了应付这种挑战,面向对象程序设计(Object Oriented Programming,OOP)提供了一种新方法。面向对象程序设计的雏形早在 1960 年的 Simula 语言中即可发现,Simula 不仅引入了"类"的概念,还应用了实例这一思想。20 世纪 70 年代,施乐 PARC 研究院发明的 Smalltalk 语言在面向对象方面堪称经典,今天依然将这一语言视为面向对象语言的基础。Smalltalk 中的对象是完全动态的,它们可以被创建、修改并销毁,此外 Smalltalk 还引入了继承性的思想,它因此一举超越了不可创建实例的程序设计模型和不具备继承性的 Simula。面向对象程序设计在 20 世纪 80 年代成为一种主导程序设计模式,这主要归功于 C++ ——C 语言的扩充版。C++ 由贝尔实验室的本贾尼·斯特劳斯特卢普(Bjarne Stroustrup,图 1-33)博士在 20 世纪 80 年代发明并实现,凭借着接近 C 语言的效率,C++ 在工业界使用的开发语言中占据了相当大份额。1995 年 5 月,Sun Microsystems 公司开发了一种可以撰写跨平台应用软件的面向对象程序设计语言——Java(图 1-34),成为广为应用的语言,除了与 C 和 C++ 语法上的近似性,可移植性是 Java 成功的重要因素,也因为这一特性,吸引了庞大的程序员群体投入其中。

图 1-33　C++之父本贾尼·斯特劳斯特卢普　　　　图 1-34　Java 语言的 logo

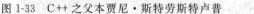

在最近的计算机语言发展中，一些既支持面向对象程序设计又支持面向过程程序设计的语言产生了，它们中的佼佼者有 Python、Ruby 等，表 1-2 为 TIOBE 世界编程语言排行榜 2016 年 1 月榜单（该排行榜是编程语言流行趋势的一个指标）。

表 1-2　TIOBE 世界编程语言排行榜 2016 年 1 月榜单

排名	变化	编程语言	搜索次数占比/%	环比变化/%
1	↑	Java	21.465	+5.94
2	↓	C	16.036	-0.67
3	↑	C++	6.914	+0.21
4	↑	C#	4.707	-0.34
5	↑	Python	3.854	+1.24
6	⋯	PHP	2.706	-1.08
7	↟	Visual Basic .NET	2.582	+1.51
8	↓	JavaScript	2.565	-0.71
9	↟	汇编语言	2.095	+0.92
10	↟	Ruby	2.047	+0.92
11	↓	Perl	1.841	-0.42
12	↟	Delphi/Object Pascal	1.786	+0.95
13	↟	Visual Basic	1.684	+0.61
14	↟	Swift	1.363	+0.62
15	↡	MATLAB	1.228	-0.16
16	↟	Pascal	1.194	+0.52
17	↟	Groovy	1.182	+1.07
18	↡	Objective-C	1.074	-5.88
19	↟	R	1.054	+0.01
20	↟	PL/SQL	1.016	-1.00

2. 编译技术的发展

编译器是现代计算机技术的基础,它担任了"翻译"的角色,用来将便于人编写、阅读、维护的高级程序设计语言转化为计算机能识别、运行的低级机器语言。正是因为有了编译器,计算机语言才能由单一的机器语言发展到先进的数千种高级语言。对于绝大多数用户来讲,编译器可以被视为一个工具,用来执行从程序设计语言到机器语言的转换过程。编译器使得几乎所有计算机用户可以忽略与机器有关的细节。因此,有了编译器,程序和编程技巧就可以在各种不同的计算机之间进行移植。这是一种非常有价值的特性,特别是在这样一个软件开发代价非常高昂的时代,且软件需求来自不同的层次,从小的嵌入式计算机一直到极限规模的超级计算机。编译技术是计算机科学中发展最迅速、最成熟的一个分支,它集中体现了计算机的发展成果与精华,下面回顾一下编译技术的发展。

术语"编译器"(compiler)是在 20 世纪 50 年代早期由格蕾丝·赫柏创造的。在当时,编译被称作是自动程序设计(automatic programming),而对于它是否成功,人们都持怀疑态度。

1952 年,格蕾丝·赫柏为 A-0 系统编写了第一个编译器。1957 年,IBM 公司的约翰·巴克斯(John Backus,图 1-35)开发的 FORTRAN 编译器则是第一个现代意义上的实用编译器。由于当时人们对编译理论了解不多,开发工作变得既复杂又艰苦。FORTRAN 编译器为用户提供了一种面向问题的、大体上与机器无关的源语言,为之后出现的大量语言和相应的编译器铺平了道路。巴克斯也因而获得了 1977 年的图灵奖,并誉为"FORTRAN 语言之父"。

与此同时,美国语言学家诺姆·乔姆斯基(Noam Chomsky,图 1-36)开始了他对自然语言结构的研究。他的发现最终使编译器的结构变得异常简单。乔姆斯基根据语言文法的难易程度以及识别它们所需的算法来对语言进行分类。正如现在所称的乔姆斯基层次结构(Chomsky hierarchy),它包括了文法的 4 个层次:0 型文法、1 型文法、2 型文法和 3 型文法,且其中的每一个都是其前者的特殊情况。2 型文法(又称上下文无关文法)被证明是程序设计语言中最有用的,而且今天它代表着程序设计语言结构的标准方式。对分析问题(parsing problem,用于上下文无关文法识别的有效算法)的研究是在 20 世纪 60 年代和 70 年代进行的,现在它已是编译原理中的一个重要组成部分。

图 1-35　约翰·巴克斯

图 1-36　诺姆·乔姆斯基

当分析问题变得易于理解时,人们就在开发程序上花费了很大的功夫来研究这一部分的编译器自动构造。这些程序最初被称为编译器的编译器(Compiler-compiler),但更确切的名称应该是分析程序生成器(parser generator),这是因为它们仅仅能够自动处理编译的一部分。这些程序中最著名的是 1975 年由贝尔实验室的斯蒂芬·约翰逊(Stephen Curtis Johnson)为 UNIX 系统编写的 YACC(Yet Another Compiler-Compiler)。有限状态自动机的研究也发展了一种称为扫描程序生成器(Scanner Generator)的工具。与 YACC 同时,由迈克尔·莱斯克(Mike Lesk)为 UNIX 系统开发的 Lex 编译工具也是其中的佼佼者。

1977 年,阿尔佛雷德·艾霍(Alfred V. Aho)和杰弗里·厄尔曼(Jeffrey D. Ullman)出版了编译领域的经典之作——*Principles of Compiler Design*,封面是一名骑士和一只恐龙,被人们称为"龙书",该书对原先模糊的理论体系与实现技巧进行了清晰梳理。

在 20 世纪 90 年代,作为 GNU 项目或其他开放源代码项目的一部分,许多免费编译器和编译器开发工具被开发出来。这些工具可用来编译所有的计算机程序语言。它们中的一些项目被认为是高质量的,而且对现代编译理论感兴趣的人可以很容易地得到它们的免费源代码。1999 年,SGI(Silicon Graphics Inc.,硅图公司)公布了他们的一个工业化并行化优化编译器 Pro64 的源代码,后被全世界多个编译器研究小组用来作为研究平台,并命名为 Open64。Open64 的设计结构良好,分析优化全面,是编译器高级研究的理想平台。随着计算机硬件体系结构的飞速发展,编译技术的研究被推向了新的高峰。编译技术的应用领域变得更加广阔,如硅编译器(silicon compiler)。像 Verilog 和 VHDL 等创建超大规模集成电路(VLSI)的语言,硅编译器使用标准单元设计来指定一个 VLSI 电路的布局和构成。就像普通编译器必须理解并遵守某种特定机器语言的规则一样,硅编译器也必须理解并遵守用于决定某个给定电路是否可行的设计规则。

3. 操作系统的发展

1) 早期操作系统的产生和发展

在计算机发展的早期,是由同一个小组的人(通常是工程师们)设计、建造、操作、维护一台计算机并为其编程。所有的程序都是用纯粹的机器语言编写的,还需要将上千根电缆接到插件板上连接成电路,以便控制计算机的基本功能。没有程序设计语言(甚至汇编语言也没有),也从来没有听说过操作系统。使用计算机的一般方式是,程序员在墙上的机时表上预约一段时间,然后到机房中将他的插件板接到计算机里,在接下来的几个小时里,期盼正在运行的两万多个真空管不会烧坏。那时,所有的计算问题实际只是简单的数值运算,如制作正弦、余弦及对数表等。

到了 20 世纪 50 年代早期情况有了改进,出现了穿孔卡片,这时就可以将程序写在卡片上,然后读入计算机,而不用插件板,其他过程则仍然没变。

20 世纪 50 年代晶体管的发明极大地改变了整个状况。计算机已经很可靠,厂商可以成批地生产计算机并销售给用户,用户可以指望计算机长时间运行。此时,设计人员、生产人员、操作人员、程序人员和维护人员开始有了明确的分工。

由于当时的计算机非常昂贵,人们自然地要想办法减少机时的浪费。通常采用的解决方法就是批处理系统(batch system)。其基本思想是在输入室收集全部的作业,然后用一台相对便宜的计算机,如 IBM 1401 计算机,将它们读到磁带上。再用较昂贵的计算机,如 IBM 7094 来完成真正的计算。其具体过程为:在收集了一批作业后,装有这批作业的磁带被送到机房。随后,操作员装入一个特殊的程序(现代操作系统的前身),它从磁带上读入第一个作业并运行,其输出写到第二盘磁带上而不打印出来。每个作业结束后,这个特殊的程序会自动地从磁带读入下一个作业并运行。当一批作业完全结束后,操作员取下输入和输出磁带,并把输出磁带进行脱机打印。

此时的计算机主要用于科学与工程计算,例如求解偏微分方程,这些题目大多用 FORTRAN 语言和汇编语言编写。典型的操作系统是 FMS(FORTRAN Monitor System,FORTRAN 监控系统)和 IBSYS(IBM 为 7094 机配备的操作系统)。

但是,这个时代的计算机从一个作业提交到结果取回往往长达数小时,更有甚者,一个无用的逗号就会导致编译失败,而可能浪费程序员半天的时间。因此,程序员很怀念可以独占一台计算机,随时调试他们程序的使用方式。

程序员的愿望很快得到实现,分时系统出现了。在分时系统中,计算机的运行时间被分为多个时间段,这些时间段再平均分配给用户们指定的任务,轮流地为每一个任务运行一定的时间,如此循环,直至完成所有任务。第一个通用的分时系统——兼容分时系统 (Compatible Time Sharing System,CTSS)是 1962 年美国麻省理工学院在一台改装过的 7094 机上开发成功的。

在 CTSS 成功研制后,MIT、贝尔实验室和通用电气公司决定开发一种“公用计算服务系统”,能够同时支持数百名分时用户。该系统称作 MULTICS (MULTiplexed Information and Computing System),其设计者着眼于建造满足波士顿地区所有用户计算需求的一台计算机。1969 年,MULTICS 计划因工作进度过于缓慢而被裁撤,贝尔实验室退出此计划。

曾参与过 MULTICS 研制的贝尔实验室计算机科学家肯·汤普逊(B 语言设计者)找到一台无人使用的 PDP-7 计算机(图 1-37),并开始开发一个简化的单用户版 MULTICS。他的工作后来导致了 UNIX 操作系统的诞生。接着,UNIX 在学术界,政府部门以及许多公司中流行。UNIX 有两个主要的版本,源自美国电话电报公司 (AT&T)的 System V,以及源自加州大学伯克利分校的 BSD (Berkeley Software Distribution)。1987 年,荷兰计算机科学家安德鲁·坦尼鲍姆 (Andrew S. Tanenbaum,图 1-38)发布了一个 UNIX 的小型克隆系统,称为 MINIX,用于教学目

图 1-37　PDP-7 计算机

的。在功能上,MINIX 非常类似于 UNIX。之后,出于对 UNIX 版本免费产品的愿望,芬兰赫尔辛基大学的学生林纳斯·托瓦兹(Linus Torvalds,图 1-39)编写了 Linux。这个系统直接受到 MINIX 的启发。尽管 Linux 已经通过多种方式扩展,但是该系统仍保留了某些与 MINIX 和 UNIX 共同的底层结构。

图 1-38　安德鲁·坦尼鲍姆

图 1-39　Linux 之父林纳斯·托瓦兹

2）个人计算机操作系统

随着大规模集成电路的发展,在每平方厘米上的硅片芯片上可以集成数千个晶体管,个人计算机时代到来了。在个人计算机(最早称为微型计算机)出现以前,公司的一个部门或大学里的一个院系才配备一台小型机,而微处理器却使每个人都能拥有自己的计算机。

1974 年,当 Intel 8080(第一代通用 8 位 CPU)出现时,Intel 公司希望有一个用于 8080 的操作系统,部分是为了测试目的,Intel 公司请求其顾问加里·基尔代尔(Gary Kildall,图 1-40)编写。基尔代尔和一位朋友首先为新推出的 Shugart Associates 8 英寸软盘构造了一个控制器,并把这个软磁盘与 8080 相连,从而构成了第一个配有磁盘的微型计算机。之后基尔代尔为它写了一个基于磁盘的操作系统,称为 CP/M。1977 年,基尔代尔组建的公司 Digital Reasearch 重写了 CP/M,使其可以在基于 8080、Zilog、Z80 以及其他 CPU 芯片的多种微型计算机上运行,从而使得 CP/M 完全控制了微型计算机世界达 5 年之久。

在 20 世纪 80 年代的早期,IBM 公司设计了 IBM PC 并寻找可在上面运行的软件。比尔·盖茨(Bill Gates,图 1-41)了解到一家本地计算机制造商——Seattle Computer Product 有合适的操作系统 DOS(Disk Operating System)。他联系对方并购买了这个操作系统(宣称 75 000 美元)并将其交给 IBM 公司,IBM 公司接受了盖茨提供的操作系统 DOS。后来 IBM 公司希望做某些修改,于是盖茨雇用了 DOS 的作者蒂姆·帕特森(Tim Paterson,图 1-42),作为盖茨创办的微软公司早期的一个雇员,并开展工作。修改版称为

图 1-40　加里·基尔代尔

图 1-41　微软公司创始人比尔·盖茨

MS-DOS(Microsoft Disk Operating System)，并很快占领了 PC 市场。MS-DOS 的成功使得微软公司成为全球最赚钱的公司之一。

用于早期微型计算机的 CP/M、MS-DOS 和其他操作系统都是通过键盘输入命令的，因此在使用过程中需要记忆各种命令的具体格式。由于美国发明家道格拉斯·恩格尔巴特(Doug Engelbart，图 1-43)于 20 世纪 60 年代在斯坦福研究院工作时发明了图形用户界面，包括窗口、图标、菜单以及鼠标，以上通过键盘来操作计算机的方式发生了重大改变。由窗口、图标、菜单以及鼠标等元素实现的图形化用户界面 (Graphical User Interface，GUI)之后被施乐公司的帕洛阿尔托研究中心(Xerox PARC)的研究人员采用，

图 1-42　DOS 之父蒂姆·帕特森

并用在了他们研制的计算机中。当苹果公司的创始人斯蒂文·乔布斯(Steve Jobs，图 1-44)在 PARC 看见 GUI 时极度兴奋，他确信这就是未来计算机的用户界面。此后，苹果公司开始研发自己的图形化操作系统。1984 年 1 月 24 日，Mac OS 1.0 发布。它是第一个在商用领域获得成功的基于图形化界面的操作系统。和其他以往的操作系统不同之处在于，Mac OS 操作系统紧紧与苹果 Macintosh 系列计算机捆绑在一起。操作系统 Mac OS 引入了图形用户界面，改变了人机交互的方式。在图像设计、专业数字摄影以及专业数字视频生产的创意世界里，Macintosh 均得到广泛的应用，这些用户对苹果公司及 Macintosh 有着极大的热情。

图 1-43　道格拉斯·恩格尔巴特

图 1-44　苹果公司创始人乔布斯

在此之后，微软公司决定构建 MS-DOS 的后继产品时，受到了 Macintosh 成功的巨大影响，也开发了名为 Windows Version 1.0 的基于 GUI 的操作系统，它问世于 1985 年。它最初只是运行在 MS-DOS 上层的一个图形环境。

3) 操作系统的新发展

随着计算机技术的快速发展，系统越来越小型化，出现了嵌入式系统(embedded system)。它是一种完全嵌入受控器件内部，为特定应用而设计的专用计算机系统。典型的例子有微波炉、汽车、MP3 设备。在该领域，主要的嵌入式操作系统有 QNX 和 VxWorks 等。

智能手机的飞速发展让我们见证了安卓（Android）移动操作系统的崛起。Android最初由安迪·鲁宾（Andy Rubin，图1-45）开发，最初开发这个系统的目的是创建一个数码相机的先进操作系统。但是后来，智能手机市场开始快速成长，Android被改造为一款面向手机的操作系统，于2005年8月被美国科技企业Google收购。2007年11月，Google与84家硬件制造商、软件开发商及电信营运商成立开放手持设备联盟来共同研发改良Android系统，随后，Google以Apache免费开放源代码许可证的授权方式发布了Android的源代码，让生产商推出搭载Android的智能手机，Android操作系统后来更逐渐拓展到平板电脑及其他领域上。2010年末数据显示，仅正式推出两年的Android操作系统在市场占有率上已经超越称霸逾十年的诺基亚Symbian系统，成为全球第一大智能手机操作系统。

此外，有许多地方需要部署微小传感器节点网络。这些节点是一种具有感知、计算和无线通信能力的微型计算机。基于这些节点而形成的传感器网络可以应用于建筑物质量监测、国土边界保卫、森林火灾探测等多个应用领域。节点上运行一个小型但是真实的操作系统，通常这个操作系统是事件驱动的，可以响应外部事件，或者基于内部时钟进行周期性测量。该操作系统必须小且简单，因为这些节点的内存很小（10KB左右），而且电池寿命有限。TinyOS是由加州大学伯克利分校的研究人员开发的用于传感器节点上的超小型操作系统。

图1-46是常见操作系统的logo。

图1-45　Android之父安迪·鲁宾

图1-46　常见操作系统logo

4. 计算机网络的发展

1) Internet的形成历史

Internet的形成历史可以划分为4个阶段：第一个阶段是分组交换网络ARPANET的形成及发展（1961—1972年）；第二个阶段是专用网络和网络互联（1972—1980年），该阶段的特点是建成了三级结构的Internet；第三个阶段是网络的激增（1980—1990年），该阶段的特点是逐渐形成了多层次ISP结构的Internet；第四个阶段是Internet爆炸（20世纪90年代），Internet已经初步形成，早期的Internet应用也开始发展起来。这4个阶段在时间上的划分并非截然分开而是有部分重叠，这是因为网络的演进是渐进的，而非在某个日期突然发生了变化。

（1）第一个阶段：分组交换网络的形成及发展。

计算机网络的发展最早可以追溯到 20 世纪 50 年代初期，那时电话网是主要的通信网络。随着计算机的重要性越来越突出以及分时计算机的出现，如何将计算机互联起来，从而方便地进行资源共享，成为一个必须解决的问题。

美国兰德公司（Rand）的保罗·巴兰（Paul Baran）和英国国家物理实验室（NPL）的唐纳德·戴维斯（Donald Davies）从不同角度提出了"包交换"计算机网络的概念，为今天的 Internet 奠定了理论基础。此后，麻省理工学院（MIT）的莱昂纳多·克莱洛克（Leonard Kleinrock，图 1-47）和作为美国国防部高级研究计划署（Defense Advanced Research Projects Agency，DARPA）项目主管的劳伦斯·罗伯特（Lawrence Roberts，图 1-48）为早期计算机网络的发展做出了重大的贡献。1967 年，罗伯特公布了一个号称 ARPANET 的总体计划，它是第一个分组交换计算机网络，是今天 Internet 的直接祖先。

图 1-47　莱昂纳多·克莱洛克

图 1-48　劳伦斯·罗伯特

1969 年，美国国防部创建的第一个分组交换网 ARPANET 最初只是一个单个的分组交换网（并不是一个互联的网络）。所有要连接在 ARPANET 上的主机都直接与就近的节点交换机相连。但到了 20 世纪 70 年代中期，人们已认识到不可能仅用一个单独的网络来满足所有的通信问题。于是 ARPA 开始研究多种网络（如分组无线电网络）互联的技术，这就导致后来互联网的出现，这样的互联网就成为现在 Internet 的雏形。

到了 1972 年，ARPANET 已经有了大约 15 个节点，由罗伯特·卡恩（Robert Kahn）首次对它进行了公众演示。在 ARPANET 端系统之间的第一个主机到主机协议称为网络控制协议（NCP），就是在此时完成的。随着端到端协议的可供使用，基于网络的应用程序开始出现。1972 年，雷·汤姆林森（Ray Tomlinson，图 1-49）编写了第一个电子邮件程序。

图 1-49　雷·汤姆林森

（2）第二个阶段：专用网络和网络互联。

20 世纪 70 年代早期和中期，除 ARPANET 之外的其他分组交换网络相继问世，其中包括 BBN 公司的商用分组交换网 Telenet、法国的分组交换网 Cyclades、IBM 公司的 SNA 等。随着网络数目的增多，人们看到研制将网络连接到一起的体系结构的时机已经成熟。互联网的先驱性工作本质上就是要创建一个网络的网络，1974 年，DARPA 的罗

伯特·卡恩（Robert Elliot Kahn，图 1-50）与斯坦福大学的文顿·瑟夫（Vinton Gray
Cerf，图 1-51）提出了著名的 TCP（Transmission Control
Protocol）协议和 IP（Internet Protocol）协议，定义了 Internet
之中传送报文的方法，他们也因此获得了 2004 年图灵奖，并
被合誉为"互联网之父"。术语"网络互联"就是用来描述该
项工作的。TCP 的早期实验以及认识到对于分组话音等应
用程序需要一个不可靠、非流量控制的、端到端传递服务，导
致 IP 从 TCP 中分离出来，并研制了 UDP 协议。我们今天
看到的 3 个重要 Internet 协议——TCP、UDP、IP，到 20 世
纪 70 年代末从概念上说已经完成。在 1976 年，Whitfield
Diffie 和 Matrin E. Hellman（图 1-52）想象了一个未来：人

图 1-50　罗伯特·卡恩

们通过互联网的通信非常容易被盗或被篡改。他们发表的论文 *New Directions in
Cryptography*（《密码学的新方向》）描绘了一个革命性创新技术的蓝图，允许人们通过一
个开放的渠道进行沟通，无须预设，而且还能够充分保证个人信息不被窃取，他们把这个
系统称为公开密钥系统。《密码学的新方向》引入了新的概念，并开辟了以前被认为是不
可能的新方向。它把数论引入了密码学领域，并推出了一个完整的学科，进一步发展了公
共密钥研究，这是今天大多数互联网安全协议的基础。现在，Diffie-Hellman 协议保护着
每天互联网上的通信以及上万亿美元的金融交易。

图 1-51　文顿·瑟夫

图 1-52　Matrin E. Hellman（左）和 Whitfield Diffie（右）

除了 DARPA 的 Internet 相关研究外，其他重要的网络研究活动也在进行之中。
1971 年，在夏威夷，诺曼·艾布拉姆森（Norman Abramson，图 1-53）研制成功了
ALOHANET。它是一个基于分组的无线通信网络系统，可以使在夏威夷岛上的多个远
程站点互相通信。ALOHA 协议是一个多路访问协议，允许地理上分布的用户共享单一
的广播介质（一个无线电频率）。

在将多台 PC、打印机和共享的磁盘近距离连接在一起的需求激励下，1973 年，在
Xerox PARC 工作的罗伯特·梅特卡夫（Robert Metcalfe，图 1-54）和他的助手大卫·伯
格（David Boggs）发明了著名的以太网（Ethernet）。它是一种计算机局域网组网技术。
电气和电子工程师协会（Institute of Electrical and Electronics Engineers，IEEE）制定的
IEEE 802.3 标准给出了以太网的技术标准。它规定了包括物理层的连线、电信号和介质

访问层协议的内容。以太网是当前应用最普遍的局域网技术。它很大程度上取代了其他局域网标准,如令牌环网(token ring)、光纤分布式数据接口(FDDI)和 ARCNET。

图 1-53 诺曼·艾布拉姆森

图 1-54 罗伯特·梅特卡夫

(3) 第三个阶段:网络的激增。

在这一阶段,早期的局域网开始发展起来。到了 20 世纪 70 年代末期,大约 200 台主机与 ARPANET 相连。从 1985 年起,美国科学基金会(National Science Foundation, NSF)就围绕 6 个大型计算机中心建设计算机网络,即国家科学基金网(NSFNET)。它是一个三级计算机网络,分为主干网、地区网和校园网(或企业网)。这种三层计算机网络覆盖了全美国主要的大学和研究所,并且成为 Internet 的主要组成部分。到了 20 世纪 80 年代,连到公共 Internet 的主机数量达到了 100 000 台。因此 20 世纪 80 年代是联网主机数量急剧增长的时期。

1983 年 1 月 1 日,TCP/IP 作为 ARPANET 的新标准主机协议正式部署,TCP/IP 协议成为 ARPNET 上的标准协议,使得所有使用 TCP/IP 协议的计算机都能利用互联网互相通信,所有的主机被要求在那天转移到 TCP/IP 上去。在 20 世纪 80 年代后期,TCP 进行了重要扩展,以实现基于主机的拥塞控制。还研制出了域名系统(Domain Name System,DNS),用于把人可读的 Internet 名字映射到它的 32 位 IP 地址上。国际标准化组织于 1983 年提出了著名的开放系统互连参考模型(OSI/RM),给网络的发展提供了一个可以遵循的规则。从此计算机网络走上了标准化的轨道。我们把体系结构标准化的计算机网络称为"第三代计算机网络"。

第三个阶段的特点是逐渐形成了多层次的 ISP(Internet Service Provider,Internet 服务提供者)结构的 Internet。从 20 世纪 90 年代开始,美国政府资助的 NSFNET 逐渐被若干个商用的 Internet 主干网替代,而政府机构不再负责 Internet 的运营。这样就出现了一个新的名词——ISP。在许多情况下,ISP 就是一个进行商业活动的公司,因此 ISP 又常译为 Internet 服务提供商。ISP 拥有从 Internet 管理机构申请到的多个 IP 地址(Internet 上的主机都必须有 IP 地址才能进行通信),同时拥有通信线路以及路由器等联网设备。因此任何机构和个人只要向 ISP 交纳规定的费用,就可以从 ISP 得到所需的 IP 地址,并通过该 ISP 接入到 Internet。到 21 世纪初,美国的网络接入点(Network Access Point,NAP)已达到十几个。NAP 可以算是最高等级的接入点,它主要是向各 ISP 提供交换设施,使它们能够互相通信。Internet 逐渐演变成基于 ISP 和 NAP 的多层次结构网络。

(4) 第四个阶段：Internet 大爆发。

在这一阶段，Internet 已经基本形成，一些早期的 Internet 应用也已经开始发展。20 世纪 90 年代出现了许多标志 Internet 持续变革和商业化的事件。其中最主要的事件是万维网（World Wide Web，WWW，简称 Web）的出现，它将 Internet 带入世界上数以百万计的家庭和企业中。作为一个平台，Web 也引入并设置了数百个新的应用程序，人们今天对这些应用程序早已习以为常。

Web 是由蒂姆·伯纳斯-李（Tim Berners-Lee，图 1-55）于 1989—1991 年期间在 CERN（欧洲核子研究组织）发明的。1990 年，蒂姆·伯纳斯-李希望创建一个全球 Internet 文档中心——万维网，并为之创建了一套技术规则和创建格式化文档的 HTML 语言，以及能让用户访问全世界站点上信息的程序——浏览器，此时的浏览器还很不成熟，只能显示文本。1993 年，马克·安德森（Marc Lowell Andreessen）和埃里克·比纳（Eric Bina）开发了第一个能显示图形的浏览器 Mosaic（图 1-56），之后他们一起创建了著名的网景公司（Netscape）。美国《新闻周刊》的报道称"Mosaic 将成为最重要的计算机应用程序"。

图 1-55 蒂姆·伯纳斯-李

图 1-56 第一个能显示图形的浏览器 Mosaic

2) Internet 的新发展

在这一部分，以移动互联网的发展为主轴，先讲网络构成，再讲上层应用。网络构成将从接入网络和新型网络体系结构的发展两个方面来具体介绍。

(1) 接入网络。

接入网络的发展主要分为两大类：蜂窝网络和无线局域网。这是因为原来的电信网络与计算机网络是两个不同的领域，是相互独立的体系，不过在移动互联网下，这两个网络体系相互融合在了一起。

蜂窝网络的发展大致经历了这样几个阶段：1978 年，美国贝尔实验室开发了先进移动电话业务（Advanced Mobile Phone System，AMPS）系统，这是第一种真正意义上的具有随时随地通信能力的大容量蜂窝移动通信系统。到 20 世纪 80 年代中期，欧洲和日本也纷纷建立了自己的蜂窝移动通信网络。这些系统都是模拟制式的频分双工（Frequency Division Duplex，FDD）系统，也被称为第一代蜂窝移动通信系统或 1G 系统。

为了解决第一代蜂窝移动通信系统中存在的根本性技术缺陷(保密性差、系统容量有限等),采用数字调制技术的第二代蜂窝移动通信系统(2G 系统)从 20 世纪 90 年代开始逐渐发展起来。1992 年,欧洲开始铺设全球第一个数字蜂窝移动通信网络——GSM (Global System Mobile),由于其优良的性能,GSM 在全球范围内迅速扩张,其用户数一度占据全球蜂窝系统用户总数的 70%。1993 年,美国推出了基于码分多址(Code Division Multiplex Access,CDMA)接入技术的 IS-95 系统。2G 系统以传送语音和低速数据业务为目的,与采用频分多址(Frequency Division Multiplex Access,FDMA)接入方式的 1G 系统相比具有频谱效率高、系统容量大、保密性能好等优点。

在 20 世纪 80 年代模拟蜂窝系统开始大规模商用时,多种制式的模拟蜂窝系统之间无法实现漫游。为了实行全球统一标准并能全球漫游,1985 年国际电信联盟(International Telecommunication Union,ITU)提出了未来公共陆地移动通信系统(Future Public Land Mobile Telecommunication System,FPLMTS)的概念。1992 年世界无线电大会为 FPLMTS 确定了 2GHz 附近共 230MHz 宽的频谱。1994 年,ITU-R 和 ITU-T 开始合作研究 FPLMTS,其中 ITU-R 负责无线接入技术的标准化,ITU-T 负责网络的标准化。为了解决 2G 系统所面临的主要问题,同时满足对分组数据传输及频谱利用率的更高要求,1995 年 ITU 将 FPLMTS 更名为 IMT-2000,即第三代移动通信系统(3G 系统)。

4G 是第四代移动通信及其技术的简称,是集 3G 与无线局域网于一体并能够传输高质量视频图像的技术产品,是多种无线技术的综合系统。4G 系统能够以 100Mbps 的速度下载,上传的速度也能达到 20Mbps,并能够满足几乎所有用户对于无线服务的要求。到现在 4G 仍然在原有 LTE 技术架构上进行增强和改进,尝试使用新的频谱资源,满足更高速率的要求,并等待 5G 技术的成熟。

无线局域网提供了移动接入的功能,这就给许多需要发送数据但又不能坐在办公室的工作人员提供了方便。当一个工厂的面积很大时,若要把各个部门都用电缆连接成网,其费用可能很高。但若使用无线局域网,不仅节省了投资,而且建网的速度也会较快。另外,当大量持有便携式电脑的用户在同一个地方同时要求上网时(如在图书馆或在证券公司的大厅里),若用电缆联网,那么布线就是一个很大的问题。这时若采用无线局域网则比较容易。无线局域网常简写为 WLAN(Wireless Local Area Network)。

无线局域网可分为两大类:一类是有固定基础设施的,另一类是无固定基础设施的。所谓"固定基础设施"是指预先建立起来的、能够覆盖一定地理范围的一批固定基站。生活中经常使用的蜂窝移动电话就是利用电信公司预先建立的、覆盖全国的大量固定基站来接通用户手机拨打的电话。

对于有固定基础设施的无线局域网,1997 年 IEEE 制定出无线局域网的协议标准——IEEE 802.11 系列标准。2003 年 5 月,我国颁布了 WLAN 的国家标准,该标准采用 ISO/IEC 8802-11 系列国际标准,并针对 WLAN 的安全问题,把国家对密码算法和无线电频率的要求纳入进来。IEEE 802.11 是无线以太网的标准,它使用星形拓扑,凡使用 IEEE 802.11 系列协议的局域网又被称为 Wi-Fi(Wireless-Fidelity)。IEEE 802.11 标准规定无线局域网的最小单元是基本服务集（Basic Service Set，BSS）。一个基本服务集包括一个基站和若干个移动站，所有在本 BSS 以内的站都可以直接通信，但在和本 BSS 以外的站通信时都必须通过本 BSS 的基站。在 IEEE 802.11 中，接入点（Access Point，AP）就是基本服务集内的基站。

无固定基础设施的无线局域网又叫做自组网络（Ad hoc network）。自组网络通常是这样构成的：一些可移动的设备发现它们附近还有其他的可移动设备，并且要求和其他移动设备进行通信。这种自组网络没有上述基本服务集中的接入点，而是由一些处于平等状态的移动站之间相互通信组成的临时网络。

Ad hoc 网络省去了无线中介设备 AP，只要安装了无线网卡，计算机之间即可实现无线互联。其原理是：网络中的一台计算机主机建立点到点连接，相当于虚拟 AP，而其他计算机就可以直接通过这个点对点连接进行网络互联与共享。Ad hoc 网络中从源节点到目的节点的路径中的移动站都是转发节点，这些节点都具有路由器的功能。由于自组网络没有预先建好的网络固定基础设施（基站），因此自组网络的服务范围通常是受限的。

Ad hoc 网络是一种新颖的移动计算机网络类型，它既可以作为一种独立的网络运行，也可以作为当前具有固定基础设施的网络的一种补充形式。其自身的独特性赋予其巨大的发展前景。在军事领域中，由于战场上往往没有预先建好的固定接入点，其移动站就可以利用临时建立的移动自组网络进行通信。由于每一个移动设备都具有路由器转发分组的功能，因此分布式的移动自组网络的生存性非常好。在民用领域，持有笔记本电脑的人可以利用这些移动自组网络方便地交换信息。

然而，在 Ad hoc 网络的研究中还存在许多亟待解决的问题：设计具有节能策略、安全保障、组播功能和 QoS 支持等扩展特性的路由协议，以及 Ad hoc 网络的网络管理等。今后将重点致力于 Ad hoc 网络中网络监视、节点移动性管理、抗毁性管理和安全管理等方面的研究。

近年来，另一种无线 Ad hoc 网络——无线传感器网络（Wireless Sensor Network，WSN）引起了人们广泛的关注。无线传感器网络是由大量传感器节点通过无线通信技术构成的自组网络。无线传感器网络的应用就是进行各种数据的采集、处理和传输，一般并不需要很高的带宽，但是在大部分时间必须保持低功耗，以减少电池的消耗。由于无线传感节点的存储容量有限，因此对协议栈的大小有严格的限制。此外无线传感器网络还对网络安全性、节点自动配置、网络动态重组等方面有一定的要求。

无线传感器网络中的节点基本上是固定不变的，这一点和移动自组网有很大的区别。无线传感器网络主要的应用领域是：环境监测与保护，战争中对敌情的侦查和对兵力、装备、物资等的监控，医疗中对病房的监测和对患者的护理，危险的工业环境中的安全监测，城市交通管理，建筑内的温度、照明、安全控制等。

（2）新型的网络架构。

互联网从 20 世纪 70 年代发展至今已有四十多年的历史，如今已成为世界上覆盖范围最广、规模最大、信息资源极其丰富的全球信息基础设施。随着互联网的快速发展，当前互联网面临着许多重大技术挑战，如地址空间濒临枯竭、网络流量重复拥塞、服务质量无法有效保证、网络安全难以根本解决、网络管理手段匮乏等问题。同时,随着互联网使用目标、覆盖范围、应用类型的不断扩大,互联网通过不断增加新的协议以及对网络体系结构进行各式修补来适应网络的高速发展。但是,这些方法在解决了互联网快速发展中遇到的各种问题的同时,也增加了互联网体系结构的复杂性及管理难度。产生这些问题的本质原因主要是由当前互联网自身体系结构所决定的,所以,设计新型网络体系结构以解决当前网络所存在的问题已经成为学术界、产业界和运营商的迫切需要。

软件定义网络(Software-Defined Networking,SDN)是一种新型的网络体系结构,通过将网络控制与网络转发解耦合构建开放可编程的网络体系结构。SDN 起源于 2006 年斯坦福大学的 Clean Slate 研究课题。2009 年,Nick McKeown 教授正式提出了 SDN 概念。SDN 认为不应无限制地增加网络的复杂度,需要对网络进行抽象以屏蔽底层复杂度,为上层提供简单的、高效的配置与管理。SDN 旨在实现网络互联和网络行为的定义和开放式的接口,从而支持未来各种新型网络体系结构和新型业务的创新。利用分层的思想,SDN 将数据与控制相分离。在控制层包括具有逻辑中心化和可编程的控制器,可掌握全局网络信息,方便运营商和科研人员管理配置网络和部署新协议等。在数据层包括哑的(dumb)交换机(与传统的二层交换机不同,专指用于转发数据的设备)。交换机仅提供简单的数据转发功能,可以快速处理匹配的数据包,适应流量日益增长的需求。两层之间采用开放的统一接口(如 OpenFlow 等)进行交互。控制器通过标准接口向交换机下发统一标准规则,交换机仅需按照这些规则执行相应的动作即可。因此,SDN 技术能够有效降低设备负载,协助网络运营商更好地控制基础设施,降低整体运营成本,成为最具前途的网络技术之一。SDN 已成为当前全球网络领域最热门的研究方向,被 MIT 列为"改变世界的十大创新技术之一"。谷歌、微软等公司均在 SDN 领域投入了大量的科研力量,思科、华为、爱立信、IBM、HP 等 IT 厂商也正在研制 SDN 控制器和交换机。

如图 1-57 所示,可以将 SDN 的架构对应到人体,从而方便理解。SDN 应用层通过控制层提供的编程接口对底层设备进行编程,把网络的控制权开放给用户,从而允许用户开发各种业务应用,实现丰富多彩的业务创新。控制器集中管理网络中的所有设备,将整个网络虚拟为资源池,根据用户不同的需求以及全局网络拓扑,灵活动态地分配资源。

SDN 控制器具有网络的全局视图,负责管理整个网络:对下层,通过标准的协议与基础网络进行通信;对上层,通过开放接口向应用层提供对网络资源的控制能力。

物理层是硬件设备层,专注于单纯的数据、业务物理转发,关注的是与控制层的安全通信,其处理性能一定要高,以实现高速数据转发。

控制器与 SDN 应用层之间的接口是通过控制器向上层业务应用开放的接口,目的是使得业务应用能够便利地调用底层的网络资源和能力,直接为业务应用服务,其设计需要密切联系业务应用需求,具有多样化的特征。

物理层和控制器之间的接口是物理设备与控制器信号传输的通道,相关的设备状态、数据流表项和控制指令都需要经由该接口传达,实现对设备的管控。

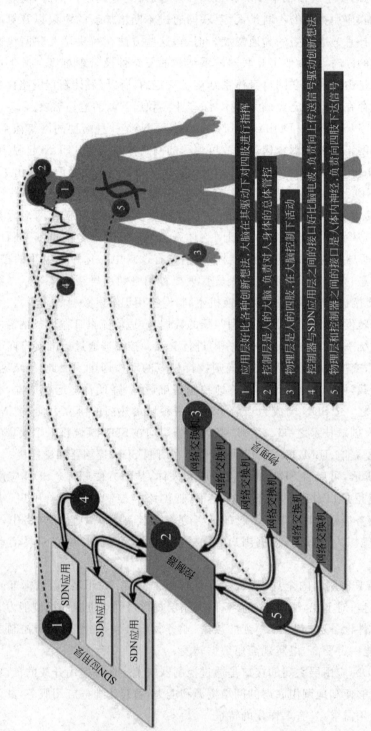

1	应用层好比各种创新想法,大脑在其驱动下对四肢进行指挥
2	控制层是人的大脑,负责对人身体的总体管控
3	物理层是人的四肢,在大脑控制下活动
4	控制器与SDN应用层之间的接口好比脑电波,负责向上传送信号驱动创新想法
5	物理层和控制器之间的接口是人体内神经,负责向四肢下达信号

图 1-57 SDN 架构

1.2 计算机系统概述

1.2.1 计算机系统概念

1. 计算机系统的定义

前面已多次使用了"计算机"这个词,但并未直接定义。"计算机"意味着它是一种能够计算的机器。该机器的核心处理部件是中央处理器(Central Processing Unit,CPU)。CPU 同时完成两项工作:既控制着信息的处理过程,同时也是信息处理过程的具体执行者。所谓"控制着信息的处理过程",指的是它必须决定下一个执行任务是什么,而"处理过程的具体执行者",意味着它必须具备加、乘等运算能力以产生执行结果。目前。各类计算机的 CPU 都采用半导体集成电路技术制造。其基础材料为硅片,通过复杂工艺,在只有指甲般大小的硅片上集成了数以亿计的晶体管,称为微处理器。

然而大多数人更熟悉"计算机系统"这个词,它包含了比处理器更多的含义。一个计算机系统由更多的部件组成,除了处理器之外,还包括外部设备,如键盘(用来输入命令)、鼠标(用来点击菜单)、显示器(用来显示计算机系统产生的信息)、打印机(用来打印信息的副本)、内存(用来临时存储信息)、磁盘(用来永久存储信息及很多可以执行的程序或软件)。这些附加的部件更方便了计算机用户的使用。例如,如果没有打印机,就只能手抄屏幕上显示出来的信息;而没有鼠标,只能手工输入各种命令,不像现在这样,轻轻点击鼠标按键,就可以启动命令。此外,计算机系统还包括用户希望执行的程序,如操作系统 UNIX 或 Windows、数据库系统 Oracle、应用程序 Microsoft Office。当然,需要强调的是计算机网络,它使得信息的接收和传递突破了时间和空间的限制,成为社会进步和发展的灵魂,影响着经济、教育、医疗、金融、工业和农业等众多行业的快速发展,成为计算机系统不可分割的一部分,以上集合共同构成了计算机系统(图 1-58)。也就是说,计算机系统由硬件和软件两部分组成,硬件包括处理器、存储器和外部设备等,软件包括程序和文档。

2. 抽象

"抽象"概念贯穿计算机系统的研究和设计过程,因此有必要在绪论中加以专门的介绍。抽象(abstraction)在生活中普遍存在。当我们搭乘出租车的时候,如果说"去飞机场",那么使用的就是抽象的表达方式。为什么呢?因为乘客还可以用另一种表达方式,详细告诉司机到达目的路线的每一个步骤:"顺这条街道向前过 10 个街区,左转",然后当出租车到达这里之后,乘客又告诉司机"现在顺着这条街道继续 5 个街区,右转",如此继续。显然,乘客知道其中的细节,但这远不如告诉司机要去机场来得简洁。如果还想进一步细化,甚至可以将"顺这条路向前 10 个街区……"这句话分解为"踩油门""转方向盘""注意过往车辆和人行道"等这样的动作细节,但显然没有这个必要。

学会"抽象"是一个非常重要的进步,它让我们学会站在更高的层次看问题,从而将事物的本质表现出来,而将其中的细节隐藏起来;它让我们学会更有效地使用时间和大脑;

图 1-58　计算机系统的组成

它让我们在分析问题时不至于陷入泥潭。

当然,其中存在这样一个假设,即"假设各个方面的细节都是运转正常的"。但是,如果底层细节的工作并不是完全正常呢?这是一个挑战,在这种情况下,要求我们不仅要具备抽象的能力,还要具备"分解抽象"的能力,这样才能保证问题的顺利解决。有人又称之为"解析"过程,即从抽象回到具体的过程。

比如,当设计一个复杂的计算机应用程序,如电子表格处理系统、字处理系统或计算机游戏时,可以将其使用到的每个组件都看作一个"抽象"。此时,探究每个组件的细节是毫无意义的,那只会让工作永远无法结束。但当系统出现问题时,要想发现问题所在,就必须深入到每个组件的实现机制。

"抽象"能提高人们的思考效率。换句话说,忽略抽象之下的细节,会让人们更有效率。如果不需要将一个组件(component)和其他的东西相结合(以构建更大的系统),并且组件内部也不会出问题,那么,将认识停留在抽象层面就足够了。但实际情况是,最终肯定需要将这些组件拼装成更大的系统,而这些组件结合在一起工作的时候,也难免会出错误。这就意味着既要不断地提高抽象层次,又要注意细节的深入。

3. 计算机系统中各抽象层次及其转换

人类使用自然语言来描述问题,而计算机则使用流动的电子解决问题。因此,必须将人类的自然语言转换成计算机能识别的指令,进而转换为影响电子流动的电压,才能使计算机完成复杂的任务。我们称这个过程的每个步骤为"转换层次",抽象层次是硬件和软件设计者在解决问题时使用的一种方法,每一层对它的上一层隐藏了自己的技术细节。

本书的目标就是向读者简要、初步地解释这个系统。此外,作为一门大学计算机专业入门课程,为了让读者对后续计算机专业骨干课程(C语言程序设计、数字逻辑、面向对象程序设计、数据结构与算法、汇编语言、编译原理、计算机操作系统、计算机组成与系统结构)之间的关系有一个清晰的认识,本书在解释各抽象层次及其转换的同时会说明各课程在其中的作用及地位(图1-59)。在此按照自顶向下的顺序对计算机系统及抽象层次进行简要的介绍。

1) 问题的提出

描述问题的时候采用自然语言,即人们所说的语言,如英语、汉语、法语、拉丁语等。这些语言中包含了太多不适合作为计算机语言的内容,其中尤以二义性特征最为突出。自然语言中包含了大量的二义性,如不同的说话音调和音量以及不同的上下文内容,都会使得同一段话表现出不同的语义。

二义性对于计算机指令来说是不能接受的。计算机是一个"电子傻瓜",它只能做人们让它做的事情,但如果人们给它的命令存在多种含义(即二义性),它就会不知所措了。

2) 算法

因此,从问题的提出开始,向下转换的第一步就是将问题的自然语言描述转换为算法(algorithm)描述,去除那些无用的特性。算法描述的要求是流程化,步骤清晰,并确保该流程能终止。其中每个步骤的定义描述都足够精确,以保证能在计算机上执行。这些特性可以阐述如下:

- 确定性(definiteness)。表明每个操作步骤的描述都是清晰的、可定义的。例如,"拼命搅动直到成为糊状"不具有确定性,因为其中"糊状"的程度表述就是模糊的。
- 可计算性(effective computability)。表示每一步的描述都可被计算机执行。而"取最大的素数"这样一句描述不具备可计算性,因为根本就不存在"最大"的素数。
- 有限性(finiteness)。即过程是会终止的。

任何一个问题都具有多种求解算法。其中,有的算法可能需要较少的计算时间,有的算法可能需要较少的存储空间。算法分析就是对一个算法需要多少时间和存储空间进行定量的分析。后续课程中有一门叫做"数据结构与算法"的课程。那么,什么是数据结构?数据结构的作用是什么?数据结构是计算机中存储、组织数据的方式,选择一个好的数据结构可以带来最优效率的算法,通过这门课程的学习,将会掌握如何将自然语言描述的问题转换为高效的算法。

3) 程序

下一步就是将算法转换为程序,即用编程语言描述。编程语言属于"机械语言",与自然语言不同的是,机械语言不是供人使用的,相反,它被设计成限定的执行方式,以便让计算机顺序地执行指令序列。换句话说,它不存在二义性问题。

迄今为止,人类为满足各种需要而发明的程序设计语言有1000多种。有一些是有"特定用途"的(如FORTRAN是科学计算语言、COBOL是商业数据处理语言),而C语言是专门为底层硬件操作而设计的语言。还有用于其他目的的语言,如Prolog语言常用来设计专家系统,LISP语言则被那些研究人工智能的人们所青睐,而Pascal语言则成了学生学习计算机语言的教学语言。

计算机语言可分为高级语言和低级语言两类。高级语言和底层计算机的相关性很弱（距离很远），或称之为"机器无关"语言。上面提到的各种语言都属于高级语言。低级语言则和执行程序的计算机紧密相关，通常一种低级语言只对应一种计算机，即"某某机器的汇编语言"。不需要进行语言处理的程序为机器语言程序，汇编语言程序及高级语言程序则需要经过语言处理，翻译为机器语言程序才能执行。

经过"C 语言程序设计"课程的学习，学生将具备将算法转换为 C 语言程序的能力。然而，要想掌握面向对象的编程方法（即将算法转换为面向对象语言的程序，如 Java 程序），还必须学习"面向对象程序设计"课程。

4）语言处理

使用高级语言和汇编语言编写的程序，想要在计算机上执行，必须将其翻译成执行程序作业的机器（即目标机器）的指令，即机器语言。

语言处理又可以分为两层：高级语言处理和低级语言处理。高级语言处理是指将高级语言翻译为低级语言的过程；而低级语言处理是指将汇编语言翻译成机器语言的过程。这个翻译工作通常可以由翻译程序来完成。高级语言的翻译程序称为编译器（又称编译程序）或解释器（又称解释程序），低级语言的翻译程序称为汇编器。

如果想要了解编译器的原理甚至自己编写一个编译程序，那么，在"编译原理"课程上，你就不得不花一番功夫了。这门课程介绍设计和构造编译程序的基本原理和基本方法，其中许多方法也同样适用于构造解释程序或汇编程序。

5）操作系统

计算机是如何把编写的程序输入计算机中的？又如何启动一个程序？如何把计算机执行的结果输出给用户？最初的操作系统包含的就是支持输入输出（Input/Output，I/O）操作的设备管理例程。随着技术的发展，操作系统又扩展实现了文件管理、内存管理、进程管理等主要功能。

如前所述，在计算机发展的过程中出现过许多操作系统，例如 UNIX、Linux、DOS、Mac OS、Windows 等。"计算机操作系统"课程介绍操作系统的五大功能（CPU 调度、进程管理、内存管理、外部设备管理及文件管理）及其实现原理、机制，以及操作系统如何控制和管理计算机系统的软硬件资源并合理地组织计算机工作的流程。

6）指令集结构

下一步的任务是将程序转换成特定计算机的指令集（instruction set）。指令集结构（Instruction Set Architecture，ISA）是程序和计算机硬件之间接口的一个完整定义。

ISA 定义包括：计算机可以执行的指令集合，即计算机所能执行的操作，以及每个操作所需数据是什么，即操作数。ISA 还定义了可接受的操作数表达方式，即数据类型，以及获取操作数的机制，即定位各种操作数的不同方法，称为寻址模式。

不同的 ISA 定义的操作类型、数据类型和寻址模式的数目都是不相同。有的 ISA 只有几种操作类型，有的 ISA 则有上百种；有的 ISA 只有一种数据类型，有的则有几十种；有的 ISA 只有一两种寻址模式，而有的则有 20 多种。如 x86（PC 中的 ISA），有 100 种操作类型、十几种数据类型、二十多种寻址模式。

在 ISA 的设计中，还要折中考虑计算机内存的大小及每个存储单元的宽度(即能容纳的 0 和 1 的数目)。

许多 ISA 一直延续至今，典型的例子就是 x86。该 ISA 于 1979 年由 Intel 公司设计，目前同被 AMD 和其他一些公司所采用。其他一些著名的 ISA 包括 Power PC(IBM 和 Motorola)、PA-RISC(Hewlett Packard)、SPARC(Sun Micro systems)等。

在上面提到，高级语言程序和汇编语言程序需要由语言处理程序处理，才能在计算机上执行。将高级语言(如 C 语言)翻译为 ISA 指令(如 x86)的过程通常是由"编译器"来完成的。例如，将 C 语言程序翻译成 x86 ISA 时，需要一个"x86 的 C 编译器"。就是说，针对不同的高级语言和目标计算机组合，需要一个对应的编译器。将特定计算机的汇编语言程序翻译为其 ISA 的过程则是由汇编器来完成。

7) 微结构

下一步的任务是将 ISA 转换成对应的实现。实现的具体组织被称为微结构。例如，近年来许多处理器都实现了 x86 这种 ISA 结构，但每个处理器的实现方法不同，即有自己的微结构。最早的实现是 8088(1979 年)，而较新的则是 Pentium 4(奔腾 4，2001 年)；再如 Motorola 和 IBM 已实现了几十种基于 Power PC ISA 的处理器，每一种也都有自己的微结构，其中最新的两种是 Motorola 的 MPC7455 和 IBM 的 Power PC 750FX。

ISA 和微结构(即 ISA 的实现)的关系可以用汽车来比喻，ISA 描述的是驾车人在车里看到的一切，几乎所有的汽车都提供了相似的接口(但汽车的 ISA 接口和轮船、飞机的 ISA 差别很大)，所有的手动挡汽车中，三个踏板的定义完全相同，即中间的是刹车，右边的是油门，左边的是离合器。ISA 表达的是基本功能，其定义还包括所有的汽车都能够从 A 点移动到 B 点，可前进也可后退，还可左右转向等。

而 ISA 的实现是指车盖板下的"内容"。所有的汽车其制造和模型都不尽相同，这取决于设计者在制造之前所做的权衡决策，如有的制动系统采用刹车片，有的采用制动鼓；有的是八缸发动机，有的是六缸，还有的是四缸；有的有涡轮增压，有的没有。我们称这些有差异的细节为一个特定汽车的"微结构"，它们反映了设计者在成本和性能之间所做的权衡决策。

对于指令集结构和微结构这两个抽象层次的内容，将会在"计算机组成与系统结构"课程中进一步介绍。其实，计算机组成和计算机系统结构各自有研究的侧重点。计算机组成指的是计算机系统结构的逻辑实现，包括机器级内部的数据流和控制流的组成以及逻辑设计。计算机组成一般需要确定数据通路宽度、专用部件设置、控制机构的组成方式、可靠性技术等。而计算机系统结构研究的是软硬件的功能分配以及如何更好、更合理地实现分配给硬件的功能。"计算机组成与系统结构"这门课程的内容包括计算机中数据的表示，基本的运算方法与运算器的构成，中央处理器的指令系统、寻址方式及控制器等基础知识，以及构成计算机的其他组成部件(如总线、存储器、输入输出技术与设备)。

8) 逻辑电路

微结构最终是由一组简单的逻辑电路实现的，有多种实现方法可供选择，各种方法之间存在着性能和成本上的差异。例如，仅仅一个加法器就存在着多种实现(速度更快的超前进位逻辑电路、速度较慢的行波进位电路)，它们所表现出来的运算速度(性能)及其成本差异非常大。

逻辑电路这一层是"数字逻辑"课程学习的重点,在这门课程中将会学到如何通过一组简单的逻辑电路实现一个复杂功能电路。

9)器件

最后要说明的是,每个基本的逻辑电路都是按照特定的器件技术来实现的。例如,CMOS(Complementary Metal-Oxide-Semiconductor,互补金属氧化物半导体)逻辑电路采用金属氧化物半导体晶体管制造,双极型逻辑电路则采用双极型晶体管构成。对于器件级技术,在"模拟电路"课程中会详细介绍。

以上所述的计算机系统各抽象层次与课程之间的关系如图 1-59 所示。

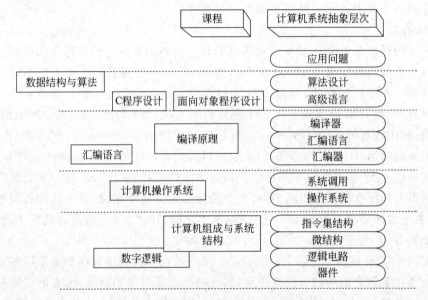

图 1-59　计算机系统抽象层次与课程关系

逻辑电路和器件这两个抽象层次属于计算机实现,计算机实现指的是计算机组成的物理实现,包括处理机、主存等部件的物理结构,器件的集成度和速度,器件、模块、插件、底板的划分和连接,专用器件的设计,微组装技术,信号传输,电源、冷却及整机装配技术等。下面通过举例以区分计算机系统结构、计算机组成、计算机实现三个概念。例如,指令系统的确定属于计算机系统结构的问题。指令的实现,如取指令、指令操作码译码、计算操作数地址、取数、运算、送结果等的操作安排和排序属于计算机组成的问题。实现这些指令的功能的具体电路、器件设计及装配技术属于计算机实现的问题。计算机系统结构、组成、实现三者互不相同,但又相互影响。

综上所述,从用自然语言对问题进行描述开始,直到电子器件的实际运转,之间要经历很多层次的转换。如果我们能说"电子语言",或电子器件能"听懂"我们说的语言,那么我们只需要走到计算机面前,直接向其发布命令即可。然而,我们不会说"电子语言",电子器件也听不懂我们的语言,我们所能做的事,只能是进行一系列的转换。在转换过程中,每一层的实现又都存在很多选择方案,面对不同的方案,我们的最终决策和选择决定了系统实现的性能和成本。

1.2.2 本书结构

在本书中,按照计算机系统的抽象层次把计算机的各个分层逐个地从计算机系统中剥离出来,每次只探讨一个分层。这样每个分层就相对单纯且复杂度可控。事实上,一个计算机真正所做的只是非常简单的任务,它盲目地快速执行这些任务,根本不知道可以把许多简单的任务组织成较大的复杂任务。当把各个计算机分层组织在一起,让它们各自扮演自己的角色,这种简单组合产生的结果却是惊人的。

本书采用自顶向下和自底向上相结合的方式描述计算机系统抽象层次间的转换关系及过程,下面简单地讨论一下每个分层,并且说明在本书的什么地方会详细讨论它们,以方便读者的阅读和学习。

第2章以数据的机器级表示和程序的机器级表示两部分内容来阐述计算机系统中信息的表示。"数据的机器级表示"讲述了如何用0和1表示自然世界的整数、小数、字符,以及如何实现二进制、十进制数据之间的转换。在此基础上,进一步讲述使用二进制表示的数据之间基本的数学计算方法。其核心是二进制补码表示数据的思想和方法。"程序的机器级表示"先通过一个简单的C语言程序 hello.c 经过预处理、编译、汇编、链接生成一个机器可执行的二进制文件的过程,让学生对机器级程序先有一个简单直观的了解。在本章的后续节里,我们从机器级程序中信息的访问、算术和逻辑操作、控制、过程、数组分配和访问以及异质数据结构等方面详细阐述一个C语言程序到机器级程序的转化。

第3章主要讲述计算机硬件的基本组成、计算机硬件之间的层次关系以及计算机系统结构,主要包括数字逻辑基础、系统组成以及指令集结构三部分。数字逻辑基础主要讲述物理上如何通过晶体管表示0和1以及如何通过晶体管来实现二进制逻辑。系统组成部分主要讲述现代计算机的基本原理,重点讲述微处理器结构及工作原理。指令集结构部分讲述计算机硬件语言——指令集,了解指令集的分类以及指令集在计算系统中发挥的作用。

第4章的核心是让读者理解高级语言写的程序如何一步一步翻译成计算机硬件语言指令集的组合。本章首先帮助读者理解什么是编译,为什么需要编译。其次按照词法分析、语法分析以及代码生成等步骤讲述编译器的工作原理。

第5章主要讲述计算机中最重要的系统软件——操作系统的相关内容。这一章主要分为三部分内容来展开。首先介绍什么是操作系统,操作系统的分类以及计算机系统中的资源管理,通过这一部分,使读者对操作系统有一个初步的了解。然后,我们将带领读者理解操作系统的启动过程以及应用程序的启动原理,通过这一部分学习,读者将对操作系统和应用程序有更深入的认识,如BIOS、操作系统的引导程序、Shell等。最后,剖析应用程序的执行过程。以一个C语言示例程序 hello 为例,从输入运行命令到程序正确输出结果,对程序在执行过程中与操作系统以及硬件之间的交互进行更细致的介绍。

从智能手机中的Web浏览器到具有公共无线接入功能的咖啡店,从具有高速宽带接入的家庭网络,到每张办公桌都有联网PC的传统办公场所,到联网的汽车,到联网的环境传感器,到全球范围的 Internet……计算机网络无所不在,已经成为人们生活中不可或缺的一部分。第 6 章介绍计算机网络的相关内容。首先介绍全球最大的互联网——Internet,从 Internet 的原理出发,让读者从网络边缘开始学习,逐步深入到网络核心,再进一步向读者介绍 Internet 的协议层次及其服务模型,使读者从浅到深逐步掌握 Internet 的基本原理。在此之后介绍 Internet 技术基础,让读者清楚是哪些核心技术推动着 Internet 的发展。然后介绍无线网络,同样,首先展示无线网络的原理,接下来介绍 WiFi、无线传感器网络等四个典型的无线网络实例,直观地说明无线网络的基本知识。最后,简要介绍近几年发展迅速的社交网络,以在线社交和移动社交两个方面为主要内容来分别进行描述。

通过各章的“逐层转换”,读者会逐渐了解计算机是如何通过电子的流动来具体解决一个实际的应用问题的,并且逐渐深入到计算机系统之中。

习题

1. 解释名词:ISA、算法、抽象、Ad hoc、Internet。
2. 计算机硬件的发展分为哪几个时期? 每个时期的主要技术代表是什么?
3. Internet 的发展大致分为哪几个阶段? 请指出这几个阶段最主要的特点。
4. 为什么说因特网是自印刷术以来人类通信方面最大的变革?
5. 算法的特性有哪些? 为什么二义性在算法中是不允许存在的?
6. 简述无线传感器网络是什么? 它的主要应用领域有哪些?
7. 什么是软件定义网络(SDN)? 请指出它的核心思想。
8. 从硬件和软件两个方面阐述计算机系统的主要构成。
9. 描述当今最为流行的无线因特网接入技术,对它们进行比较和对照。
10. 操作系统的种类有哪些? 简述操作系统在计算机硬件和计算机软件中的地位。

第 2 章　计算机系统中信息表示

早期的机械式和继电式计算机都用具有 10 个稳定状态的基本元件来表示十进制数据位 $0,1,2,\cdots,9$。一个数据的各个数据位是按 10 的指数顺序排列的,如 $386.45 = 3\times10^2 + 8\times10^1 + 6\times10^0 + 4\times10^{-1} + 5\times10^{-2}$。但要求基本电子元件具有 10 个稳定状态十分困难,而且十进制运算器逻辑线路也比较复杂。物理世界中多数元件具有两个稳定状态,如电流的通和断等。二进制运算具有电路简单、可靠性高、易于实现等优点。逻辑运算的基础是逻辑代数,而逻辑代数是二值逻辑。二进制的两个数码 1 和 0 恰好代表逻辑代数中的"真"(true)和"假"(false)。因此,现代计算机普遍采用二进制(binary)表示数据,有时也采用八进制(octal)或十六进制(hexadecimal)。

程序和数据是逻辑层次的概念,在计算机物理结构上,是不区分程序和数据的,所有的程序和数据最终都以二进制形式存在,处理器根据程序的当前执行语义判断当前处理的二进制序列是数据还是指令。

本章分两部分,第一部分讲述计算机如何表示数据。第二部讲述程序在计算机中的表示,基于 C 语言,分析 C 语言的不同语法结构与对应的汇编语言级机器表示之间的关系。

2.1　数据的机器级表示

数据是计算机处理的对象,计算机内部处理的所有数据都必须是"数字化编码"了的数据,现实世界中的感觉媒体信息(如声音、图片、文字等)由输入设备转化为二进制编码。物理世界的数据具有多样性,但映射到计算机上,可分为位型、字符型、整数型以及浮点型等基本的数据形式。

2.1.1　位和数据类型

1. 位——数据的基本单位

在计算机中用位的形式来表示数据,位是存储在计算机中的最小的数据单位,位表示二进制数字的 0 和 1。在计算机中,存储一位需要用一个有两种状态的硬件设备。例如,用电子开关就能表示并存储位,通常用"开"(闭合)状态表示 1,用"关"(断开)状态表示 0,现代计算机使用多种具有两种稳定状态的设备存储数据。

当然,计算机需要足够大的数值范围才能工作,而一个位只能表示 1 和 0 两个状态。因此,为了表示更多的数值状态,可以将多个位合并使用,比如 8 位可以表示 256 个不同状态($00000000\sim11111111$)。通常 k 位可以表示 2^k 个不同的状态,每个状态分别是 k 个

0 和 1 的序列组合。

现代计算机中的数据采用二进制表示法。例如数值 5，十进制符号表示为符号 5；也有人伸出 5 个手指头来表示，写出来就是 11111（每个 1 代表一个指头），这种方法称为单进制；在二进制中 5 表示为 101，为了方便，可以写为 101B 或者（101）₂以表明其进制。可以看出，二进制数是由 0 和 1 组成的序列，这样计算机就可以通过多个位的合并使用进行表示，例如计算机将 8 位当作一个字节（B），以一个或多个字节来表示一个数值。在计算机中，这样的 0 和 1 的序列称为编码，每个编码对应一个特定的值。

2. 数据类型

计算机不仅需要表达数值，还必须具备操作这些数值的能力。如果定义了一种数值的编码方式，同时还定义了相关的操作方法，则称这种编码方式为一种数据类型。例如，在算术运算中采用补码编码表示正、负整数，在键盘输入和显示器输出的应用中，采用 ASCII 码表示字符，除此之外，还存在很多其他数据类型，在后面会有详细解释。

2.1.2 整数数据类型

1. 整数表示法

整数数据类型可以分为无符号整数和有符号整数两类。

使用二进制表示无符号整数的原理与十进制类似，都是采用"位值法"进行表示，即每个数码所表示的数值不仅取决于这个数码本身，而且取决于它在记数中所处的位置。比如在十进位值制中，同样是一个数码 2，放在个位上表示 2，放在十位上就表示 20（2×10），放在百位上就表示 200（2×10²）。二进制的原理与此相同，只是使用的数字只能是 0 和 1，即基为 2（而不是 10），如数值 6，二进制表示为 110，即

$$6 = 1 \times 2^2 + 1 \times 2^1 + 0 \times 2^0$$

有 k 个位则可以表示 2^k 个无符号整数（从 0 到 $2^k - 1$）。

二进制数的进位基数是 2，第 i 位的权是 2^i。任一个二进制数可表示为

$$N_2 = \sum_{i=-\infty}^{+\infty} K_i \times 2^i$$

有符号整数该如何表示呢？可采用原码、反码和补码三种数据类型，它们在表示有符号整数时使用了不同的处理方式，见图 2-1。在表示正数时，三种数据类型是完全相同的，但是在表示负整数时有很大差别。

原码表示法的思路是：以最高位代表符号，0 代表正数，1 代表负数，例如 +5 表示为 00101，则 -5 表示为 10101，这种方法称为符号位（signed magnitude）表示法；反码表示法的思路是：将一个正数的所有位全部取反，即得到该正数所对应的负数编码，例如 +5 表示为 00101，则 -5 表示为 11010。对于一个 5 位的二进制数，这两种编码方式都能表示出 -15～+15 的数值范围，但是在硬件逻辑设计上都相当复杂。例如，符号相反的两个数求和时，加法器不能对它们直接逐位相加，而是需要先判断两个数的绝对值的大小，然后将绝对值大的数减去绝对值小的数，结果的符号取绝对值大的数的符号。为了克服原

码在加、减运算中的缺点,几乎所有的计算机都采用了补码的编码方式。

补码的思想是:使符号位也参加运算,从而简化加减法的规则,加法器无须判断输入数是什么形式,它都将产生正确结果。为了满足这样的要求,补码方式必须保证任意两个绝对值相同但符号相反的两个数之和应该为0。根据这一点可以确定补码中负数的码字。例如整数+5的码字是00101,则-5的码字就是11011(相加的结果为100000,但是加法器只会去读那些有效位,在本例中为5位有效位)。下面对补码运算进行验证:以5位输入模式的二进制数为例,假设两个输入分别为11010和00111,计算如下:

$$\begin{array}{r} 11010 \\ 00111 \\ \hline 100001 \end{array}$$

通过在表2-1有符号整数的三种表示方法中查找可知,两个输入对应的补码分别是+7和-6,计算结果对应的是+1,结果正确(注:在补码表示中,如果已知一个负整数的原码,可以先求其反码后再加1,即可得到对应的补码)。

表 2-1 有符号整数的三种表示方法

二进制形式	原码	反码	补码	二进制形式	原码	反码	补码
00000	0	0	0	10000	-0	-15	-16
00001	1	1	1	10001	-1	-14	-15
00010	2	2	2	10010	-2	-13	-14
00011	3	3	3	10011	-3	-12	-13
00100	4	4	4	10100	-4	-11	-12
00101	5	5	5	10101	-5	-10	-11
00110	6	6	6	10110	-6	-9	-10
00111	7	7	7	10111	-7	-8	-9
01000	8	8	8	11000	-8	-7	-8
01001	9	9	9	11001	-9	-6	-7
01010	10	10	10	11010	-10	-5	-6
01011	11	11	11	11011	-11	-4	-5
01100	12	12	12	11100	-12	-3	-4
01101	13	13	13	11101	-13	-2	-3
01110	14	14	14	11110	-14	-1	-2
01111	15	15	15	11111	-15	-0	-1

2. 二进制数与十进制数之间的转换

由于计算机采用二进制来表示数据,而生活中人们普遍采用十进制,因此二进制数和十进制数的转换就显得非常必要。

1）进制数转换为十进制数

若 $a_{n-1}a_{n-2}\cdots a_1 a_0$ 为一个补码表示的二进制数，任意位 $a_i=0$ 或 1，转换步骤如下：

（1）检查数值符号。二进制数的最高位 a_{n-1} 为符号位，若 $a_{n-1}=0$，说明该值为正数；若 $a_{n-1}=1$，则说明该值为负数，先将其转换为绝对值相同的正数的补码（取反加 1）。

（2）计算绝对值。求下面多项式的和即可：

$$\sum_{i=0}^{n-1} a_i \times 2^i = a_{n-1} \times 2^{n-1} + a_{n-2} \times 2^{n-2} + \cdots + a_1 \times 2^1 + a_0 \times 2^0$$

（3）如果该值为正数，则该值等于其绝对值；如果该值为负数，只需要在绝对值前面加上负号即可。

例 2-1 将二进制数 11000111 转换为十进制表示。

最高位为 1，判断该数为负。因此，先转换为对应正数的补码，即 00111001。

00111001 的绝对值为

$$0 \times 2^6 + 1 \times 2^5 + 1 \times 2^4 + 1 \times 2^3 + 0 \times 2^2 + 0 \times 2^1 + 1 \times 2^0 = 57$$

由于是负数，补上负号，最终结果为 -57。

2）十进制数转换为二进制数

根据二进制数的特点可知，如果一个二进制数是奇数，那么它的最低位必然是 1，如果为偶数，最低位必然是 0。下面以一个具体例子来说明十进制数转换为二进制数原码的过程。

假设十进制数为 -99，将其转换为 8 位的二进制数 $a_7 a_6 a_5 a_4 a_3 a_2 a_1 a_0$。由于该数为负数，所以最高位 a_7 为 1。去除符号位后，有下列等式：

$$99 = a_6 \times 2^6 + a_5 \times 2^5 + a_4 \times 2^4 + a_3 \times 2^3 + a_2 \times 2^2 + a_1 \times 2^1 + a_0 \times 2^0$$

由于 99 是奇数，因此 $a_0=1$。等式两边同时减去 1，又得：

$$98 = a_6 \times 2^6 + a_5 \times 2^5 + a_4 \times 2^4 + a_3 \times 2^3 + a_2 \times 2^2 + a_1 \times 2^1$$

两边同时除以 2，得：

$$49 = a_6 \times 2^5 + a_5 \times 2^4 + a_4 \times 2^3 + a_3 \times 2^2 + a_2 \times 2^1 + a_1 \times 2^0$$

49 是奇数，所以 $a_1=1$，如此反复迭代，直至求得所有 a_i 的值。最终求得二进制数为 11100011。

观察以上计算过程可知，每次迭代后最低位的取值等于等式左边数值除以 2 的余数。由此可以总结出一种更为方便的转换方法，如图 2-1 所示。

将计算所得余数从高到低依次排列再将符号位加在最高位得到 11100011，即为最终结果。

2.1.3 字符数据类型

在计算机中，除了能处理数值数据信息外，还能处理大量的字符、图像及汉字等信息，这些信息在计算机

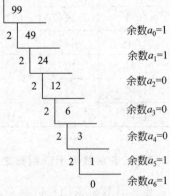

图 2-1 十进制数转换为二进制数

中也必须用二进制代码形式表示。要想用计算机对这些信息进行处理，首先遇到的问题是如何用二进制数表示字符，即如何对字符编码。

1. 字符

目前被广泛采用的字符编码是由美国国家标准局（American National Standards Institute）制定的美国标准信息交换码（American Standard Code for Information Interchange，ASCII），该编码被国际标准化组织（International Standardization Organization，ISO）定为国际标准，称为 ISO 646 标准。

ASCII 码用 8 位二进制码来表示英文的大小写字母、标点符号、数字 0～9 以及一些控制数据（如换行、回车和制表符等），最高位为 0。若将最高位设为 1，还可以将标准的 ASCII 码进行适当的扩展（可增加 128 个字符）。

表 2-2 给出 ASCII 码常用字符表。

表 2-2 ASCII 码常用字符表

高 4 位 ＼ 低 4 位	0000	0001	0010	0011	0100	0101	0100	0111
0010	SPACE	!	"	#	$	%	&.	'
0011	0	1	2	3	4	5	6	7
0100	@	A	B	C	D	E	F	G
0101	P	Q	R	S	T	U	V	W
0110	`	a	b	c	d	e	f	g
0111	p	q	r	s	t	u	v	w
高 4 位 ＼ 低 4 位	1000	1001	1010	1011	1100	1101	1110	1111
0010	(	)	*	+	,	—	.	/
0011	8	9	:	;	<	=	>	?
0100	H	I	J	K	L	M	N	O
0101	X	Y	Z	[	\	]	^	_
0110	h	i	j	k	l	m	n	o
0111	x	y	z	{	|	}	~	DEL

查 ASCII 码表，可知 A 的 ASCII 码是 01000001，a 的 ASCII 码是 01100001，字符就是用这样的二进制数表示的。

2. 字符串

在计算机中，字符串是由字符序列组成的，每个字符对应 ASCII 码表中的一个特定编码，例如，字符串"hello"可以表示成如下形式：

h	e	l	l	O
01101000	01100101	01101100	01101100	01101111

3. 汉字

尽管 8 位的 ASCII 码完全可以表示所有英文字符,但对中文来说,256 个字符是远远不够的,因此需要在 ASCII 码的基础上进行扩展,以区分不同的汉字。

汉字机内码是计算机内部存储和处理汉字的编码。常用两个字节表示,每个字节的最高位都设置为 1。内码是以汉语拼音的顺序排序的,例如第一个汉字是"啊",它的第一个字节为 10110000,第二个字节为 10100001。利用内码,可以找到对应的汉字字形信息,然后再将它送到输出设备中。通常,把所有字形码的集合称为字库,先把它存在计算机中(如以文件的形式存放在硬盘中),在汉字输出时,根据汉字内码找到相应的字形码,然后由字形码控制输出设备显示汉字。

日文、韩文、阿拉伯文等都使用类似的方法来扩展本地字符集的定义。但是这个方法是有缺陷的,在上网时,可能会遇到这样的问题,在访问日文、韩文或中文繁体网站时,出现乱码。这是因为一个系统中只能有一种内码,因此,必须进行相应的字符内码转换。

为了支持不同国家的语言字符集,ASCII 码正在被 Unicode 码所代替,Unicode 是一个 16 位的编码系统。它用 16 位二进制来表示每一个符号,这样 Unicode 码就有 2^{16}(65 536)种不同的二进制编码,足以将日语、韩语和中文等的常用字都表示出来。为了简化 ASCII 码与 Unicode 码之间的转换,Unicode 码的设计者还使用了向后兼容的 ASCII 码。原来用 ASCII 码能表示的字符,其 Unicode 码只是在原来的 ASCII 码前面加上 8 个 0。比如,字母 a 的 ASCII 码是 01100001,而它的 Unicode 码是 0000000001100001。

2.1.4 浮点类型

到目前为止涉及的所有二进制数均表示整数,如果仅仅使用这类数字,很多数值根本无法表示,例如,极小的数,如一个电子的静态质量 9.1×10^{-31} kg,用标准的整数格式根本不可能实现。类似地,极大的数,如宇宙的年龄、摩尔常数等,都无法表示。

浮点数的引入解决了这个问题。大多数的指令集都定义了一种或多种浮点数类型。其中之一通常被称作 float(单精度浮点数)类型,由 32 位组成,几乎所有的计算机制造商都使用如图 2-2 所示的 float 格式,该格式也是 IEEE 浮点运算标准的一部分。

如图 2-2 所示,浮点数也由三部分组成。第一部分为符号位 S,其长度为 1 位,符号位为 0 代表正数,为 1 代表负数。第二部分为指数部分,单精度浮点数使用了 8 位的无符号二进制整数表示指数,但是它并不是实际指数值,实际指数值等于该无符号整数减去 127 之后的结果。例如,指数部分为 10000111(即无符号数 135),那么实际指数值为 +8。另外一点与科学记数法不同的是,科学记数法采用的基数为 10,而浮点数的基数为 2。第三部分为尾数部分,尾数长度是 23 个二进制数字。尾数部分是被正则化的,即小数点左边有且仅有一个非 0 数字,但在二进制方式下,这个非 0 数字只可能是 1,所以这个 1 就不必表示出来了。因而,只要 23 位就能表示 24 位的精度。

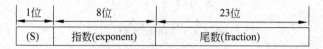

图 2-2 典型的 32 位单精度浮点数表示方法

这种浮点数表示法和数学中的科学记数法非常相似,如 6.023×10^{23} 就是科学记数法的例子。以科学记数法表示的数字有三个基本组成部分:符号(默认为+)、有效数字(6.023)、指数(23)。

例 2-2 使用单精度浮点数标准表示 $-6\frac{5}{8}$。

首先将 $-6\frac{5}{8}$ 表示成二进制数 -110.101,即

$$-6\frac{5}{8} = -(1 \times 2^2 + 1 \times 2^1 + 0 \times 2^0 + 1 \times 2^{-1} + 0 \times 2^{-2} + 1 \times 2^{-3})$$

正则化处理之后,即为 -1.10101×2^2。

符号位显然为 1。指数部分为 10000001,即无符号数 129,尾数部分省略小数点左边的 1 之后为 10101000000000000000000。由此,表示结果应为

> 1　10000001　10101000000000000000000

为了表示更大的数值范围,很多指令集还定义了一种称为 double 类型的浮点数,也称双精度浮点数。双精度浮点数表示方法如图 2-3 所示。双精度浮点数与单精度浮点数的格式相同,首位也为符号位,但使用 11 位的二进制整数表示指数,尾数长度为 52 位。

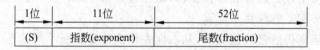

图 2-3 典型的 64 位双精度浮点数表示方法

2.1.5 十六进制表示法

在分析计算机内部工作时,常用到十六进制数。十六进制数的特点是每一位由 0～9 和 A～F 这 16 个数码中的一个来表示,基数为 16,高位权值是低位权值的 16 倍,运算的规则是"逢 16 进 1,借 1 当 16"。如十进制数 50 可以表示为 32H 或者 $(32)_{16}$。因为 $2^4 = 16$,所以 1 位十六进制数相当于 4 位二进制数,利用这一点,可以将每位十六进制数用 4 位对应的二进制数来表示,完成十六进制数向二进制数的转换;将二进制数每 4 位表示成 1 位十六进制数,完成二进制数向十六进制数的转换。下面通过两个例子说明十六进制数和二进制数之间的转换。

1. 十六进制数转换为二进制数

例如,十六进制数 A5F 要转换为二进制数,则将 A、5、F 分别用 3 位二进制数表示:

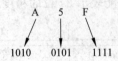

即 $(A5F)_{16} = (101001011111)_2$。

2. 二进制数转换为十六进制数

例如,二进制数 011010011110 要转换为十六进制数,则将 011010011110 从最低位开始每 4 位写成一组,最高位不足 4 位用 0 补足,再将每一组 4 位二进制数表示为十六进制数。

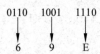

即 $(011010011110)_2 = (69E)_{16}$。

2.1.6 基本运算举例

完成对数据的表示后,就需要对数据进行基本加工,如算术运算、逻辑运算等操作。

1. 算术运算

二进制运算与十进制运算非常相似,只是在计算机中,二进制数普遍采用补码的表示方法。现通过两个例子解释算术运算。

二进制加法运算仍然是按位对齐,从右向左依次计算。所不同的是,十进制算术运算是满十进一,而二进制算术运算则是满二进一。

例 2-3　计算 11+3 的值是多少,其中二进制数用 5 位表示。

十进制数 11 表示为　　　01011

十进制数 3 表示为　　　00011

则两者的和为　　　　　01110

减法可以理解为就是加法,如 A−B 等价于 A+(−B)。

例 2-4　计算 14−9 的值是多少,其中二进制数用 5 位表示。

十进制数 14 表示为　　　01110

十进制数 9 表示为　　　01001

转换获得 −9 的补码　　　10111

再将 14 和 −9 相加　　　01110

　　　　　　　　　　　10111

最后计算结果为　　　　00101

在一些情况下,为了减少占用空间,较小的数值会采用较少的位来表示或存放。例如,数值 5 与其表示为 0000000000000101,还不如用 6 位表示为 000101。因为对于一个正数,在前面补上 0 并不会改变它的值。那么,对于负数呢?以数值 −5 为例,如果用 6 位来表示,数值 5 为 000101,数值 −5 为 111011;如果用 16 位来表示,数值 5 为 0000000000000101,−5 则为 1111111111111011。可以看出在负数前面加 1 也不改变其值。

但是,如果两个表示长度不等的二进制数直接相加,会出现什么问题呢?例如,计算 13 和 −5 两数的和。其中,将 13 表示为 000000000001101,而 −5 表示为 111011。那么 ALU 计算出来的结果是什么呢?

$$
\begin{array}{r}
0000000000001101 \\
+\quad\quad\quad\quad 111011 \\
\end{array}
$$

应当如何处理 111011 中缺少的位呢?如果把那些缺少的位填为 0,那么与 +13 相加的数将不再是 −5,而是 +59。这样,计算结果将是 +72,显然是错误的。正如前面所说,负数前面加 1 不改变其值,下面给缺少的位补 1 扩展为 16 位,则计算式如下所示:

$$
\begin{array}{r}
0000000000001101 \\
+1111111111111011 \\
\hline
0000000000001000 \\
\end{array}
$$

于是,得到正确结果,即 +8。

通过以上的例子,可以得出结论:在二进制整数前面添加任意多的 0 不会改变其值;同样,在负数前面添加任意多的 1 也不会影响其值。这两种操作称为"符号扩展"(Sign-Extension,SEXT)。符号扩展主要应用在两个不同长度的二进制数相加的场合。

基于二进制加法计算,参考十进制的方法,依次可完成减法、乘法以及除法等复杂运算。

2. 逻辑运算

逻辑运算符的操作对象是逻辑变量。逻辑变量的取值只有两个:0 或 1。下面介绍"与""或""非""异或"4 种逻辑运算。

"与"(AND)是一个二元逻辑运算,这意味着它需要两个源操作数,且每个操作数的取值要么为 0,要么为 1。如果两个源操作数同为 1,则 AND 的输出结果为 1;否则结果均为 0。逻辑操作的功能定义的常用描述方式是"真值表"。以两输入的 AND 单元为例,真值表中有两列,分别对应两个源操作数 A 和 B,如表 2-3 所示。

表 2-3　AND 运算真值表

A	B	AND	A	B	AND
0	0	0	1	0	0
0	1	0	1	1	1

还可以对两个长度为 m 位的二进制数做 AND 运算,运算规则是将两个操作数按位对齐,然后对相同的位两两进行 AND 运算。这种操作称为按位 AND 操作。

例 2-5　如果 c 是 a 和 b 进行按位 AND 操作的结果,其中 $a=0011101001101001$,

$b=0101100100100001$，那么 c 的值是多少?

根据按位 AND 操作的规则可知，c 中的第 i 位 c_i 是每对 a_i 和 b_i 做 AND 运算的结果。求解结果如下:

$$0011101001101001 \cdots\cdots a$$
$$\underline{\text{AND} \quad 0101100100100001 \cdots\cdots b}$$
$$0001100000100001 \cdots\cdots c$$

"或"(OR)也是一个二元逻辑运算，它的两个源操作数都是逻辑变量，取值为 0 和 1。仅当两个源操作数都为 0 时，输出结果才为 0;其他情况下，输出结果都为 1。换句话说，两个源操作数中任意一个为 1，则 OR 结果必然为 1。

OR 运算的真值表如表 2-4 所示。

表 2-4　OR 运算真值表

A	B	OR	A	B	OR
0	0	0	1	0	1
0	1	1	1	1	1

与 AND 运算类似，OR 运算也可以在两个 m 位的二进制数之间执行按位 OR 运算。

例 2-6　如果 c 是 a 和 b 相"或"的结果，其中 $a=0011101001101001$，$b=0101100100100001$，那么 c 的值是多少?

根据按位 OR 操作的规则可知，c 中的第 i 位 c_i 是每对 a_i 和 b_i 做 OR 运算的结果。求解结果如下:

$$0011101001101001 \cdots\cdots a$$
$$\underline{\text{OR} \quad 0101100100100001 \cdots\cdots b}$$
$$0111101101101001 \cdots\cdots c$$

"非"(NOT)运算是一元逻辑运算，即只有一个源操作数。该运算又被称为"补"运算，即输出是输入求补的结果。如果输入 A 为 1，则输出为 0;如果输入 A 为 0，则输出为 1。

表 2-5 给出了 NOT 运算的真值表。

表 2-5　NOT 运算真值表

A	NOT
0	1
1	0

同样，NOT 运算也可以像 AND 和 OR 运算一样，对 m 位的数进行按位 NOT 操作。假设 a 的取值如前面的例子所示，则 c 每位的值是 a 对应位取反的结果，如下所示。

$$\text{NOT} \quad 0011101001101001 \cdots\cdots a$$
$$1100010110010110 \cdots\cdots c$$

"异或"(exclusive-OR)，简称 XOR，也是一个二元逻辑运算。如果两个源操作数输入值不同，则 XOR 输出为 1;如果二者相同，则输出为 0。表 2-6 给出了 XOR 的真值表。

表 2-6　XOR 运算真值表

A	B	XOR	A	B	XOR
0	0	0	1	0	1
0	1	1	1	1	0

同样,可以对 m 位二进制数进行按位 XOR 运算。

例 2-7　如果 c 是 a 和 b 进行按位 XOR 操作的结果,其中 $a=0011101001101001$,$b=$ 0101100100100001,那么 c 的值是多少?

计算如下:

$$0011101001101001\cdots\cdots a$$
$$\underline{\text{XOR}\quad 0101100100100001\cdots\cdots b}$$
$$0110001101001000\cdots\cdots c$$

2.2　程序的机器级表示

机器可以直接执行的是机器语言,这种语言是面向机器的,由纯粹的二进制代码组成的,可以由计算机直接识别和运行的语言,拥有极高的执行效率。可是因为只有 0、1 两种信息,十分难以编写和读懂。例如,某种计算机规定 1011011000000000 为加法指令,而 1011010100000000 为减法指令。可以看出执行一个操作需要 16 位二进制代码,并且差别较小,使其难以分辨(上面两个指令码只有 7、8 两位不同),给阅读和调试等操作带来极大不便;还可以看出,16 位二进制代码共可以表示 $2^{16}=65\ 536$ 个不同的指令或信息,有的计算机甚至由 32 位的二进制代码来控制机器的运行,这样使机器语言十分难以学习,程序员不得不带着厚重的表格;而且不同的机器拥有不同的代码规范,导致在一台机器上编译的程序无法在其他机器上运行。随着时代的进步,机器语言的淘汰是必然的。

汇编语言用了一些帮助记忆、学习的符号来代替二进制代码,执行效率也比较高。汇编语言和机器语言都叫做机器级语言。汇编语言的指令也不是十分容易读懂,而且仍旧有一个缺点,就是程序代码过长,让人难以贯穿全程序读懂,还有大量跳转语句。

为了让计算机能够更方便人使用,更普及,出现了面向人而不是面向机器的高级语言(例如,C、C++、Java 等)。这些语言使用类似人类语言的语句来编写程序。高级语言屏蔽了程序的细节,提供的抽象级别比较高,在这种抽象级别上的工作效率会更高,也更可靠。高级语言的出现使更多人可以轻松地掌握计算机语言,高级语言将计算机应用推进了一个新的时代。

一个高级语言编写的程序是怎么翻译成机器可执行的二进制机器代码的? 在 UNIX 系统中,从源文件(高级语言编写)到目标文件(二进制编写)的转化是由编译器驱动程序来完成的:

```
unix> gcc -o hello hello.c
```

在这里,GCC 编译器驱动程序读取源文件 hello.c,并把它翻译成一个可执行目标文件

hello。这个翻译的过程分为 4 个阶段完成,如图 2-4 所示。执行这 4 个阶段的程序(预处理器、编译器、汇编器和连接器)一起构成了编译系统。

图 2-4   编译系统

计算机执行机器代码,用字节序列编码低级的操作,包括处理数据、管理存储器、读写存储设备上的数据,以及利用网络通信。编译器基于编程语言的原则、目标机器的指令集和操作系统遵循的原则,经过一系列阶段产生机器代码。C 语言编译器 GCC 以汇编代码的形式产生输出,汇编代码是机器代码的文本表示,给出程序中的每一条指令。然后 GCC 调用编译器和连接器,从而根据汇编代码生成可执行的机器代码。

例如,有一个 C 语言代码文件 code.c,包含的过程定义如下:

```
1   int accum=0;
2
3   int sum(int x,int y)
4   {
5       int t=x+y;
6       accum+=t;
7       return t;
8   }
```

在命令行上使用-s 选项,就能得到 C 语言编译器产生的代码:

```
unix>gcc -01 -s code.c
```

这会使 GCC 运行编译器,并产生一个汇编文件 code.s,但是不做其他进一步的工作(通常情况下,它还会继续调用汇编器产生目标代码)。

汇编代码文件包含各种声明,包括下面几行:

```
sum:
push1 %ebp
movl %esp,%ebp
movl 12(%ebp),%eax
addl 8(%ebp),%eax
addl %eax,accum
popl %ebp
ret
```

在以上代码中每个缩进去的行都对应一条机器指令。

如果使用-c 命令行选项,GCC 会编译并汇编该代码:

```
unix>gcc -01 -c code.c
```

这就会产生目标代码文件 code.o,它是二进制格式,所以无法直接查看。800 字节的 code.o 文件中有一段 17 字节的序列,它的十六进制表示为

55 89 e5 8b 45 0c 03 45 08 01 05 00 00 00 00 5d c3

这就是上面列出的汇编指令对应的目标代码。从中得到一个重要消息,即机器实际执行的程序只是对一系列指令进行编码的字节序列。机器对产生这些指令的源代码几乎一无所知。

查看目标代码文件的内容要利用反汇编器,反汇编器会根据目标代码产生一种类似于汇编代码的格式。在 Linux 系统中,带-d 命令行标志的程序 OBJDUMP(object dump)可以充当这个角色:

```
unix>objdump -d code.o
```

结果如下(这里,在左边增加了行号):

```
1   00000000<sum>:
    Offset    Bytes           等价的汇编语言代码
2   0:        55              push %ebp
3   1:        89 e5           movl %esp,%ebp
4   3:        8b 45 0c        movl 0xc(%ebp),%eax
5   6:        03 45 08        addl 0x8(%ebp),%eax
6   9:        01 05 00 00 00 00   addl %eax,accum
7   f:        5d              popl %ebp
8   10:       c3              ret
```

左边是按照前面的字节顺序排列的 17 个十六进制字节值,它们分成了几组,每组有 1~6 个字节。每组都有一条指令,右边是等价的汇编语言代码。

生成实际可执行的代码需要对一组目标代码文件运行连接器,而这一组目标代码文件中必须含有一个 main 函数。假设在文件 main.c 中有下面这样的函数:

```
1   int main()
2   {
3       return sum(1,3);
4   }
```

然后,用如下方法生成可执行文件 prog:

```
unix>gcc -01 -o prog code.o main.c
```

文件 prog 变成了 9123 字节,因为它不仅包含两个过程的代码,还包含了用来启动和终止程序的信息以及用来与操作系统交互的信息。可以反汇编 prog 文件:

```
unix>objdump -d prog
```

反汇编器会抽取出各种代码序列,包括下面这一段:

```
         Disassembly of function sum in executable file prog
1   08048394<sum> :
    offset  Bytes                 Equivalent assembly language
2   8048394: 55                   push %ebp
3   8048395: 89 e5                mov %esp,%ebp
4   8048397: 8b 45 0c             mov 0xc(%ebp),%eax
5   804839a: 03 45 08             add 0x8(%ebp),%eax
6   804839d: 01 05 18 a0 04 08    add %eax,0x804a018
7   80483a3: 5d                   pop %ebp
8   80483a4: c3                   ret
```

这段代码与 code.o 反汇编产生的代码几乎完全一样。其中一个主要的区别是左边列出的地址不同,连接器将代码的地址移到一段不同的地址范围中。第二个不同之处在于连接器确定了存储全局变量 accum 的地址。在 code.o 反汇编代码的第 6 行,accum 的地址还是 0。在 prog 反汇编代码中,地址就设成了 0x804a018。这可以从指令的汇编代码格式中看到,还可以从指令的最后 4 个字节中看出,从最低位到最高位列出就是 18 a0 04 08。

从这个代码示例可以简单地了解到一个 C 语言程序经过编译、汇编、连接生成最终的可执行代码的过程。

本节将近距离观察机器代码和机器代码的人类可读表示——汇编代码,以及如何将一个 C 语言程序映射为相应的汇编代码。

2.2.1　数据格式

由于是从 16 位体系结构扩展成 32 位的,Intel 用术语"字"(word)表示 16 位数据类型。因此,称 32 位数为"双字"(double words),称 64 位数为"四字"(quad words)。后面遇到的大多数指令都是对字节或者双字操作的。表 2-7 给出了 C 语言的基本数据类型对应的 IA32 表示。

表 2-7　C 语言数据类型在 IA32 中的大小

C 声明	Intel 数据类型	汇编代码后缀	大小/B
char	字节	b	1
short	字	w	2
int	双字	l	4
long int	双字	l	4
long long int	—	—	4
char *	双字	l	4
float	单精度	s	4
double	双精度	l	8
long double	扩展精度	t	10/12

2.2.2 数据访问

一个 IA32 中央处理器单元(CPU)包含一组 8 个存储 32 位值的寄存器。这些寄存器用来存储整数数据和指针。图 2-5 显示了这 8 个寄存器。它们的名字都以%e 开头,不过它们都另有特殊的名字。在最初的 8086 中,寄存器是 16 位的,每个都有特殊的用途。名字的不同就是用来反映这些不同的用途。在平常寻址中,对特殊寄存器的需求已经极大降低。在大多数情况,前 6 个寄存器都可以看成通用寄存器,对它们的使用没有限制。说"在大多数情况",是因为有些指令以固定的寄存器作为源寄存器/目的寄存器。另外,在过程处理中,对前 3 个寄存器(%eax、%ecx、%edx)的保存和恢复惯例不同于接下来的3 个寄存器(%ebx、%edi 和%esi)。最后两个寄存器保存着指向程序栈中重要位置的指针,只有根据栈管理的标准惯例才能修改这两个寄存器中的值。

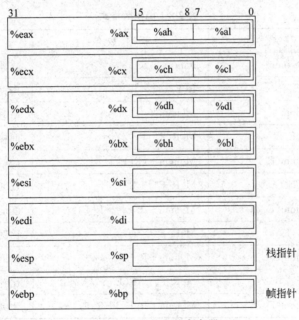

图 2-5　IA32 的整数寄存器

如图 2-5 所示,字节操作指令可以单独地读或者写前 4 个寄存器的两个低位字节。当一条字节指令更新这些单字节"寄存器元素"中的一个时,该寄存器余下的 3 个字节不会改变。类似地,字操作指令可以读或者写每个寄存器的低 16 位。

1. 操作数指示符

大多数指令有一个或多个操作数(operand),指示出执行一个操作时要引用的源数据值以及放置结果的目标位置。IA32 支持多种操作数格式(参见图 2-5)。源数据值可以以常数的形式给出,也可以从寄存器或存储器中读出。结果可以存放在寄存器或存储器中。因此各种不同的操作数可以分为 3 种类型。第一种类型是立即数(immediate),也就是常数值。在 ATT 格式的汇编代码中,立即数的书写方式是 \$ 后面跟一个用标准 C 表示法表示的整数,比如 \$-577 或 \$0x1F。任何能放进一个 32 位字里的数值都可以用作立即数。第二种类型是寄存器(register),它表示某个寄存器的内容,对双字操作来说,可以是 8 个 32 位寄存器中的一个(例如%eax),对字操作来说,可以是 8 个 16 位寄存器中的一个(例如%ax),或者对字节操作来说,可以是 8 个单字节寄存器元素中的一个(%al)。在表 2-8 中用符号 E_a 来表示任意寄存器 a,用引用 $R[E_a]$ 来表示它的值,这是将寄存器集合看成一个数组 R,用寄存器标识符作为索引。第三类操作数是存储器(memory)引用,它会根据计算出来的地址(通常称为有效地址)访问某个存储器的位置。因为将存储器看成一个很大的字节数组,用符号 $M_b[Addr]$ 表示对存储在存储器中的地址 Addr 开始的 b 个字节的引用,为了简便,通常省去下方的 b。

表 2-8 给出了几种操作数格式,有多种不同的寻址模式,允许不同形式的存储器引用。

表 2-8　操作数格式

类　型	格　式	操 作 数 值	名　　称
立即数	\$ imm	imm	立即数寻址
寄存器	E_a	$R[E_a]$	寄存器寻址
存储器	imm	$M[imm]$	绝对寻址
存储器	(E_a)	$M[R[E_a]]$	间接寻址
存储器	$imm(E_b)$	$M[imm+(R[E_b])]$	(基址＋偏移量)寻址
存储器	(E_b,E_i)	$M[R[E_b]+R[E_i]]$	变址寻址
存储器	$imm(E_b,E_i)$	$M[imm+R[E_b]+R[E_i]]$	变址寻址
存储器	$(,E_i,s)$	$M[R[E_i]\times s]$	比例变址寻址
存储器	$imm(,E_i,s)$	$M[imm+R[E_i]\times s]$	比例变址寻址
存储器	(E_b,E_i,s)	$M[R[E_b]+R[E_i]\times s]$	比例变址寻址
寄存器	$imm(E_b,E_i,s)$	$M[imm+R[E_b]+R[E_i]\cdot s]$	比例变址寻址

表中底部用语法 $imm(E_b,E_i,s)$ 表示的是最常用的形式。这样的引用有 4 个组成部分:一个立即数偏移 imm、一个基址寄存器 E_b、一个变址寄存器 E_i 和一个比例因子 s,这里 s 必须是 1、2、4 或者 8。然后,有效地址被计算为 $imm+R[E_b]+R[E_i]\times s$。

引用数组元素时,会用到这种通用形式。其他形式都是这种通用形式的特殊情况,只是省略了某些部分。当引用数组和结构元素时,比较复杂的寻址模式是很有用的。

2. 数据传送指令

将数据从一个位置复制到另一个位置的指令是最频繁使用的指令。操作数表示的通用性使得一条简单的数据传送指令能够完成在许多机器中要好几条指令才能完成的功能。表 2-9 列出的是一些重要的数据传送指令。表中把许多不同的指令分成了指令类,一类中的指令执行一样的操作,只不过操作数的大小不同。例如,MOV 类由 3 条指令组成:movb、movw 和 movl,这些指令都执行同样的操作,不同的只是它们分别是在大小为 1、2 和 4 个字节的数据上进行操作。

表 2-9 数据传送指令

指 令		效 果	描 述
MOV	S,D	D←S	传送
movb movw movl		传送字节 传送字 传送双字	
MOVS	S,D	D←符号扩展 S	传送符号扩展的字节
movsbw movsbl movswl		将做了符号扩展的字节传送到字 将做了符号扩展的字节传送到双字 将做了符号扩展的字传送到双字	
MOVZ	S,D	D←零扩展 S	传送零扩展的字节
movzbw movzbl movzwl		将做了零扩展的字节传送到字 将做了零扩展的字节传送到双字 将做了零扩展的字传送到双字	
pushl	S	$R[\%esp]←R[\%esp]-4$ $M[R[\%esp]]←S$	将双字压栈
popl	D	$D←M[R[\%esp]]$ $R[\%esp]←R[\%esp]+4$	将双字出栈

MOV 类中的指令将源操作数的值复制到目的操作数中。源操作数指定的值是一个立即数,存储在寄存器中或者存储器中。目的操作数指定一个位置,要么是一个寄存器,要么是一个存储器地址。IA32 加了一条限制,传送指令的两个操作数不能都指向存储器位置。将一个值从一个存储器位置复制到另一个存储器位置需要两条指令,第一条指令将原值加载到寄存器中,第二条将该寄存器值写入目的位置。这些指令的寄存器操作数,对 movl 来说,可以是 8 个 32 位寄存器($\%eax\sim\%ebp$)中的任意一个;对 movw 来说,可以是 8 个 16 位寄存器($\%ax\sim\%bp$)中的任意一个。下面的 MOV 指令示例给出了源操作数和目的类型的 5 种可能的组合。第一个是源操作数,第二个是目的操作数。

```
1  movl $ 0x4050,%eax      ;Immediate→Register,4B
2  movw %bp,%sp            ;Register→Register,2B
3  movb (%edi,%ecx),%ah    ;Memory→Register,1B
4  movb $-17,(%esp)        ;Immediate→Memory,1B
5  movl %eax,-12(%ebp)     ;Register→Memory,4B
```

MOVS 和 MOVZ 指令类都是将一个较小的源数据复制到一个较大的数据位置,高位用符号位扩展(MOVS)或者零扩展(MOVZ)进行填充。用符号位扩展,目的位置的所有高位用源值的最高位数据进行填充;用零扩展,所有高位都用零填充。正如看到的那样,这两个类中每个都有 3 条指令,包括了所有源大小为 1B 和 2B、目的大小为 2B 和 4B 的情况(当然,省略了冗余的组合 movsww 和 movzww)。

最后两个数据传送操作可以将数据压入程序栈中,以及从程序栈中弹出数据。正如将看到的,栈在处理过程调用中起到至关重要的作用。栈是一个数据结构,可以添加或者删除值,不过要遵循"后进先出"的原则。通过 push 操作把数据压入栈中,通过 pop 操作删除数据;它具有一个属性:弹出的值永远是最近被压入而仍然在栈中的值。栈可以实现为一个数组,总是从数组的一端插入和删除元素。这一端称为栈顶。在 IA32 中,程序栈存放在存储器中的某个区域。如图 2-6 所示,栈向下增长,这样一来,栈顶元素的地址是所有栈中元素地址中最低的。栈指针 %esp 保存着栈顶元素的地址。

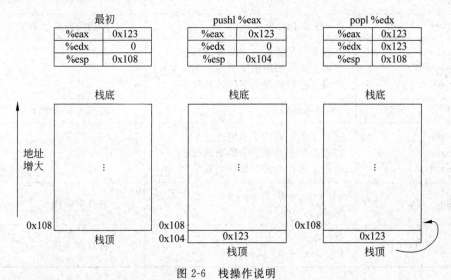

图 2-6　栈操作说明

push 指令的功能是把数据压入栈中,而 pop 指令是弹出数据。这些指令都只有一个操作数——压入的源数据和弹出目的数据。

将一个双字值压入栈中,首先要将栈指针减 4,然后将值写到新的栈顶地址。因此,指令 pushl %ebp 的行为等价于以下两条指令:

```
subl $4,%esp          ;Decrement stack pointer
movl %ebp,(%esp)      ;Store %ebp on stack
```

它们之间的区别是在目标代码中 pushl 指令编码为 1B,而上面两条指令一共需要 6B。图 2-6 中前两栏表示的是,当 %esp 为 0x108,%eax 为 0x123 时执行指令 push %eax 的效果。首先 %esp 会减 4,得到 0x104,然后会将 0x123 存放到存储地址 0x104。

弹出一个双字的操作包括从栈顶位置读出数据,然后将指针加 4。因此,指令 popl %eax 等价于以下两条指令:

```
movl (%esp),%eax      ;Read %eax from stack
addl $4,%esp          ;Increment stack pointer
```

图 2-6 的第三栏表示的是在执行完 pushl 后立即执行指令 popl　%edx 的效果。先

从存储器中读出值 0x123,再写到寄存器%edx 中,然后,寄存器%esp 的值将增加会到 0x108。值 0x123 仍然会保存在存储器位置 0x104 中,直到被覆盖。无论如何,%esp 指向的地址总是栈顶。任何存储在栈顶之外的数据都被认为是无效的。

因为栈和程序代码以及其他形式的程序数据都是放在同样的存储器中,所以程序可以用标准的存储器寻址方法访问栈内的任意位置。例如,假设栈顶元素是双字,指令 movl 4(%esp)会将第二个双字从栈中复制到寄存器%edx。

作为一个使用数据传送指令的代码示例,考虑图 2-7 中所示的数据交换函数,既有 C 代码,也有 GCC 产生的汇编代码。图中省略了一部分汇编代码,这些代码用来在程序入口处为运行时栈分配空间,以及在过程返回前回收栈空间的代码。当讨论过程链接时,会讲这种建立和完成代码的细节。除此之外剩下的代码称为过程体(body)。

```
1   int exchange(int *xp,int y)
2   {
3       int x=*xp;
4
5       *xp=y;
6       return x;
7   }
```
(a) C语言代码

```
xp at %ebp+8, y at %ebp+12
1   movl  8(%ebp), %edx      ;Get xp
    ;By copying to %eax below, x becomes the return value
2   movl  (%edx), %eax       ;Get x at xp
3   movl  12(%ebp), %ecx     ;Get y
4   movl  %ecx, (%edx)
```
(b) 汇编代码

图 2-7 exchange 函数体的 C 语言和汇编代码

当过程体开始执行时,过程参数 xp 和 y 存储在相对于寄存器%ebp 中地址值偏移 8 和 12 的地方。在图 2-7(b)中,指令 1 从存储器当中读出参数 xp,把它存放在寄存器 %edx 中。指令 2 使用寄存器%edx,并将 x 读到寄存器%eax 中,直接实现了 C 程序中的操作 x=*xp。稍后,用寄存器%eax 从这个函数返回一个值,因而返回值就是 x。指令 3 将参数 y 加载到%ecx。然后,指令 4 将这个值写入到寄存器%edx 中的 xp 指向的存储器位置,直接实现了操作*xp=y。这个例子说明了如何用 MOV 指令从存储器中读值到寄存器(指令1~3),如何从寄存器写到存储器(指令 4)。

关于这段汇编代码有两点值得注意。首先,C 语言中所谓的"指针"其实就是地址。间接引用指针就是将该指针放在一个寄存器中,然后在存储器引用中使用这个寄存器。其次,像 x 这样的局部变量通常是保存在寄存器中,而不是存储器中,寄存器访问比存储器访问要快得多。

2.2.3 算术和逻辑操作

表 2-10 列出了一些整数的逻辑操作。大多数操作都分成了指令类,这些指令类有各种带不同大小操作数的变种(只有 leal 没有其他大小的变种)。例如,ADD 指令类由 3 条加法指令组成:addb、addw 和 addl,分别是字节加法、字加法和双字加法。事实上,给出的每个指令类都有对字节、字和双字数据进行操作的指令。这些操作被分为 4 组:加载有效地址、一元操作、二元操作和移位。二元操作有两个操作数,而一元操作有一个操作数。这些操作数的描述方法与 2.2.2 节中所讲的一样。

表 2-10 整数算术操作

指　　　令		效　　　果	描　　　述
leal	S, D	D←&S	加载有效地址
INC	D	D← D+1	加 1
DEC	D	D← D−1	减 1
NEG	D	D← −D	取负
NOT	D	D← ~D	取补
ADD	S, D	D← D+S	加
SUB	S, D	D← D−S	减
IMUL	S, D	D← D * S	乘
XOR	S, D	D← D^S	异或
OR	S, D	D← D|S	或
AND	S, D	D← D&S	与
SAL	k, D	D← D<<k	左移
SHL	k, D	D← D<<k	左移（等同于 SAL）
SAR	k, D	D← D>>$_A$k	算术右移
SHR	k, D	D← D>>$_L$k	逻辑右移

1. 加载有效地址

　　加载有效地址指令 leal 实际上是 movl 指令的变形。它的指令功能是从存储器读数据到寄存器，但实际上它根本就没有引用存储器。它的第一个操作数看上去是一个存储器引用，但该指令并不是从指定的位置读入数据，而是将有效地址写入到目的操作数。在图 2-8 中用 C 语言的地址操作符 &S 说明这种计算。这条指令可以为后面的存储器引用产生指针。另外，它还可以简洁地描述普通的算术操作。例如，如果寄存器%edx 的值为 x，那么指令 leal 7(%edx,%edx,4),%eax 将设置寄存器%eax 的值为 5x+7。编译器经常发现一些 leal 的灵活用法，根本与有效地址计算无关。目的操作数必须是一个寄存器。

```
1  int arith(int x,int y,int z)
2  {
3        int t1=x+y;
4        int t2=z*48;
5        int t3=t1&0xFFFF;
6        int t4=t2*t3;
7        return t4;
8  }
```

(a) C语言代码

```
   x at %ebp+8, y at %ebp+12, z at %ebp+16
1   movl    16(%ebp), %eax          ;z
2   leal    (%eax,%eax,2), %eax     ;z*3
3   sall    $4, %eax                ;t2=z*48
4   movl    12(%ebp), %edx          ;y
5   addl    8(%ebp), %edx           ;t1=x+y
6   addl    $65535, %edx            ;t3=t1&0xFFFF
7   imull   %edx, %eax              ;Return t4=t2*t3
```

(b) 汇编代码

图 2-8　算术运算函数的 C 语言和汇编代码

2. 一元操作和二元操作

　　第二组中的操作是一元操作，它只有一个操作数，既是源又是目的。这个操作数可以是一个寄存器,也可以是一个存储器位置。比如说,指令 incl(％esp)会使栈顶的 4B 元素加 1。这种语法让人想起 C 语言中的加 1 运算符(＋＋)和减 1 运算符(－－)。

第三组是二元操作,其中,第二个操作数既是源又是目的。这种语法让人想起 C 语言中的赋值运算符,例如 x＋＝y。不过,要注意,源操作数是第一个,目的操作数是第二个,对于不可交换的操作来说,这看上去很奇特。例如,指令 subl ％eax,％edx 使寄存器％edx 的值减去％eax 的值,再将得到的新值存放到寄存器％edx 中。

3. 移位操作

最后一组是移位操作,先给出移位量,然后第二项给出的是要移位的数值。它可以进行算术和逻辑右移。移位量用单个字节编码,因为只允许进行 0～31 位的移位。移位量可以是一个立即数,或者放在单字节寄存器元素％cl 中(这些指令很特别,因为只允许以这个特定的寄存器作为操作数)。如表 2-10 所示,左移指令有两个名字:SAL 和 SHL。两者的效果是一样的,都是将右边填上 0。右移指令不同,SAR 执行算术移位(填上符号位),而 SHR 执行逻辑移位(填上 0)。移位操作的目的操作数可以是一个寄存器或是一个存储器位置。如表 2-10 中用 $>>_A$ (算术)和 $>>_L$ 来表示这两种不同的右移运算。

图 2-8 给出了一个执行算术操作的函数示例以及它的汇编代码。和前面一样,省略了栈的建立和完成部分。函数参数 x、y 和 z 分别存放在存储器中相对于寄存器％ebp 中地址偏移 8、12 和 16 的地方。

汇编代码指令与 C 语言源代码中的顺序不同。指令 2 和 3 用 leal 和移位指令的组合来实现表达式 z*48。指令 5 计算 x＋y 的值。指令 6 计算 t1 和 0xFFFF 的 AND 值。指令 7 执行最后的乘法。由于乘法的目的寄存器是％eax,函数会返回这个值。图 2-8 的汇编代码中,寄存器％eax 中的值先后对应于程序值 z、3*z、z*48 和 t4(作为返回值)。通常,编译器产生的代码中,会用一个寄存器存放多个程序值,还会在寄存器之间传送程序值。

4. 特殊的算术操作

表 2-11 描述了指令支持产生两个 32 位数字的全 64 位乘积以及整数除法。表中列出的 imull 指令称为"双操作数"乘法指令。它从两个 32 位操作数产生一个 32 位乘积。IA32 还提供了两个不同的"单操作数"乘法指令,以计算两个 32 值的全 64 位乘积,一个是无符号数乘法(mull),而另一个是补码乘法(imull)。这两条指令都要求一个参数必须在寄存器％eax 中,而另一个作为指令的源操作数给出,然后将乘积放在％ead 中(高 32 位)和％eax(低 32 位)中。

前面的算术运算表(表 2-10)没有列出除法或模操作。这些操作由类似于单操作数乘法指令的单操作数除法指令提供。有符号除法指令 idivl 将寄存器％edx(高 32 位)和％eax(低 32 位)中的 64 位数作为被除数,而除数作为指令的操作数给出。指令将商存储在寄存器％eax 中,将余数存储在寄存器％edx 中。cltd 指令将％eax 符号扩展到％edx。

表 2-11　特殊的算术操作

指　　令		效　　果	描　　述
imull	S	R[%edx]:R[%eax]←S×R[%edx]	有符号全 64 位乘法
mull	S	R[%edx]:R[%eax]←S×R[%edx]	无符号全 64 位乘法
cltd		R[%edx]:R[%eax]←SignExtend(R[%edx])	转为四字
idivl	S	R[%edx]←R[%edx]:R[%eax] mod S R[%eax]←R[%edx]:R[%eax] ÷S	有符号除法
divl	S	R[%edx]←R[%edx]:R[%eax] mod S R[%eax]←R[%edx]:R[%eax] ÷S	无符号除法

2.2.4　控制

到目前为止,只考虑了顺序代码的行为,也就是指令一条接着一条顺序地执行。C 语言中的某些结构,比如条件语句、循环语句和分支语句,要求有条件地执行,根据数据测试的结果来决定操作执行的顺序。机器代码提供两种基本的低级机制来实现有条件的行为:测试数据值,然后根据测试的结果来改变控制流或者数据流。

与数据相关的控制流是实现有条件行为的更通用和更常见的方法,所以先介绍它。通常,C 语言中的语句和机器代码中的指令都是按照它们在程序中出现的顺序执行的。用 jump 指令可以改变一组机器代码指令的执行顺序,jump 指令指定控制应该被传递到程序的哪个其他部分,可能是依赖于某个测试的结果。编译器必须产生指令序列,这些指令序列构建在这种实现 C 语言控制结构的低级机制之上。

本节先介绍机器级机制,然后说明如何用它们来实现 C 语言的各种控制结构,最后介绍使用有条件的数据传输来实现与数据相关的行为。

1. 条件码

除了整数寄存器,CPU 还维护着一组单个位的条件码(condition code)寄存器,它们描述了最近的算术或逻辑操作的属性。可以通过检测这些寄存器来执行条件分支指令。最常用的条件码如下:

- CF:进位标志。最近的操作使最高位产生了进位。可以用来检查无符号操作数的溢出。
- ZF:零标志。最近的操作得出的结果为 0。
- SF:符号标志。最近的操作得到的结果为负数。
- OF:溢出标志。最近的操作导致一个补码溢出——正溢出或者负溢出。

leal 指令不改变任何条件码,因为它是用来进行地址计算的。除此之外,图 2-8 中列出的所有指令都会设置条件码。对于逻辑操作,例如 XOR,进位标志和溢出标志会设置为 0。对于移位操作,进位标志将设置为最后一个被移出的位,而溢出标志设置为 0。INC 和 DEC 指令会设置溢出和零标志,但是不会改变进位标志,至于原因,就不在这里深入探讨了。

除了表 2-11 的指令会设置条件码外,有两类指令(有 8 位、16 位和 32 位形式),它们只设置条件码而不改变任何其他寄存器。如表 2-12 所示,CMP 指令根据它们的两个操作数之差来设置条件码。除了只设置条件码而不更新目的寄存器之外,CMP 指令与SUB 指令的行为是一样的。在 ATT 格式中,列出操作数的顺序是相反的,这使代码有点难读。如果两个操作数相等,这些指令会将零标志设置为 1,而其他的标志可以用来确定两个操作数之间的大小关系。TEST 指令的行为与 AND 指令一样,除了它们只设置条件码而改变目的寄存器的值。典型的用法是,两个操作数是一样的(例如,testl ％ eax,％eax用来检查％eax 是负数、零还是正数),或其中的一个操作数是一个掩码,用来指示哪些位应该被测试。

表 2-12　比较和测试指令

指　　令	基　　于	描　　述
CMP　　S_2, S_1	$S_2 - S_1$	比较
cmpb cmpw cmpl	比较字节 比较字 比较双字	
TEST　　S_2, S_1	S_2 & S_1	测试
testb testw testl	测试字节 测试字 测试双字	

2. 访问条件码

条件码通常不会直接读取,常用的使用方法有 3 种:

(1) 可以根据条件码的某个组合,将一个字节设置为 0 或者 1;

(2) 可以根据条件跳转到某个其他的部分;

(3) 可以有条件地传送数据。

表 2-13 描述的指令根据条件码的某个组合,将一个字节设置为 0 或者 1,这类指令称为 SET 指令,它们之间的区别就在于它们考虑的条件码的组合是什么,这些指令名字的不同后缀指明了它们所考虑的条件码的组合,即后缀表示不同的条件而不是操作数的大小,知道这一点很重要。例如,指令 setl 和 setb 表示"小于时设置"(set less)和"低于时设置"(set below),而不是"设置长字"(set long word)和"设置字节"(set byte)。

表 2-13　SET 指令

指　　令	同 义 名	效　　果	设 置 条 件
sete　　D	setz	D←ZF	相等/零
setne　　D	setnz	D←~ZF	不等/非零

续表

指　　　令		同义名	效　　　果	设　置　条　件
sets	D		D←SF	负数
setns	D		D←～SF	非负数
setg	D	setnle	D←～(SF^OF) & ～ZF	大于(有符号＞)
setge	D	setnl	D←～(SF^OF)	大于等于(有符号≥)
setl	D	setnge	D←SF^OF	小于(有符号＜)
setle	D	seten	D←(SF^OF)|ZF	小于等于(有符号≤)
seta	D	setnbe	D←～CF & ～ZF	超过(无符号＞)
setae	D	setnb	D←～CF	超过或相等(无符号≥)
setb	D	setnae	D←CF	低于(无符号＜)
setbe	D	setna	D←CF|ZF	低于或相等(无符号≤)

一条 SET 指令的目的操作数是 8 个单字节寄存器元素之一,或是存储一个字节的存储器位置,将这个字节设置成 0 或者 1。为了得到一个 32 位结果,必须对最高的 24 位清零。以下是一个计算 C 语言表达式 a＜b 的典型指令序列,这里 a 和 b 都是 int 类型:

```
    a is in %edx,b is in %eax
1   cmpl    %eax,%edx    Compare a:b
2   setl    %al          Set low order byte of %eax to 0 or 1
3   movzbl  %al,%eax     Set remaining bytes of %eax to 0
```

movzbl 指令用来对%eax 的三个高位字节清零。

注意机器代码如何区分有符号和无符号值是很重要的。同 C 语言不同,机器代码不会将每个程序值都和一个数据类型联系起来。相反,大多数情况下,机器代码对于有符号和无符号两种情况都使用一样的指令,这是因为许多算术运算对无符号和补码算术都有一样的位级行为。有些情况需要用不同的指令来处理有符号和无符号操作,例如,使用不同版本的右移、除法和乘法指令,以及不同的条件码组合。

3. 跳转指令及其编码

正常执行的情况下,指令按照它们出现的顺序一条一条地执行。跳转(jump)指令会导致执行切换到程序中一个全新的位置。在汇编代码中,这些跳转的目的地通常用一个标号(label)指明。考虑下面的汇编代码序列:

```
1   movl  $ 0,%eax        ;Set %eax to 0
2   jmp   .L1             ;Goto  .L1
3   movl  (%eax),%edx     ;Null pointer dereference
4   .L1:
5   popl  %edx
```

指令 jmp. L1 会导致程序跳过 movl 指令，从 popl 指令开始继续执行。在产生目标代码文件时，汇编器会确定所有带标号指令的地址，并将跳转目标（目的指令的地址）编码为跳转指令的一部分。

表 2-14 举了不同的跳转指令。jmp 指令是无条件跳转。它可以是直接跳转，即跳转目标是作为指令的一部分编码的；也可以是间接跳转，即跳转目标是从寄存器或存储器位置中读出的。

表 2-14　jump 指令

指　　令	同义名	跳 转 条 件	描　　述
jmp　　Lable		1	直接跳转
jmp　　*Operand		1	间接跳转
je　　Lable	jz	ZF	相等/零
jne　　Lable	jnz	~ZF	不相等/非零
js　　Lable		SF	负数
jns　　Lable		~SF	非负数
jg　　Lable	jnle	~(SF^OF) & ~ZF	大于(有符号>)
jge　　Lable	jnl	~(SF^OF)	大于或等于(有符号≥)
jl　　Lable	jnge	SF^OF	小于(有符号<)
jle　　Lable	jng	(SF^OF) | ZF	小于或等于(有符号≤)
ja　　Lable	jnbe	~CF & ~ZF	超过(无符号>)
jae　　Lable	jnb	~CF	超过或相等(无符号≥)
jb　　Lable	jnae	CF	低于(无符号<)
jbe　　Lable	jna	CF | ZF	低于或相等(无符号≤)

汇编语言中，直接跳转是给出一个标号作为跳转目标的，例如上面所示代码中的标号".L1"。间接跳转的写法是"＊"后面跟一个操作数指示符。例如，指令

```
jmp  * %eax
```

用寄存器％eax 中的值作为跳转目标，而指令

```
jmp  * (%eax)
```

以％eax 中的值作为读地址，从存储器中读出跳转目标。

表中所示的其他跳转指令都是有条件的，它们根据条件码的某个组合，或者跳转，或者继续执行代码序列中的下一条指令。这些指令的名字和它们的跳转条件与 SET 指令是相匹配的(参见表 2-13)。

在汇编代码中，跳转目标用符号标号书写。汇编器以及后面的连接器会产生跳转目标的适当编码。跳转指令有几种不同的编码，但是最常用的都是与 PC（Program

Counter,程序计数器)相关的。它们会将目标指令的地址与紧跟在跳转指令后面那条指令的地址之间的差作为编码。这些地址偏移量可以编码为1、2或4个字节。第二种编码方法是给出绝对地址,用4个字节直接指定目标。汇编器和连接器会选择适当的跳转目的编码。

下面是一个与PC相关的寻址的例子,这个汇编代码的片断是由编译文件silly.c产生的。它包含两个跳转:第1行的jle指令前向跳转到更高的地址,而第8行的jg指令后向跳转到较低的地址。

```
1    jle      .L2                 ;if<=,goto dest2
2    .L5: dest1:
3    movl     %edx, %eax
4    sarl     %eax
5    subl     %eax, %edx
6    leal     (%edx, %edx,2), %edx
7    testl    %edx,%edx
8    jg       .L5                 ;if>,  goto dest1
9    .L2:                         ;dest2:
10   movl     %edx,%eax
```

汇编器产生的".o"格式的反汇编版本如下:

```
1    8: 7e 0d       jle    17<silly+0x17>Target=dest2
2    a: 89 d0       mov    %edx,%eax         ;dest1:
3    c: d1 f8       sar    %eax
4    e: 29 c2       sub    %eax,%edx
5    10: 8d 14 52   lea    (%edx,%edx,2},%edx
6    13: 85 d2      test   %edx,%edx
7    15: 7f f3      jg     a<silly+0xa>Target=dest1
8    17: 89 d0      mov    %edx,%eax         ;dest2:
```

右边反汇编器产生的注释中,第1行跳转指令的跳转目标地址为0x17,第7行跳转指令的跳转目标地址为0xa。也可以通过指令的字节编码和指令地址计算跳转目标地址。例如,从第一条指令的编码可知,跳转的目标地址是下一条指令的地址0xa(十进制10)再加上一个偏移量0xd(十进制13),结果为0x17(十进制23),也就是第8行指令的地址。

类似地,第二个跳转指令的目标用单字节、补码表示编码为0xf3(十进制−13)。将这个数加上0x17(十进制23),即第8行指令的地址,得到0xa(十进制10),即第2行指令的地址。注意补码的概念,求负整数的补码,将其对应正数二进制表示所有位取反再加1。例如,十进制13(1000 1101)→(1111 0010)+1→十六进制0xf3(1111 0011)。

这些例子说明,当执行与PC相关的寻址时,程序计数器的值是跳转指令后面的那条指令的地址,而不是跳转指令本身的地址。这种惯例可以追溯到早期实现,当时的处理器会将更新程序计数器作为执行一条指令的第一步。

下面是链接后的程序反汇编的版本:

```
1    804839c:   7e 0d      jle     80483ab<silly+0x17>
2    804839e:   89 d0      mov     %edx,%eax
3    80483a0:   d1 f8      sar     %eax
4    80483a2:   29 c2      sub     %eax,%edx
5    80483a4:   8d 14 52   lea     (%edx,%edx,2),%edx
6    80483a7:   85 d2      test    %edx,%edx
7    80483a9:   7f f3      jg      804839e<silly+0xa>
8    80483ab:   89 d0      mov     %edx,%eax
```

这些指令被重定位到不同的地址,但是第 1 行和第 7 行跳转目标的编码并没有变。通过使用与 PC 相关的跳转目标编码,指令编码很简洁(只需要 2B),而且目标代码可以不做改变就移到存储器中不同的位置。

为了用条件控制转移来实现 C 语言的控制结构,编译器必须使用刚才介绍的各种类型的跳转指令。

4. 翻译条件分支

将条件表达式和语句从 C 语言翻译成机器代码,最常用的方式是结合有条件和无条件跳转。图 2-9 给出的例子说明条件语句的编译,其中使用了 goto 语句,使用 goto 语句通常认为是一种不好的编程风格,因为它会使代码非常难以阅读和调试。例子中使用 goto 语句,是为了构造描述汇编代码程序控制流的 C 程序。这样的编程风格称为"goto 代码"。

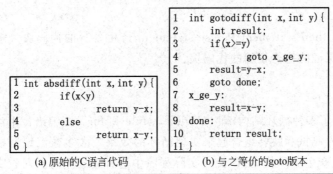

```
1  int absdiff(int x, int y){
2       if(x<y)
3           return y-x;
4       else
5           return x-y;
6  }
```

(a) 原始的C语言代码

```
1  int gotodiff(int x, int y){
2       int result;
3       if(x>=y)
4            goto x_ge_y;
5       result=y-x;
6       goto done;
7  x_ge_y:
8       result=x-y;
9  done:
10      return result;
11 }
```

(b) 与之等价的goto版本

```
     x at %ebp+8, y at %ebp+12
1        movl    8(%ebp), %edx      ;Get x
2        movl    12(%ebp), %eax     ;Get y
3        cmpl    %eax, %edx         ;Compare x:y
4        jge     .L2               ;if >= goto x_ge_y
5        subl    %edx, %eax         ;Compute result =y-x
6        jmp     .L3               ;Goto done
7    .L2                           ;x_ge_y
8        subl    %eax, %edx         ;Compute result =x-y
9        movl    %edx, %eax         ;Set result as return value
10   .L3
```

(c) 产生的汇编代码

图 2-9 条件语句的编译

汇编代码首先比较了两个操作数（第 3 行），设置条件码。如果比较的结果表明 x 大于或者等于 y，那么它就会跳转到计算 x＝y 的代码块（第 8 行），否则就继续执行计算 y－x 的代码（第 5 行）。在这两种情况中，计算结果都存放在寄存器%eax 中，程序到第 10 行结束，在此，它会执行栈完成代码（没有显示出来）。

C 语言中的 if-else 语句的通用形式模板如下：

```
if   (test-expr)
    then-statement
else
    else-statement
```

这里 test-expr 是一个整数表达式，它的取值为 0（解释为"假"）或者为非 0 值（解释为"真"）。两个分支语句（then-statement 和 else-statement）中只会执行一个。

对于这种通用形式，汇编实现通常会使用下面这种形式，这里用 C 语法来描述控制流：

```
t=test-expr;
    if (!t)
        goto false;
        then-statement
        goto done;
false:
    else-statement
done:
```

即汇编器为 then-statement 和 else-statement 产生各自的代码块。它会插入条件和无条件分支，以保证能执行正确的代码块。

5. 循环

C 语言提供了多种循环结构，即 do-while、while 和 for。汇编语言中没有相应的指令存在，可以用条件测试和跳转组合起来实现循环的效果。大多数汇编器根据一个循环的 do-while 形式来产生循环代码，即使在实际程序中这种形式用得相对较少。其他的循环会首先转换成 do-while 形式，然后再编译成机器代码。

1）do-while 循环

do-while 语句的通用形式如下：

```
Do {
    body-statement;
}
while (test-expr);
```

这个循环的效果就是重复执行 body-statement，对 test-expr 求值，如果求值的结果为非零，则继续循环。可以看到，body-statement 至少会执行一次。

do-while 的通用形式可以翻译成如下所示的条件和 goto 语句：

```
loop:
    body-statement
    t=test-expr;
    if (t)
        goto loop;
```

也就是说,每次循环,程序会执行循环体里的语句,然后执行测试表达式。如果测试为真,则回去再执行一次循环。

图 2-10 给出了一个函数的实现,用 do-while 循环计算函数参数的阶乘。这个函数只计算 n>0 时 n!的值。图 2-10 中所示的汇编代码是一个 do-while 循环的标准实现。寄存器 %edx 保存 n,%eax 保存 result,遵循它们的初始值,程序开始循环。先执行循环的主体,这里是由更新变量 result 和 n(4~5 行)组成。然后再测试 n>1,如果是真,则跳回到循环的开始。这里的条件跳转(第 7 行)是实现循环的关键指令,它判断是继续循环还是退出循环。

```
1  int fact_do(int n)
2  {
3      int result=1;
4      do{
5          result *=n;
6          n=n-1;
7      }while(n>1);
8      return result;
9  }
```
(a) C代码

寄存器	变量	初始值
%eax	result	1
%edx	n	n

(b) 寄存器的使用

```
    Argument: n at %ebp+8
    Registers: n in %edx, result in %eax
1   movl    8(%ebp),%edx    ;Get n
2   movl    $1,%eax         ;Set result =1
3 .L2:                      ;loop:
4   imull   %edx,%eax       ;Compute result *=n
5   subl    $1, %edx        ;Decrement n
6   cmpl    $1,%edx         ;Comparen:1
7   jg          .L2         ;If >,goto loop
    Return result
```
(c) 对应的汇编代码

图 2-10　阶乘程序的 do-while 版本的代码

确定哪些寄存器存放哪些程序值可能会很有挑战性,特别是在循环代码中。图 2-10 给出了这样一种映射关系。在这种情况下,映射关系很好确定:可以看到 n 在第 1 行被加载到寄存器 %edx 中,第 5 行会被减 1,在第 6 行测试它的值。因此断定这个寄存器存放的是 n。

可以看到寄存器 %eax 被初始化为 1(第 2 行),在第 4 行被乘法更新。进一步说,因为 %eax 被用来返回函数的值,所以常常选择它存放要返回的程序值。所以断定 %eax 对应程序值 result。

2) while 循环

while 语句的通用形式如下:

```
while(test-expr)
{
    body-statement;
}
```

与 do-while 循环不同的是，while 循环对 test-expr 求值，在第一次执行 body-statement 之前，循环就可能中止。将 while 循环翻译成机器代码有很多种方法。一种常见的方法，也是 GCC 采用的方法，是使用条件分支，在需要时省略循环体的第一次执行，从而将代码转换成 do-while 循环，形式如下：

```
if (! test-expr)
    goto done;
do
    body-statement
    while (test-expr);
done:
```

接下来，这个代码可以直接翻译成 goto 代码，如下：

```
    t=test-expr;
    if(!t)
        goto done;
loop:
    body-statement
    t=test-expr;
    if (t)
        goto loop;
done:
```

使用这种实现策略，编译器常常会优化最开始的测试，比如说认为总是满足测试条件。举个例子，图 2-11 是使用 while 循环的阶乘函数 fact_while 的实现，这个函数能够正确地计算 0!=1。函数 fact_while_goto 是 GCC 产生的汇编代码的 C 语言翻译。比较 fact_while 和 fact_do(图 2-10)的代码，可以看到它们几乎是相同的。唯一的不同点是初始的测试(第 3 行)和循环的跳转(第 4 行)。将 while 循环转换成 do-while 循环以及将后者翻译成 goto 代码。编译器使用的模板与这里的差不多。

3）for 循环

for 循环的通用形式如下：

```
for(init-expr; test-expr;  update-expr)
    body-statement
```

C 语言标准说明，这样一个循环的行为与下面这段使用 while 循环代码的行为一样：

```
init-expr;
while(test-expr) {
    body-statement
    update-expr;
}
```

程序首先对初始表达式 init-expr 求值，然后进入循环。在循环中，先对测试条件 test-expr 求值，如果测试结果为"假"就会退出，否则执行循环体 body-statement。最后对

```
1    int fact_while(int n)
2    {
3        int result=1;
4        while(n>1){
5            result *=n;
6            n=n-1;
7        }
8        return result;
9    }
```

(a) C 代码

```
1    int fact_while_goto(int n)
2    {
3        int result=1;
4        if(n<=1)
5            goto done;
6    loop:
7        result *=n;
8        n=n-1;
9        if(n>1)
10           goto loop;
11   done:
12       return result;
13   }
```

(b) 等价的 goto 版本

```
     Argument:n at %ebp+8
     Registers:n in %edx, result in %eax
1        movl 8(%ebp),%edx    ; Get n
2        movl $1,%eax         ; Set result =1
3        cmpl $1,%edx         ; Compare n:1
4        jle    .L7           ; If <=,goto done
5    .L10:                    ; loop:
6        imull %edx,%eax      ; Compute result *=n
7        subl  $1,%edx        ; Decrement n
8        cmpl  $1,%edx        ; Compare n:1
9        jg      .L10         ; If >,goto loop
10   .L7:
         Return result
```

(c) 对应的汇编代码

图 2-11　阶乘函数的 while 版本的 C 代码和汇编代码

更新表达式 update-expr 求值。

这段代码编译后的形式基于前面讲过的从 while 到 do-while 的转换。首先给出 do-while 形式：

```
init-expr ;
if(! test-expr)
goto done;
do{
    body-statement
    update-expr;
}while (test-expr);
done:
```

然后，将它转换成 goto 代码：

```
init-expr;
t=test-expr;
if(!t)
    goto done;
loop:
body-statement
update-expr;
t=test-expr;
```

```
    if(t)
        goto loop;
done:
```

作为一个示例,考虑用 for 循环写的阶乘函数:

```
1    int fact_for(int n)
2    {
3        int i;
4        int result=1;
5        for (i=2; i<=n;i++)
6            result*=i;
7        return result;
8    }
```

如上面的代码所示,用 for 循环编写阶乘函数最自然的方式就是将从 2 一直到 n 的因子乘起来,因此,这个函数与使用 while 或者 do-while 循环的代码都不一样。

这段代码中 for 循环的不同组成部分如下:

```
init-expr          i=2
test-expr          i<=n
update-expr        i++
body-statement     result*=i
```

用这些部分代入前面给出的模板中相应的位置,得到下面的 goto 代码版本:

```
1    int fact_for_goto(int n)
2    {
3        int i=2;
4        int result=1;
5        if(!(i<=n))
6            goto done;
7    loop:
8        result*=i;
9        i++;
10       if(i<=n)
11           goto loop;
12       done:
13       return result;
14   }
```

确实,仔细查看 GCC 产生的汇编代码会发现它非常接近于以下模板:

```
Argument: nat   %ebp+8
Registers: n in %ecx, i in %edx,result in %eax
1    movl    8(%ebp),%ecx    ;Get n
2    movl    $2,%edx         ;Set i to 2 (init)
3    movl    $1,%eax         ;Set result to 1
4    cmpl    $1,%ecx         ;Compare n:1(!test)
5    jle     .L14            ;If<=,goto done
6    .L17:                   ;loop:
```

```
7       imull   %edx, %eax         ;Compute result * .=i(body)
8       addl    $ 1,%edx           ;Increment I (update)
9       cmpl    %edx,%ecx          ;Compare n:I (test)
10      jge     .L17               ;If>=,goto loop
11      .L14:                      ;done;
```

综上所述,C 语言中 3 种形式的循环——do-while、while 和 for 都可以用一种简单的策略来翻译,产生包含一个或多个条件分支的代码。控制的条件转移为将循环翻译成机器代码提供了基本机制。

6. 条件传送指令

实现条件操作的传统方法是利用控制的条件转移。当条件满足时,程序沿着一条执行路径进行;而当条件不满足时,就走另一条路径。这种机制简单而通用,但是在现代处理器上,它可能会非常低效。为了理解其中的原因,我们必须了解一些关于现代处理器如何运行的知识。处理器通过使用流水线来获得高性能,在流水线中一条指令的处理要经过一系列的阶段,每个阶段执行所需操作的一小部分(例如,从存储器中取指令,确定指令的类型,从存储器中读数据,执行算数运算,向存储器中写数据,以及更新程序计数器)。这种方法通过重叠连续指令的步骤来获得高性能,例如,在取一条指令的时候,执行它前面一条指令的算术运算。要做到这一点,需要事先确定要执行指令的序列,这样才能够保证流水线中充满了待执行的指令。当机器遇到条件跳转(也称为“分支”)时,通常并不能确定是否会进行跳转。处理器会采用预测机制预测跳转指令是否会执行。如果预测正确,指令流水线中就会充满指令;如果预测错误,处理器会丢掉为该跳转指令后的所有指令已经做了的工作,然后再开始用从正确位置处起始的指令去填充流水线。因此,一个错误预测会导致程序性能的严重下降。表 2-15 给出了一些条件传送指令。

表 2-15 条件传送指令

指　　令		同义名	传 送 条 件	描　　述
cmove	S,R	cmovz	ZF	相等/零
cmovne	S,R	cmovnz	~ZF	不相等/非零
cmovs	S,R		SF	负数
cmovns	S,R		~SF	非负数
cmovg	S,R	cmovnle	~(SF^OF) & ~ZF	大于(有符号＞)
cmovge	S,R	cmovnl	~(SF^OF)	大于或等于(有符号≥)
cmovl	S,R	cmovnge	SF^OF	小于(有符号＜)
cmovle	S,R	cmovng	(SF^OF) ｜ ZF	小于或等于(有符号≤)
cmova	S,R	cmovnbe	~CF & ~ZF	超过(无符号＞)
cmovae	S,R	cmovnb	~CF	超过或相等(无符号≥)
cmovb	S,R	cmovnae	CF	低于(无符号＜)
cmovbe	S,R	cmovn	CF ｜ ZF	低于或相等(无符号≤)

数据的条件转移是一种替代的策略。这种方法先计算一个条件操作的两种结果,然后再根据条件是否满足从中选取一种结果。只有在一些受限制的情况下,这种策略才可行,但是如果可行,就可以用一条简单的条件传送指令来实现它。条件传送指令更好地匹配了现代处理器的性能特性。

为了理解如何通过条件数据传输来实现条件操作,考虑下面的条件表达式和赋值的通用形式:

```
V=test-expr?then-exp;else-expr;
```

对于传统的 IA32,编译器产生的代码具有以下抽象代码所示的形式:

```
If(!test-expr)
    Goto false
v=true-expr;
goto done;
    false;
v=else-expr;
done;
```

这个代码包含两个代码序列,一个对 then-expr 求值,另一个对 else-expr 求值。将条件跳转和无条件跳转结合起来使用的目的是保证只有一条序列执行。

基于条件传送的代码会对 then-expr 和 else-expr 都求值,最终值的选择基于对 test-expr 的求值。可以用下面的抽象代码描述:

```
vt=then-expr;
v=else-expr;
t=test-expr;
if(t) v=vt;
```

这个序列中的最后一条语句是用条件传送实现的,只有当测试条件 t 满足时,vt 的值才会被复制到 v 中。

图 2-12 给出了图 2-9 的条件分支的 absdiff 函数的一个变形。这个版本使用了条件表达式而不是条件语句,可以更清晰地说明条件数据传送背后的概念,但是实际上 GCC 对这个版本产生的代码与图 2-9 的版本产生的代码完全一样。如果给 GCC 加上命令行选项-march=i686 来编译这段代码,产生的汇编代码如图 2-12(c)所示,它与图 2-12(b)中所示的 C 函数 cmovdiff 有相似的形式。研究这个 C 函数版本,可以看到它既计算了 y-x,也计算了 x-y,分别命名为 tval 和 rval。然后它再测试 x 是否小于 y,如果是,就在函数返回前将 tvall 复制到 rvall 中。图 2-12(c)中的汇编代码与 C 语言代码有相同的逻辑。关键就在于汇编代码的 cmovl 指令(第 8 行)实现了 cmovdiff 的条件赋值(第 7 行)。除了这条指令只在指定的条件满足时才执行数据传送之外,它的语法与 MOV 指令的相同(cmovl 中的后缀 l 代表 less 而不是 long)。

7. switch 语句

switch(开关)语句可以根据一个整数索引值进行多重分支(multi-way branching)。

```
1   int cmovdiff(int x, int y){
2       int tval=y-x;
3       int rval=x-y;
4       int test=x<y;
5       /*Line below requires
6       single instruction:*/
7       if(test) rval=tval;
8       return rval:
9   }
```

```
1   int absdiff(int x, int y){
2       return x<y ? y-x : x-y;
3   }
```

(a) 原始的C语言代码　　　　　　　　(b) 使用条件赋值的实现

```
x at %ebp+8, y at %ebp+12
1   movl    8(%ebp), %ecxGet x
2   movl    12(%ebp), %edx      ; Get  y
3   movl    %edx, %ebx          ; Copy  y
4   subl    %ecx, %ebx          ; Compute  y-x
5   movl    %ecx, %eax          ; Copy  x
6   subl    %edx, %eax          ; Compute  x-y  and set as return value
7   cmpl    %edx, %ecx          ; Compute  x:y
8   cmovl   %ebx, %eax          ; If<,replace return value with y-x
```

(c) 产生的汇编代码

图 2-12　使用条件赋值的条件语句的编译

处理具有多种可能结果的测试时，这种语句特别有用。它们不仅提高了 C 语言代码的可读性，而且通过使用跳转表（jump table）这种数据结构使得实现更加高效。跳转表是一个数组，表项 i 是一个代码段的地址，这个代码段实现当开关索引值等于 i 时程序应该采取的动作。程序代码用开关索引值来执行一个跳转表内的数组引用，确定跳转指令的目标。和使用一组很长的 if-else 语句相比，使用跳转表的优点是执行开关语句的时间与开关情况的数量无关。GCC 根据开关情况的数量和开关情况值的稀少程度（sparsity）来翻译开关语句。当开关情况数量比较多（例如 4 个以上）并且值的范围跨度比较小时，就会使用跳转表。

图 2-13 是一个 C 语言 switch 语句的示例。这个例子有一些非常有意思的特征，包括情况标号（case label）跨过一个不连续的区域（情况 101 和 105 没有标号），有些情况有多个标号（情况 104 和 106），而有些情况则会落入其他情况之中（情况 102），因为对应该情况的代码段没有以 break 语句结尾。

图 2-14 是编译 switch_ eg 时产生的汇编代码。这段代码的行为用 C 语言的扩展形式来描述就是图 2-13 中的过程 switch_ eg_ impl。这段代码使用了 GCC 提供的对跳转表的支持，这是对 C 语言的扩展。数组 jt 包含 7 个表项，每一个都是一个代码块的地址。这些位置由代码中的标号定义，在 jt 的表项中由代码指针指明，由标号加上 && 前缀组成（运算符 & 创建一个指向数据值的指针。在做这个扩展时，GCC 的作者们创造了一个新的运算符 &&，这个运算符创建一个指向代码位置的指针。读者如有兴趣，可以研究一下 C 语言的过程 switch_ eg-impl 及其与汇编代码版本之间的关系）。

原始的 C 语言代码有针对值 100、102～104 和 106 的情况，但是开关语句的变量 n 可以是任意整数。编译器首先将 n 减去 100，把取值范围移动到 0～6 之间，创建一个新的程序变量，在有的 C 版本中称为 index。补码表示的负数会映射成无符号表示的大正数，利用这一事实，将 index 看作无符号值，从而进一步简化了分支的可能性。因此可以通过

```
1    int switch_eg_impl(int x, int n) {
2        /*Table of code pointers */
3        static void *jt[7]={
4            &&loc_A,&&loc_def,&&loc_B,
5            &&loc_C,&&loc_D,&&loc_def,
6            &&loc_D
7        };
8
9        unsigned index =n-100;
10       int result;
11
12       if(index >6)
13           goto loc_def;
14
15       /* Multiway branch */
16       goto *jt[index];
17
18   loc_def: /*Default case */
19       result =0;
20       oto done;
21
22   loc_C: /* Case 103 */
23       result =x;
24       goto rest;
25
26   loc_A: /* Case 100 */
27       result =x*13;
28       goto done;
29
30   loc_B: /* Case 102 */
31       result =x+10;
32       /* Fall through */
33
34   rest: /* Finish case 103 */
35       result +=11;
36       goto done;
37
37   loc_D: /* Cases 104,106 */
39       result =x * x;
40        /* Fall through*/
41
42       done:
43           return result;
44   }
```

```
1    int switch_eg(int x, int n) {
2        int result=x;
3
4        switch(n) {
5
6        case 100:
7            result *=13;
8            break;
9
10
11       case 102:
12       /*Fall through */
13
14       case 103:
15           result +=11;
16           break;
17
18       case 104:
19       case 106:
20           result *=result;
21           break;
22
23       default:
24           result=0;
25       }
26
27       return result;
28   }
```

(a) switch语句　　　　　　　　(b) 翻译到扩展的C语言

图 2-13　switch 语句示例以及翻译为扩展的 C 语言代码

测试 index 是否大于 6 来判定 index 是否在 0~6 的范围之外。在 C 语言代码和汇编代码中,根据 index 的值,有 5 个不同的跳转位置:loc_A(在汇编代码中指示为.L3)、loc_B(.L4)、loc_C(.L5)、loc_D(.L6)和 loc_def(.L2),最后一个是默认的目的地址。每个标号都标识一个实现该情况分支的代码块。在 C 语言代码和汇编代码中,程序都是将 index 和 6 做比较,如果大于 6 就跳转到默认的代码处。

执行 switch 语句的关键步骤是通过跳转表来访问代码位置。在汇编代码中,跳转表用以下声明表示,其中添加了一些注释:

```
        x at %ebp+8, n at %ebp+12
1           movl   8(%ebp),%edx          Get x
2           movl   12(%ebp),%eax         Get n
        Set up jump table access
3           subl   $100,%eax             Compute index =n-100
4           cmpl   $6,%eax               Compareindex:6
5           ja     .L2                           If >,goto loc_def
6           jmp    *.L7(,%eax,4)         Goto *jt[index]
        Default case
7           .L2:                         loc_def:
8           movl   $0,%eax               result=0;
9           jmp    .L8                   Goto done
        Case 103
10          .L5                          loc_C:
11          movl   %edx,%eax             result=x;
12          jmp    .L9                   Goto rest
        Case 100
13          .L3:                         loc_A:
14          leal   (%edx,%edx,2),%eax    result =x*3;
15          leal   (%edx,%edx,4),%eax    result =x+4*result
16          jmp    .L8                   Goto done
        Case 102
17          .L4                          loc_B:
18          leal   10(%edx),%eax         result=x+10
        Fall through
19          .L9:                         rest:
20          addl   $11,%eax              result+=11;
21          jmp    .L8                   Goto done
        Cases 104, 106
22          .L6                          loc_D
23          movl   %edx,%eax             result=x
24          imull  %edx,%eax             result*=x
        Fall through
25          .L8:                         done:
        Return result
```

图 2-14 图 2-13 中 switch 语句示例的汇编代码

```
1    .section.radata
2    .align 4 Align address to multiple of 4
3    .L7
4    .long   .L3  Case 100:loc_A
5    .long   .L2  Case 101:loc_def
6    .long   .L4  Case 102:loc_B
7    .long   .L5  Case 103:loc_C
8    .long   .L6  Case 104:loc_D
9    .long   .L2  Case 105:loc_def
10   .long   .L6  Case 106:loc_D
```

C 语言代码将跳转表声明为一个有 7 个元素的数组,每个元素都是一个指向代码位置的指针。这些元素跨越 index 的值 0~6,对应于 n 的值 100~106。可以观察到,跳转表对重复情况的处理就是简单地对表项 4 和 6 用同样的代码标号(loc_D),而对于缺失情况的处理就是对表项 1 和 5 使用默认情况的标号(loc_def)。

所有这些代码需要很仔细地研究,但是关键是领会使用跳转表是一种非常有效的实现多重分支的方法。在上面的例子中,程序可以只用一次跳转表引用就分支到 5 个不同的位置;甚至当 switch 语句有上百种情况的时候,也可以只用一次跳转表访问去处理。

2.2.5 过程

一个过程调用包括将数据(以过程参数和返回值的形式)和控制从代码的一部分传递到另一部分。另外,它还必须在进入时为过程的局部变量分配空间,并在退出时释放这些空间。大多数机器,包括 IA32,只提供转移控制到过程和从过程中转移出控制这种简单的指令。数据传递、局部变量的分配和释放通过操纵程序栈来实现。

1. 栈帧结构

IA32 程序用程序栈来支持过程调用。机器用栈来传递过程参数,存储返回信息,保存寄存器用于以后恢复,以及本地存储。为单个过程分配的那部分栈称为栈帧(stack frame)。图 2-15 描绘了栈帧的通用结构。栈帧的最顶端以两个指针界定,寄存器 %ebp 为帧指针,而寄存器 %esp 为栈指针。当程序执行时,栈指针可以移动,因此大多数信息的访问都是相对于帧指针的。

假设过程 P(调用者)调用过程 Q(被调用者),则 Q 的参数放在 P 的栈帧中。另外,当 P 调用 Q 时,P 中的返回地址被压入栈中,形成 P 的栈帧的末尾。返回地址就是当程序从 Q 返回时应该继续执行的地方。Q 的栈帧从保存的帧指针的值(例如 %ebp)开始,后面是保存的其他寄存器的值。

过程 Q 也用栈来保存其他不能存放在寄存器中的局部变量。这样做的原因如下:

- 没有足够多的寄存器存放所有的局部变量。
- 有些局部变量是数组或结构,因此必须通过数组或结构引用来访问。
- 要对一个局部变量使用地址操作符 &,必须能够为它生成一个地址。

另外,Q 会用栈帧来存放它调用的其他过程的参数。如图 2-15 所示,在被调用的过程中,第一个参数放在相对于 %ebp 偏移量为 8 的位置处,剩下的参数(假设它们的数据类型需要的字节不超过 4 个)存储在后续的 4 字节块中,所以参数 1 就在相对于 %ebp 偏移量为 4+4i 的地方。较大的参数(比如结构和较大的数字格式)需要栈上更大的区域。

正如前面讲过的那样,栈向低地址方向增长,而栈指针 %esp 指向栈顶元素。可以利用 pushl 将数据存入栈中并利用 popl 指令从栈中取出。将栈指针的值减小适当的值可以为没有指定初始值的数据分配空间。类似地,可以通过增加栈指针来释放空间。

2. 转移控制

表 2-16 给出了支持过程调用和返回的指令。

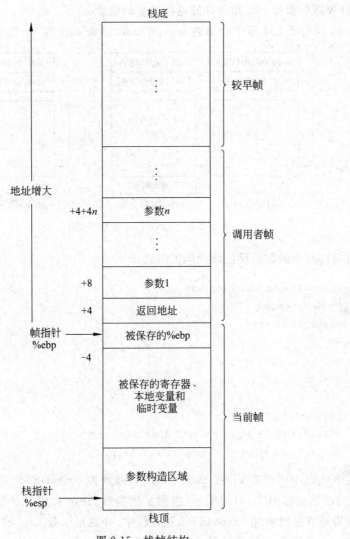

图 2-15 栈帧结构

表 2-16 支持过程调用和返回的指令

指　令	描　述	指　令	描　述
call　Label	过程调用	leave	为返回准备栈
call　＊Operand	过程调用	ret	从过程调用中返回

　　call 指令有一个目标,即指明被调用过程的起始指令地址。同跳转一样,调用可以是直接的,也可以是间接的。在汇编代码中,直接调用的目标是一个标号,而间接调用的目标是 ＊ 后面跟一个操作数指示符。

　　call 指令的效果是将返回地址入栈,并跳转到被调用过程的起始处。返回地址是在程序中紧跟在 call 后面的那条指令的地址,这样当被调用过程返回时,执行会从此处继续。ret 指令从栈中弹出地址,并跳转到这个位置。正确使用这条指令,可以使栈做好准备,栈指针要指向前面 call 指令存储返回地址的位置。

图 2-16 说明了 2.2 节中介绍的 sum 和 main 函数 call 和 ret 指令的执行情况。

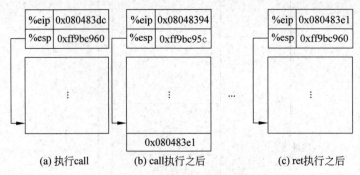

(a) 执行call   (b) call执行之后   (c) ret执行之后

图 2-16   call 和 ret 函数的说明

下面是这两个函数的反汇编代码的节选:

```
    Beginning of function sum
1   09048394<sum>
2   8048394: 55        push %ebp
    ...
    Return from function sum
3   80483a4: c3        ret
    ...
    call to sum from main
4   80483dc: e8 b3 ff ff ff call 8048394<sum>
5   80483e1: 83 c4 14      add  $0x14,%esp
```

从这个代码中可以看到,在 main 函数中,地址为 0x080483dc 的 call 指令调用函数 sum。此时的状态如图 2-16(a)所示,指明了栈指针%esp 和程序计数器%eip 的值。call 指令的效果是将返回地址 0x080483e1 压入栈中,并跳到函数 sum 的第一条指令,地址为 0x08048394。函数 sum 继续执行,直到遇到地址为 0x080483a4 的 ret 指令。这条指令从 栈中弹出值 0x080483e1,然后跳转到这个地址,就在调用 sum 的 call 函数之后,继续 main 函数的执行。

用 leave 指令可以使栈做好返回的准备。它等价于下面的代码序列:

```
1   movl %ebp,%esp ;Set stack pointer to beginning og frame
2   popl %ebp      ;Restore saved %ebp and set stack ptr to end of caller's frame
```

另外,也可以通过直接使用传送和弹出操作来完成这种准备工作。如果函数要返回 整数或指针,寄存器%eax 可以用来返回值。

3. 寄存器使用惯例

程序寄存器组是唯一能被所有过程共享的资源。虽然在给定时刻只能有一个过程是 活动的,但是必须保证当一个过程(调用者)调用另一个过程(被调用者)时,被调用者不会覆盖某个调用者稍后会使用的寄存器的值。为此,IA32 采用了一组统一的寄存器使用惯例,所有的过程都必须遵守,包括程序库中的过程。

根据惯例,寄存器%eax、%edx 和%ecx 被划分为调用者保存寄存器。当过程 P 调用 Q 时,Q 可以覆盖这些寄存器,而不会破坏任何 P 所需要的数据。另一方面,寄存器%ebx、%esi 和%edi 被划分为被调用者保存寄存器。这意味着 Q 必须在覆盖这些寄存器的值之前,先把它们保存到栈中,并在返回前恢复它们,因为 P(或某个更高层次的过程)可能会在今后的计算中需要这些值。此外,根据这里描述的惯例,必须保持寄存器%ebp 和%esp。

作为一个示例,考虑下面这段代码:

```
1    int P(int x)
2    {
3        int y=x * x;
4        int z=Q(y);
5        return y+z;
6    }
```

过程 P 在调用 Q 之前计算 y,但是它必须保证 y 的值在 Q 返回后是可用的。有以下两种方式可以实现:

- 可以在调用 Q 之前,将 y 的值存放在自己的栈帧中。当 Q 返回时,过程 P 就可以从栈中取出 y 的值。换句话说,调用者 P 保存这个值。
- 可以将 y 的值保存在被调用者保存寄存器中。如果 Q,或任何其他 Q 调用的程序,想使用这个寄存器,它必须将这个寄存器的值保存在栈帧中,并在返回前恢复该值(换句话说,被调用者保存这个值)。当 Q 返回到 P 时,y 的值会在被调用者保存寄存器中,或者是因为寄存器根本就没有改变,或者是因为它被保存并恢复了。

只要对于哪个函数负责保存哪个值有一致的约定,上述两种惯例都能工作。这两种方法 IA32 都采用,将寄存器分为两组,一组为调用者保存的,另一组为被调用者保存的。

4. 递归过程

上面描述的栈和连接惯例使得过程能够递归地调用它们自身。因为每个调用在栈中都有它自己的私有空间,多个未完成调用的局部变量不会相互影响。此外,栈的原则很自然地提供了适当的策略,当过程被调用时分配局部存储空间,当返回时释放存储空间。图 2-17 是递归的阶乘函数的 C 语言代码。

GCC 产生的汇编代码如图 2-18 所示。

下面讨论当用参数 n 来调用时机器代码会如何操作。建立代码(第 2~5 行)创建一个栈帧,其中包含%ebp 的旧值、保存的被调用者保存寄存器%ebx 的值,以及当递归调用自身的时候保存参数的 4 个字节,如图 2-19 所示。它用寄存器%ebx 来保存过

```
1    int rfact(int n)
2    {
3        int result;
4        if(n<=1)
5            result=1;
6        else
7            result=n*rfact(n-1);
8        return result;
9    }
```

图 2-17　递归的阶乘程序的 C 语言代码

```
              Argument:n at %ebp+8
              Registers:n in %ebx, result in %eax
1     rfact:
2             pushl   %ebp                    ; Save old %ebp
3             movl    %esp,%ebp               ; Set %ebp as frame pointer
4             pushl   %ebx                    ; Save callee save register %ebx
5             subl    $4,%esp                 ; Allocate 4 bytes on stack
6             movl    8(%ebp),%ebx   Get n
7             movl    $1,%eax                 ; result=1
8             cmpl    $1,%ebx                 ; Compare n:1
9             jle     .L53                    ; If <=, goto done
10            leal    -1(%ebx),%eax           ; Compute n-1
11            movl    %eax,(%esp)             ; Store at top of stack
12            call    rfact                   ; Call rfact(n-1)
13            imull   %ebx,%eax               ; Compute result =return value *n
14    .L53:                                   ; done:
15            addl    $4,%esp                 ; Deallocate 4 bytes from stack
16            popl    %ebx                    ; Restore %ebx
17            popl    %ebp                    ; Restore %ebp
18            ret                             ; Return result
```

图 2-18   递归的阶乘程序的汇编代码

程参数 n 的值(第 6 行)。它将寄存器％eax 中的返回值设置为 1,预期 n≤1 的情况,它就会跳转到完成代码。

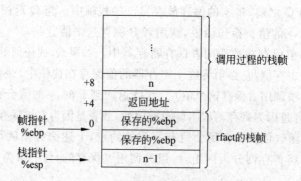

图 2-19   递归的阶乘函数的栈帧

对于递归的情况,计算 n-1,将这个值存储在栈上,然后调用函数自身(第 10～12 行)。在代码的完成部分,可以假设寄存器％eax 保存着(n-1)!的值,且被调用者保存寄存器％ebx 保存着参数 n。因此,将这两个值相乘(第 13 行)得到该函数的返回值。

对于终止条件和递归调用这两种情况,代码都会继续到完成部分(第 15～17 行),恢复栈和被调用者保存寄存器,然后再返回。

可以看到递归调用一个函数本身与调用其他函数是一样的。栈规则提供了一种机制,每次函数调用都有它自己私有的状态信息(保存的返回位置、栈指针和被调用者保存寄存器的值)存储。如果需要,它还可以提供局部变量的存储。分配和释放的栈规则很自然地就与函数调用返回的顺序匹配。这种实现函数调用和返回的方法甚至对于更复杂的情况也适用,包括相互递归调用(例如,过程 P 调用 Q,Q 再调用 P)。

2.2.6 数组分配和访问

C 语言中的数组是一种将标量数据聚集成更大的数据类型的方式。C 语言实现数组的方式非常简单,因此很容易翻译成机器代码。C 语言一个不同寻常的特点是可以产生指向数组中元素的指针,并对这些指针进行运算。在机器代码中,这些指针会被翻译成地址计算。优化编译器非常善于简化数组索引所使用的地址计算。不过这使得 C 语言代码和机器代码的翻译之间的对应关系有些难以理解。

1. 基本原则

对于数据类型 T 和整型常数 N,声明如下:

```
T  A[N];
```

它有两个效果。首先,它在存储器中分配一个 L×N 字节的连续区域,这里 L 是数据类型 T 的大小(单位为字节),用 x^ 来表示起始位置。其次,它引入了标识符 A,可以用 A 作为指向数组开头的指针,这个指针的值就是 x^。可以用从 0 到 N−1 之间的整数索引来访问数组元素。数组元素会被存放在地址为 x^+L×i 的地方。

来看看下面这样的声明:

```
char      A[12];
char      *B[8];
double    C[6];
double    *D[5];
```

这些声明的数组所带参数如表 2-17 所示。

表 2-17 声明的数组所带参数

数组	元素大小/B	元素个数	起始地址	元素 i
A	1	12	X_A	$X_A + i$
B	4	32	X_B	$X_B + 4i$
C	8	48	X_C	$X_C + 8i$
D	4	20	x_D	$x_D + 4i$

数组 A 由 12 个单字节(char)元素组成。数组 C 由 6 个双精度浮点值组成,每个值需要 8B。数组 B 和 D 都是指针数组,因此每个数组元素都是 4B。

IA32 的存储器引用指令可以用来简化数组访问。例如,假设 E 是一个 int 型的数组,并且想计算 E[i],在此,E 的地址存放在寄存器 %edx 中,而 i 存放在寄存器 %ecx 中。然后,指令

```
movl  (%edx,%edc,4),%eax
```

会执行地址计算 x_E+4i，读这个存储器位置的值，并将结果存放到寄存器%eax 中。允许的缩放因子 1、2、4 和 8 覆盖了所有基本简单数据类型的大小。

2. 指针运算

C 语言允许对指针进行运算，而计算出来的值会根据该指针引用的数据类型的大小进行伸缩。也就是说，如果 p 是一个指向类型为 T 的数据的指针，p 的值为 x_P，那么表达式 p+i 的值为 $x_P+L\times i$，这里 L 是数据类型 T 的大小。

单操作数的操作符 & 和 * 可以产生指针和间接引用指针。也就是说，对于一个表示某个对象的表达式 Expr，&Expr 是给出该对象地址的一个指针。对于一个表示地址的表达式 AExpr，* AExpr 是给出该地址处的值。因此，表达式 Expr 与 * & Expr 是等价的。可以对数组和指针应用数组下标操作。数组引用 A[i] 等同于表达式 *(A+i)，它计算第 1 个数组元素的地址，然后访问这个存储器位置。

扩展一下前面的例子，假设整型数组 E 的起始地址和整数索引 i 分别存放在寄存器%edx 和%ecx 中。表 2-18 是一些与 E 有关的表达式，还给出了每个表达式的汇编代码实现，结果存放在寄存器%eax 中。

表 2-18 一些与 E 有关的表达式

表 达 式	类型	值	汇 编 代 码
E	int*	x_E	movl %edx,%eax
E[0]	int	$M[x_E]$	movl (%edx),%eax
E[i]	int	$M[x_E+4i]$	movl (%edx,%ecx,4),%eax
&E[2]	int*	x_E+8	leal 8(%edx),%eax
E+i-1	int*	x_E+4i-4	leal-4(%edx,%ecx,4),%eax
*(E+i-3)	int*	$M[x_E+4i-12]$	leal-12(%edx,%ecx,4),%eax
&E[i]-E	int	i	movl %ecx,%eax

在这些例子中，leal 指令用来产生地址，而 movl 用来引用存储器（除了第一种和最后一种情况，前者是复制一个地址，而后者是复制索引）。最后一个例子表明可以计算同一个数据结构中的两个指针之差，结果值是除以数据类型大小后的值。

3. 嵌套的数组

当创建数组的数组时，数组分配和引用的一般原则也是成立的。例如声明

```
int A[5][3];
```

等价于下面的声明：

```
typedef  int row3_t[3];
row3_t  A[5];
```

数据类型 row3_t 被定义为一个 3 个整数的数组。数组 A 包含 5 个这样的元素,每个元素需要 12B 来存储 3 个整数。整个数组的大小就是 $4 \times 5 \times 3 = 60B$。

数组 A 还可以看成一个 5 行 3 列的二维数组,用 A[0][0] 到 A[4][2] 来引用。数组元素在存储器中按照"行优先"的顺序排列,意味着第 0 行的所有元素可以写作 A[0],后面跟着第 1 行的所有元素(A[1]),以此类推。表 2-19 给出了二维数组 A 的每一个元素的地址。

表 2-19 5 行 3 列的二维数组 A

行	元 素	地 址
A[0]	A[0][0]	x_A
	A[0][1]	$x_A + 4$
	A[0][2]	$x_A + 8$
A[1]	A[1][0]	$x_A + 12$
	A[1][1]	$x_A + 16$
	A[1][2]	$x_A + 20$
A[2]	A[2][0]	$x_A + 24$
	A[2][1]	$x_A + 28$
	A[2][2]	$x_A + 32$
A[3]	A[3][0]	$x_A + 36$
	A[3][1]	$x_A + 40$
	A[3][2]	$x_A + 44$
A[4]	A[4][0]	$x_A + 48$
	A[4][1]	$x_A + 52$
	A[4][2]	$x_A + 56$

这种排列顺序是嵌套声明的结果。将 A 看作一个有 5 个元素的数组,每个元素都是 3 个 int 型数据的数组,首先是 A[0],然后是 A[1],以此类推。

要访问多维数组的元素,编译器会以数组起始为基地址,偏移量(可能需要经过伸缩)为索引,产生要访问的元素的偏移量,然后使用某种 MOV 指令。通常来说,对于一个数组声明如下:

```
T   D[R][C];
```

它的数组元素 D[i][j] 的存储器地址为

$$\&D[i][j] = x_D + L(c \times i + j)$$

这里,L 是数据类型 T 以字节为单位的大小。作为一个示例,考虑前面定义的 5×3 的整型数组 A。假设 x_A、i 和 j 分别位于相对于 %ebp 偏移量为 8、12 和 16 的地方。然后,可以用下面的代码将数组元素 A[i][j] 复制到寄存器 %eax 中:

```
    A at %ebp+8, i at %ebp+12, j at %ebp+16
1   movl   12(%ebp),%eax        ;Get i
2   leal   (%eax,%eax,2),%eax   ;Compute 3 * i
3   movl   16(%ebp),%edx        ;Get j
4   sall   $ 2,%edx             ;Compute j * 4
5   addl   8(%ebp),%edx         ;Compute XA +4j
6   movl   (%edx,%eax,4),%eax   ;Read from M[XA +4j+12i]
```

这段代码计算元素的地址为 $x_A + 4j + 12i = x_A + 4(3i + j)$,它使用移位、加法和伸缩的组合来避免开销更大的乘法操作。

4. 定长数组

C 语言编译器能够优化定长多维数组上的操作代码。例如,假设用如下方式将数据类型 fix_matrix 声明为 16×16 的整型数组:

```
1      #define N 16
```

```
2    typedef int fix_matrix[N][N];
```

图 2-20(a)中的代码根据公式 $\sum_{0 \le j < N} a_{i,j} b_{j,k}$ 计算矩阵 **A** 和 **B** 乘积的元素 i、k。C 语言编译器产生的代码如图 2-20(b)中的函数 fix_prod_ele_opt 所示。这段代码包含很多巧妙的优化。它发现循环只会访问矩阵 A 的 1 行元素，所以它创建了一个局部指针变量，命名为 Arow，提供对矩阵第 i 行的直接访问。Arow[j]被初始化为 &A[i][0]，所以可以通过 Arow[j]来访问矩阵元素 A[i][j]。它还发现循环会按照 B[0][k]，B[1][k]，…，B[15][k]的顺序访问矩阵 B 的元素。这些元素在存储器中占的位置从矩阵元素 B[0][k]的地址开始，之间间隔 64B。因此程序可以用指针变量 Bptr 来访问这些连续的位置。在 C 语言中，表明这个指针被增加 N(16)，但是实际的地址是增加 $4 \times 16 = 64$。

```
1      /*Compute i, k of fixed matrix product */
2      int fix_prod_ele(fix_matrix A, fix_matrix B, int i, int k) {
3          int j;
4          int result =0;
5
6          for(j=0; j<N; j++)
7              result+=A[i][j]*B[j][k];
8
9          return result;
10     }
```

(a) 原始的C语言函数代码

```
1      /*Compute i, k of fixed matrix product */
2      int fix_prod_ele_opt(fix_matrix A, fix_matrix B, int i, int k) {
3          int *Arow=&A[i][0];
4          int *Bptr=&B[0][k];
5          int result =0;
6          int j;
7          for(j=0; j<!=N; j++) {
8              result+=Arow[j]**Bptr;
9              Bptr+=N;
10         }
11         return result;
12     }
```

(b) 优化过的C语言函数代码

图 2-20　计算定长数组的矩阵乘积

下面给出的是这个循环的实际汇编代码。循环中的 4 个变量 Arow、Bptr、j 和 result 都保存在寄存器中。

```
    Registers:Arow in %esi,Bptr in %ecx,j in %edx,result in %ebx
1   L6:                     ;loop:
2   movl   (%ecx),%eax      ;Get * Bptr
3   imull  (%esi,%edx,4)%eax ;Multiply by Arow[j]
4   addl   %eax,%ebx        ;Add to result
5   addl   $ 1,%edx         ;Increment j
6   addl   $ 64,%ecx        ;Add 64 to Bptr
7   cmpl   $ 16,%edx        ;Compare j:16
```

```
8   jne   .L6                    ;If!=,go to loop
```

在循环中,寄存器%ecx增加64(第6行)。机器代码认为每个指针都指向一个字节地址,因此在编译指针运算中,每次都应该增加底层数据类型的大小。

5. 变长数组

历史上,C语言只支持在编译时就能确定大小的多维数组(对于第一维可能有些例外)。程序员需要变长数组时,需用 malloc 或 calloc 这样的函数为这些数组分配存储空间,而且不得不显式地编码,用行优先索引将多维数组映射到一维的数组。ISO C99 引入了一种能力,允许数组的维度是表达式,在数组被分配的时候才计算出来,并且最近的GCC 版本支持 ISO C99 中关于变长数组的大部分规则。

在变长数组的 C 版本中,将一个数组声明为 int A[expr1][expr2],它可以作为一个局部变量,也可以作一个函数的参数,然后在遇到这个声明的时候,通过对表达式 expr1和 expr2 求值来确定数组的维度。因此,例如要访问 n×n 数组的元素 i、j,可以编写如下的函数:

```
1   int var_ele(int n, int A[n] [n], int I, int j)
2   {
3       return A[i][j];
4   }
```

参数 n 必须在参数 A[n][n]之前,这样函数就可以在遇到这个数组的时候计算出数组的维度。

GCC 为这个引用函数产生的代码如下:

```
    n at %ebp+8,A at %ebp+12,i at %ebp+16,j at %ebp+20
1   movl8(%ebp),%eax         ;Get n
2   small    $2,%eax          ;Compute 4 * n
3   movl%eax,%edx             ;Copy 4 * n
4   imull16(%ebp),%edx        ;Compute 4 * n * i
5   movl    20(%ebp),%eax     ;Get j
6   sall$2,%eax              ;Compute 4 * j
7   addl12(%ebp),%eax        ;Compute+4 * j
8   movl    (%eax,%edx),%eax  ;Read from+4 * (n * i+j)
```

正如注释所示,这段代码计算元素 i、j 的地址为 $x_A + 4(n * i + j)$。这个计算类似于定长数组的地址计算,不同点是:①由于加上了参数 n,参数在栈上的地址移动了;②用了乘法指令计算 n×i(第4行),而不是用 leal 指令计算 3i。因此引用变长数组只需要对定长数组做相应扩展。动态的版本必须用乘法指令对 i 伸展 n 倍,而不能用一系列的移位和加法指令。在一些处理器中,乘法会招致严重的性能问题,但是在这种情况下不可避免。

2.2.7　结构和联合

C 语言提供了两种结合不同类型的对象来创建数据类型的机制：结构(structure)，用关键字 struct 声明，将多个对象集合到一个单位中；联合(union)，用关键字 union 声明，允许用不同的字段来引用相同的存储空间。

1. 结构

C 语言的 struct 声明创建一个数据类型，将可能是不同类型的对象聚合到一个对象中。结构的各个组成部分用名字来引用。类似于数组的实现，结构的所有组成部分都存放在存储器中一段连续的区域内，而指向结构的指针就是结构第一个字节的地址。编译器维护关于每个结构类型的信息，指示每个字段(field)的字节偏移。它以这些偏移作为存储器引用指令中的位移，从而产生对结构元素的引用。

考虑下面的结构声明：

```
struct rec{
    int i;
    int j;
    int a[3];
    int * p;
};
```

这个结构包括 4 个字段：2 个 4B 的整型数据、1 个由 3 个 4B 的整型数据组成的数组和 1 个 4B 的整型指针，共 24B：

偏移	0	4	8			20	24
内容	1	j	a[0]	a[1]	a[2]	p	

可以观察到，数组 a 是嵌入到这个结构中的。上图中顶部的数字给出的是各个字段相对于结构开始处的字节偏移。

为了访问结构的字段，编译器产生的代码要将结构的地址加上适当的偏移。例如，假设 struct rec * 类型的变量 r 放在寄存器 %edx 中。然后，下面的代码将元素 r->i 复制到元素 r-j：

```
1  movl (%edx),%eax        ;Get r->i
2  movl %eax,4(%edx)       ;Store in r->j
```

因为字段 i 的偏移量为 0，所以这个字段的地址就是 r 的值。为了存储到字段 j，代码要将 r 的地址加上偏移量 4。

要产生一个指向结构内部对象的指针，只需将结构的地址加上该字段的偏移量。例如，只要加上偏移量 $8+4×1=12$，就可以得到指针 &(r->a[1])。对于在寄存器 %edx 中的指针 r 和在寄存器 %eax 中的整数变量 i，可以用一条指令产生指针 &(r->a[i])

的值：

```
Registers: r in %edx, i in %eax
1   leal 8(%edx,%eax,4),%eax
```

最后举一个例子,语句：

```
r->p=&r->a[r->i+r->j];
```

的实现代码如下,开始时 r 在寄存器%edx 中：

```
1   movl 4(%edx),%eax              ;Get r->j
2   addl (%edx),%eax               ;Add r->i
3   leal 8(%edx,%eax,4),%eax       ;Compute &r->a[r->i+r-j]
4   movl %eax,20(%edx)             ;Store in r->p
```

综上所述,结构的各个字段的选取完全是在编译时处理的。机器代码不包含关于字段声明或字段名字的信息。

2. 联合

联合提供了一种方式,能够规避 C 语言的类型系统,允许以多种类型来引用一个对象。联合声明的语法与结构的语法一样,只不过语义不同。它们是用不同的字段来引用相同的存储器块。

考虑下面的声明：

```
struct S3 {
    char c;
    int i[2];
    double v;
};
union U3 {
    char c;
    int i[2];
    double v;
};
```

在一台 IA32 Linux 机器上编译时,字段的偏移量、数据类型 S3 和 U3 的完整大小如表 2-20 所示。

表 2-20　字段的偏移量、数据类型

类型	c	i	v	大小
S3	0	4	12	20
U3	0	0	0	8

对于类型 union U3,指针 p、p->c、p->i[0]和 p->v 引用的都是该数据结构的起始位置。还可以观察到,一个联合的大小等于它最大字段的大小。

在一些情况中,联合十分有用。但是,它也会引起一些错误,因为它们绕过了 C 语言类型系统提供的安全措施。一种应用情况是,事先知道对一个数据结构中的两个不同字段的使用是互斥的,那么将这两个字段声明为联合的成员,而不是结构的成员,以减小分配空间的总量。

例如,假设想实现一个二叉树的数据结构,每个叶子节点都有一个 double 类型的数据值,而每个内部节点都有指向两个孩子节点的指针,但是没有数据。如果声明如下:

```
struct NODE_S {
    struct NODE_S * left;
    struct NODE_S * right;
    double data;
};
```

那么每个节点需要 16B,每个节点都要浪费一半的存储空间。如果声明如下:

```
union NODE_U {
    Struct {
        union NODE_U * left;
        union NODE_U * right;
    } internal;
    double data;
};
```

那么,每个节点就只需要 8B。如果 n 是一个指针,指向 union NODE * 类型的节点,用 n->data 来引用叶子节点的数据,而用 n->internal . left 和 n->internal . right 来引用内部节点的孩子。

然而,如果这样编码,就没有办法确定一个给定的节点到底是叶子节点还是内部节点。常用的方法是引入一个枚举类型,定义这个联合中可能的不同选择,然后再创建一个结构,包含一个标签字段和这个联合:

```
typedef enum { N_LEAF, N_INTERNAL} nodetype t;
struct NODE_T{
    nodetype_t type;
    union{
        struct{
            struct  NODE_T * left;
            struct  NODE_T * right;
        } internal;
        double data;
    }info;
};
```

这个结构总共需要 12B: type 是 4B,info. internal. left 和 info. internal. right 各要 4B,或者是 info. data 要 8B。在这种情况下,相对于给代码造成的麻烦,使用联合带来的节省是很小的。对于有较多字段的数据结构,这样的节省会更加吸引人。

联合还可以用来访问不同数据类型的位模式。例如，下面这段代码返回的是 float 作为 unsigned 的位表示：

```
0   unsigned float2bit(float f)
1   {
2       union{
3           float f;
4           unsigned u;
5       } temp;
6       temp.f= f;
7       return temp.u;
8   };
```

在这段代码中，以一种数据类型来存储联合中的参数，又以另一种数据类型来访问它。有趣的是，为此过程产生的代码与为下面这个过程产生的代码是一样的：

```
1   unsigned copy(unsigned u)
2   {
3       Return u;
4   }
```

这两个过程的主体只有一条指令：

```
1   movl  8(%ebp),%eax
```

这就证明机器代码中缺乏类型信息。无论参数是一个 float，还是一个 unsigned，它都在相对%ebp 偏移量为 8 的地方。过程只是简单地将它的参数复制到返回值，不修改任何位。

当用联合将各种不同大小的数据类型结合到一起时，字节顺序问题就变得很重要了。例如，假设写了一个过程，它以两个 4B 的 unsigned 的位的形式创建一个 8B 的 double：

```
1   double bit2double(unsigned word0, unsigned words)
2   {
3       union{
4           double d;
5           unsigned u[2];
6       } temp;
7
8       temp.u[0]=word0
9       temp.u[1]=word1
10      return temp.d;
11  }
```

在 IA32 这样的小端法（little endian）机器上，参数 word0 是 d 的低 4B，而 word1 是高 4B。在大端法机器上，这两个参数的角色刚好相反。

习题

1. 最少用几位二进制数即可表示任一5位十进制正整数？

2. 完成下面的数字转换。

(1) 将0x8F7A98转换为二进制。

(2) 将二进制数10110111100111000转换为十六进制。

3. 设机器数字长8位(含1位符号位)，写出对应的各真值的原码、补码、反码。

$$100, -87, 23, -11$$

4. 当十六进制数9BH和FFH分别表示为原码、补码、反码和无符号数时，对应的十进制数各是多少(机器数含1位符号位)？

5. 设机器数字长8位(含1位符号位)，用补码运算规则完成以下计算。

(1) A=−87，B=53，求A−B。

(2) A=115，B=−24，求A+B。

6. 在下面的反汇编二进制代码段中，有些信息被×代替了，回答下列问题：

(1) 下面jbe指令的目标是什么？

```
8048d1c: 76 da  jbe xxxxxxx
8048d1e: eb 24  jmp 8048d44
```

(2) mov指令的地址是多少？

```
xxxxxxx: eb 54 jmp 8048d44
xxxxxxx: c7 45 f8 10 00 mov $0x10, 0xfffffff8(%ebp)
```

7. 对于下列C语言代码：

```
void cond(int a, int * p)
{
    If(p && a>0)
        * p+=a;
}
```

GCC产生下列汇编代码：

```
1    movl     8(%ebp),%edx
2    movl     12(%ebp),%eax
3    testl    %eax,%eax
4    je       .L3
5    testl    %edx,%edx
6    jle      .L3
7    addl     %edx,(%eax)
8    .L3
```

请说明为什么这段C语言代码中只有一个if语句，而汇编代码中包含两个分支语句。

8. 有下列声明：

```
char * A[5];
int B[11];
int * C[6];
double D[9];
```

填写下面的表格。

数组	元素大小	总的大小	起始地址	元素 i
A			X_A	
B			X_B	
C			X_C	
D			X_D	

第 3 章 计算机系统硬件

计算机硬件系统是计算机硬件设备的总称,由输入设备、输出设备、存储器、运算器和控制器组成。本章主要讲述计算机硬件的基础知识,包括数字逻辑、晶体管电路,并在此基础上讲述计算机的组成以及计算机的系统结构和指令集。通过本章的学习,对图 3-1 所示的计算机硬件层次有深刻的理解。

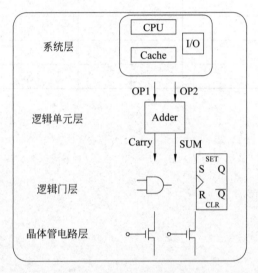

图 3-1　计算机硬件设计层次

计算机的设计层次可看成如下几级:主机系统层(简称系统层)、逻辑单元层(也称寄存器层)、逻辑门层以及晶体管电路层。主机系统层是最高的层次,晶体管电路层是最低的层次。

对于主机系统层,可见的是完整的主机系统。设计者看到的是各种不同的芯片,如CPU、内部存储器、串口、并口和中断控制器等部件以及它们之间在主板上的相互连接。

对于逻辑单元层,可见的基本部件是寄存器、寄存器堆、计数器、多路器(MUX)和ALU 以及它们的相互连接。

对于逻辑门层,可见的基本部件包括与门、或门、异或门、非门等门电路、不同类型的触发器以及它们的相互连接,这些单元的互连构成组合和时序逻辑电路,即数字器件的主要设计层次。

对于晶体管电路层,可见的基本部件包括电阻、电容、二极管和 MOS 晶体管等传统无源和有源电子电路元件以及它们的相互连接。

3.1 数字逻辑基础

数字逻辑是计算机硬件的设计基础,数字逻辑电路用于构造计算机硬件以及多种其他产品。数字逻辑电路是通过集成电路芯片上的晶体管电路实现的。现代技术已能在芯片上集成数以千万计的晶体管,例如计算机的处理器。

3.1.1 数字硬件

用于构造数字硬件的技术在过去的四十年间惊人地发展着,直到 20 世纪 60 年代,逻辑电路都是由体积较大的分立元件,例如晶体管和电阻所构成。集成电路的出现使得人们有可能把一些晶体管甚至整个电路集成到单个芯片上。起初这些电路只有几个晶体管,随着技术的进步,集成的晶体管数量越来越多。

现代集成电路芯片,如计算机的 CPU(中央处理器)芯片,是在晶圆上制造的,晶圆是最常用的半导体材料,按其直径分为 4 英寸、5 英寸、6 英寸、8 英寸等规格,近来发展出 12 英寸甚至更大规格的晶圆。晶圆(如图 3-2 所示)是用地球上最普遍的元素硅制作出来的。如同钢和煤是工业时代强盛之源,砂子已经成为我们未来时代的基础。在对地球上呈矿石形态的砂子进行极不寻常的加工转变之后,硅这种简单的元素最终变成用来制作集成电路微芯片的晶圆。晶圆被切割成为许多个晶片,然后再把晶片放置到专门的芯片封装内。随着工艺的不断进步,到 20 世纪 70 年代已能够将实现微处理器必需的所有电路置于一块芯片上。

图 3-2 晶圆

尽管以今天的眼光看来,早期的微处理器计算能力有限,但是它们为廉价的个人计算机的实现提供了手段,从而打开了信息处理革命的大门。大约在 30 年前,Intel 公司的总裁戈登·摩尔(Gordon Moore)先生就观察到,集成电路技术正在以单个芯片上集成的晶体管的数量每一年半或两年就翻一番的惊人速度发展着。这种现象俗称摩尔定律,如图 3-3 所示。直到今天,摩尔定律仍在延续。

在 20 世纪 90 年代初,已经可以制造包含几百万个晶体管的微处理器,而到 20 世纪 90 年代末,已有可能制造包含千万个晶体管的芯片。如今的芯片已可集成上亿个晶体管。

晶体管尺寸是由一个被称作“门长度”的参数来测量的,见图 3-4。2002 年能够可靠生产的最小门长度是 $0.13\mu m$。2012 年,最小门长度已降至约 $0.028\mu m$。Intel 公司的 65nm 制造技术制造的晶体管门长度仅为 35nm,人类红细胞的直径大约是这种晶体管门长度的一百倍。

晶体管的尺寸决定了在给定的芯片区域上能集成多少个晶体管,以 Intel 公司产品为

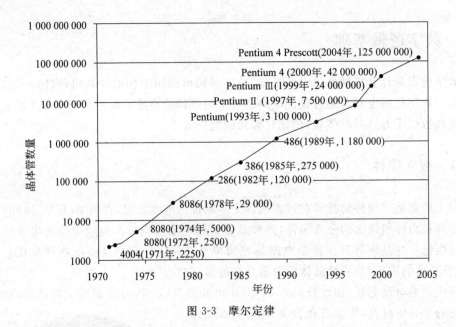

图 3-3　摩尔定律

例,1971 年生产的 4004 微处理器仅集成了 2300 个晶体管,1985 年生产的 80386 处理器包括了 27 万个晶体管,而 2000 年生产的 Pentium 4 处理器内建了 4200 万个晶体管,最新的 Intel 酷睿 i5 和 i7 处理器则为多核结构,内部包括数亿个晶体管。

Intel 酷睿双核处理器的硅核大小为 $90.3mm^2$,其中集成的晶体管数量超过 1.516 亿个。在一平方毫米的面积上将近集成了 170 万个晶体管,或者可以说在圆珠笔笔尖大小的空间上分布有 170 万个晶体管。在芯片的某些部分,例如高速缓存中,每平方毫米的晶体管密度接近 1000 万个。

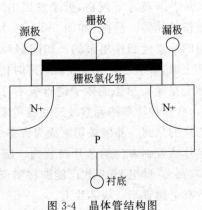

图 3-4　晶体管结构图

3.1.2　逻辑基础

逻辑电路是一种离散信号的传递和处理,以二进制为原理、实现数字信号逻辑运算和操作的电路。逻辑电路由于只分高、低电平,抗干扰力强,精度和保密性佳,广泛应用于计算机、数字控制、通信、自动化和仪表等方面。逻辑电路也构成了许多其他数字系统的基础,这些系统的重点并不是进行数字的算术运算。例如,在许多控制应用中,只需要根据输入的信息做一些简单逻辑操作,而并不需要做大量的数值运算。

逻辑电路进行数字信号的操作,在电路中只用几个离散的值来表示信号。在二进制逻辑电路中只用两个值 0 和 1。在十进制的逻辑电路中用 10 个值,从 0 到 9。因为人们很自然地用数字来表示每个信号值,所以这类逻辑电路也被称作数字电路。在现实世界中,与数字电路不同,还存在着另外一种模拟电路。在模拟电路中,信号的取值可在最大值和最小值之间连续地变化。

任何一个复杂的逻辑关系都可以用 3 种基本逻辑运算组合而成,这 3 种基本的逻辑运算是与、或、非运算。实际的逻辑问题往往比与、或、非复杂得多,不过它们都可以用与、或、非的组合来实现,如与非、或非、与或非等。以下简单了解 3 种基本的逻辑关系。

1. 与逻辑

决定某一事件发生的所有条件全部具备时,这一事件才会发生,称为与逻辑。

图 3-5(a)电路中灯 F 亮这一事件发生必须具备开关 A 和 B 都闭合这样两个条件,否则灯 F 亮这一事件就不会发生。所以灯亮与开关 A 和 B 符合与逻辑关系。

为了具体描述上述逻辑关系,可以把条件和结果列成表。开关接通为 1,断开为 0,灯亮为 1,灯灭为 0,如图 3-5(b)所示。能全面反映输出函数和输入变量之间的逻辑关系的 0、1 表叫逻辑真值表。

(a)电路　　　　　(b)逻辑真值表　　　　　(c)符号

图 3-5　与逻辑

由图 3-5(b)可知,只有当 $A=1,B=1$ 时,F 才会为 1;当 A、B 中至少有一个为 0 时,F 就为 0。若用逻辑表达式描述,可记作 $F=A \cdot B$。

这种与逻辑关系又叫逻辑乘,式中"·"叫逻辑与或逻辑乘符号,一般情况下可以省略。与运算规则为:$0 \cdot 0=0;0 \cdot 1=0;1 \cdot 0=0;1 \cdot 1=1$。可以概括为:输入有 0,输出为 0;输入全 1,输出为 1。

与逻辑符号如图 3-5(c)所示。

2. 或逻辑

当决定事件发生的条件至少有一个具备,这一事件就会发生时,这种逻辑关系叫或逻辑。

图 3-6(a)电路中灯 F 亮这一事件发生的条件是开关 A、B 至少有一个闭合。

(a)电路　　　　　(b)逻辑真值表　　　　　(c)符号

图 3-6　或逻辑

或逻辑的逻辑真值表如图 3-6(b)所示,由表知,当 A、B 至少有一个为 1 时,F 就为

1,只有 A、B 均为 0 时,F 才为 0。若用逻辑表达式描述,可记作 $F=A+B$。

上式是或逻辑关系的函数表达式。"$+$"是或运算符号,叫逻辑或,也叫逻辑加,其运算规则是：$0+0=0;0+1=1;1+0=1;1+1=1$。可以概括为：输入有 1,输出为 1;输入全 0,输出为 0。或逻辑符号如图 3-6(c)所示。

3. 非逻辑

事件的发生和条件的具备总是相反的逻辑关系叫非逻辑。即条件具备时事件不发生,条件不具备时事件发生。

如图 3-7(a)所示,灯 F 亮这一事件发生时,开关 A 不闭合,而开关 A 闭合时,灯 F 不亮,把这种逻辑关系记作：$F=\overline{A}$。式中 A 上面的"$^-$"表示非运算。

其运算规则是：$A=0,F=\overline{A}=1;A=1,F=\overline{A}=0$。

非逻辑符号如图 3-7(c)所示。

(a) 电路   (b) 逻辑真值表   (c) 符号

图 3-7 非逻辑

前面已经提到,任何复杂的逻辑都可以通过与或非来实现,现举例说明。

例 3-1 试采用门电路实现一位二进制全加器。

解：首先要进行分析和数字逻辑设计。一位二进制全加器的运算可以表示成 $S_i=A_i+B_i+C_i$,其中 A_i、B_i 分别是本位的二进制数据,而 C_i 是低位送来的进位位。因此本位的计算结果也可能向高位产生进位输出,即两个二进制数字 A_i、B_i 和一个进位输入 C_i 相加,产生一个和输出 S_i,以及一个进位输出 C_{i-1}。表 3-1 列出了一位全加器进行加法运算的输入输出真值表。

表 3-1 一位全加器真值表

输 入			输 出	
A_i	B_i	C_i	S_i	C_{i-1}
0	0	0	0	0
0	0	1	1	0
0	1	0	1	0
0	1	1	0	1
1	0	0	1	0
1	0	1	0	1
1	1	0	0	1
1	1	1	1	1

根据布尔代数(布尔代数是一个用于集合运算和逻辑运算的公式,通过布尔代数进行逻辑运算可以对不同集合进行与、或、非),在表 3-1 中所示的真值表里,3 个输入端和两

个输出端可按如下逻辑方程进行联系：

$$S_i = A_i \oplus B_i \oplus C_i$$

$$C_{i-1} = A_i B_i + B_i C_i + C_i A_i = (A_i \oplus B_i)C_i + A_i B_i$$

其中，$\oplus$运算的规则如下：

$$A \oplus B = \overline{A}B + A\overline{B}$$

有了上面的逻辑方程以后，就可以设计出数字逻辑电路了，如图 3-8 所示。这些电路及连接线构成了硬件。

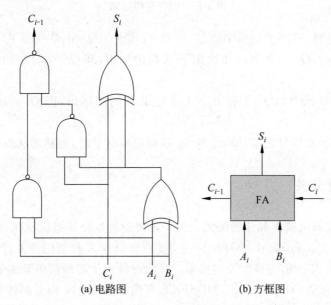

图 3-8　一位全加器(FA)的逻辑电路图和方框图

以上只是对数字逻辑的基本描述，实际中，数字逻辑电路根据逻辑功能的不同特点，可以分成两大类，一类为组合逻辑电路，另一类为时序逻辑电路。

组合逻辑电路在逻辑功能上的特点是任意时刻的输出仅仅取决于该时刻的输入，与电路原来的状态无关。如图 3-9 所示，组合逻辑被 CPU 用来作输入的信号，与存储的数据作逻辑代数运算。实际的 CPU 电路中都会混用包含组合逻辑和时序逻辑的电路。举例来说，算术运算逻辑单元(ALU)中，尽管 ALU 由时序逻辑的程序装置所控制，而数学运算是从组合逻辑产生的。上述 1 位全加器就是一个组合逻辑电路。

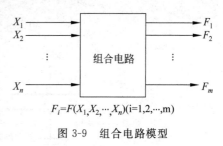

$$F_i = F(X_1, X_2, \cdots, X_n)(i=1,2,\cdots,m)$$

图 3-9　组合电路模型

而时序逻辑电路在逻辑功能上的特点是：任意时刻的输出不仅取决于当时的输入信号，而且还取决于电路原来的状态，或者说，还与以前的输入有关。换句话说，时序逻辑拥有存储元件(内存)来存储信息，时序逻辑的核心是触发器，存储 1 和 0。图 3-10(a)是时序逻辑的基本模型，图 3-10(b)是 RS 触发器结构。

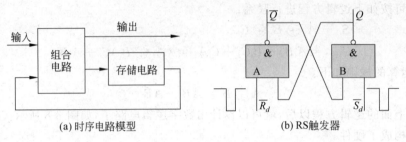

图 3-10　时序逻辑电路

RS 触发器电路,可以形成两个稳态,即 $Q=1$,$\bar{Q}=0$;$Q=0$,$\bar{Q}=1$。

- 当 $Q=1$ 时,$Q=1$ 和 $\bar{R}_d=1$ 决定了 A 门的输出,即 $\bar{Q}=0$;$\bar{Q}=0$ 反馈回来又保证了 $Q=1$。
- 当 $Q=0$ 时,$\bar{Q}=1$,$\bar{Q}=1$ 和 $\bar{S}_d=1$ 决定了 B 门的输出,即 $Q=0$;$Q=0$ 又保证了 $\bar{Q}=1$。

在没有加入触发信号之前,即 $\bar{R}_d$ 和 $\bar{S}_d$ 端都是高电平时,电路的状态不会改变。

3.1.3　晶体管开关

在物理上,逻辑电路由晶体管组成。为了理解逻辑电路的组成原理,可以把晶体管看作一个简单的开关。如图 3-11(a)所示,一个受逻辑信号 X 控制的开关,当信号 X 的值为低时开关断开,而 X 的值为高时开关接通。最流行的用于实现简单开关的晶体管是金属氧化物场效应晶体管(MOSFET)。MOSFET 有两种类型:N 沟道晶体管(NMOS)和 P 沟道晶体管(PMOS)。

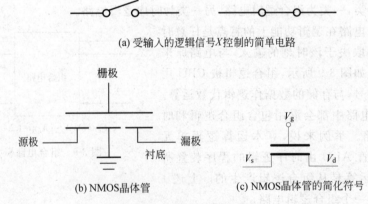

图 3-11　NMOS 晶体管模型

图 3-11(b)所示为 NMOS 晶体管的图形符号,它有 4 个接线端,分别称为源、漏、栅和衬底。在逻辑电路中,衬底(也称作体)端和地相连。图 3-11(c)显示了 NMOS 晶体管的简化图形符号,省略了衬底端。源极和漏极在物理上没有什么区别,通常根据加在晶体管

上的电平来区分,电平较低的一端被认为是源极。

详细解释晶体管的工作原理不在本书的范围内,现在认为晶体管受栅极电平 V_g 的控制:如果 V_g 是低电平,则 NMOS 晶体管的源极和漏极之间没有连接,称该晶体管处于断开状态;如果 V_g 是高电平,则 NMOS 晶体管处于接通状态,相当于一个接通的开关,它的源极和漏极相互连接。

PMOS 晶体管的行为特性和 NMOS 晶体管的行为特性相反。当 V_g 是高电平时,PMOS 晶体管不导通,相当于一个断开的开关;当 V_g 是低电平时,晶体管导通,相当于一个接通的开关,把源极和漏极连接起来。在 PMOS 晶体管中,源极是电平较高的节点。

图 3-12 总结了 NMOS 和 PMOS 晶体管在逻辑电路中的典型用法。当 NMOS 晶体管的栅极高电平时,该晶体管导通;而当 PMOS 晶体管的栅极低电平时,该晶体管导通。当 NMOS 晶体管导通时,它的漏极被下拉到 Gnd;当 PMOS 晶体管导通时,它的漏极被上拉到 VDD。由于晶体管的工作原理,NMOS 不能把晶体管的漏极电平完全上拉到 VDD。与此相似,PMOS 晶体管的漏极电平也不能完全下拉到 Gnd。

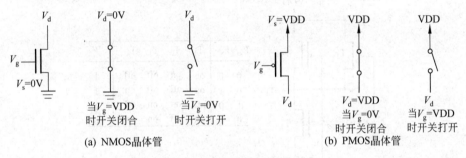

图 3-12　PMOS 与 NMOS 对比

CMOS(Complementary Metal Oxide Semiconductor)指互补金属氧化物(PMOS 管和 NMOS 管)共同构成的互补型 MOS 集成电路制造工艺,它的特点是低功耗。由于 CMOS 中一对 MOS 组成的门电路在瞬间看,要么 PMOS 导通,要么 NMOS 导通,要么都截止,因而 CMOS 电路在静态下没有功率消耗,总的功耗很低。CMOS 工艺是现在数字集成电路的主要工艺。

以下通过举例来了解 CMOS 电路的基本原理和结构。

最简单的例子是非门 NOT,如图 3-13 所示。当 $V_x = 0V$,晶体管 T_2(N 管)断开,而晶体管 T_1(P 管)导通,于是 $V_f = 5V$。由于晶体管 T_2 断开,晶体管中没有电流流过。当 $V_x = 5V$,晶体管 T_1 断开而晶体管 T_2 导通,于是 $V_f = 0V$。由于晶体管 T_1 断开,晶体管中没有电流流过。

图 3-14 是一个用 CMOS 工艺实现的与非门电路图。该图由两个 PMOS 晶体管并联而构成上拉网络(PUN),两个 NMOS 管串联构成下拉网络。图 3-14(b)是该与非门的真值表,真值表描述了每个输入的 V_{x1} 和 V_{x2} 值,4 个晶体管各自的开关状态和该与非门的输出值。图中的真值表规定了该电路的每个状态,恰好实现了与非的逻辑功能。而在静态条件下,不存在从 VDD 到地的电流路径。

图 3-15 是由 CMOS 实现的或非门,读者可自行分析。

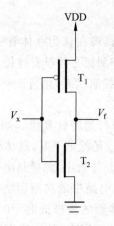

V_x	T_1	T_2	V_f
0	on	off	1
1	off	on	0

(a) 电路   (b) 真值表和晶体管状态

图 3-13　CMOS 实现的非门

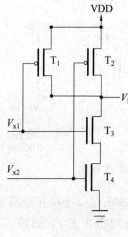

V_{x1}	V_{x2}	T_1	T_2	T_3	T_4	V_f
0	0	on	on	off	off	1
0	1	on	off	off	on	1
1	0	off	on	on	off	1
0	1	off	off	on	on	0

(a) 电路   (b) 真值表和晶体管状态

图 3-14　CMOS 实现的与非逻辑

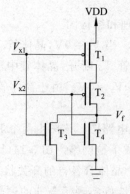

V_{x1}	V_{x2}	T_1	T_2	T_3	T_4	V_f
0	0	on	on	off	off	1
0	1	on	off	off	on	0
1	0	off	on	on	off	0
0	1	off	off	on	on	0

(a) 电路   (b) 真值表和晶体管状态

图 3-15　CMOS 或非门

以上主要讨论了计算机中最基础的逻辑知识,以及如何通过物理晶体管实现数字逻辑,有了这些基本概念,读者对计算机硬件的"原子"就有了基本的概念。

3.2 冯·诺依曼结构与哈佛结构

在计算机的发展历史中,计算机工程的发展应归功于美籍匈牙利数学家冯·诺依曼。

冯·诺依曼对世界上第一台电子计算机 ENIAC(电子数字积分计算机)的设计提出过建议,并在共同讨论的基础上起草 EDVAC(电子离散变量自动计算机)设计报告初稿,这对后来计算机的设计有决定性的影响,特别是确定计算机的结构。在该报告中,冯·诺依曼首先提出了"存储程序"的概念和二进制原理。后来,人们把利用这种概念和原理设计的电子计算机系统统称为冯·诺依曼结构计算机。冯·诺依曼结构描述了计算机的抽象结构,如图 3-16 所示。

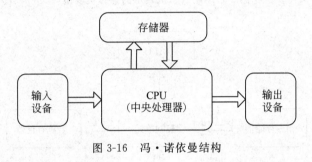

图 3-16　冯·诺依曼结构

冯·诺依曼结构的和核心思想是:

- 二进制形式表示数据和指令。
- 数据和指令放在存储器中;CPU 则依次从存储器取出程序中的每一条指令,并依次执行,直到完成全部指令。
- 由 CPU、存储器、输入设备和输出设备 4 个部分组成计算机系统。

如上图所示,冯·诺依曼结构的计算机由 CPU 和存储器构成,CPU 负责执行指令,完成对数据的处理。存储器负责存储处理所需要的指令和数据。在 CPU 中,程序计算器(PC)指示下一条指令的地址。通过修改 PC,实现指令的顺序执行和跳转。CPU 按照PC 指令的地址,通过存储器进行寻址,找到所需要的指令,然后对指令进行译码,最后执行指令规定的操作,如图 3-17 所示。输入设备和输出设备则实现物理世界和计算机内部二进制世界的转换。

由于冯·诺依曼结构中程序和数据共用一个存储空间,程序指令存储地址和数据存储地址指向同一个存储器的不同物理位置,因此在程序需要执行指令和访问数据时,不可避免地造成存储器访问冲突,为此,哈佛大学提出一种将程序指令存储和数据存储分开的存储器结构,称为哈佛结构,如图 3-18 所示。它的主要特点是将程序和数据存储在不同的存储空间中,即程序指令存储器和数据存储器是两个相互独立的存储器,每个存储器独立编址、独立访问。因此,总线操作是独立的,且能同时取指令和数据,提高了处理速度,适合高速实时计算。DSP(数字信号处理器)一般采用哈佛结构。

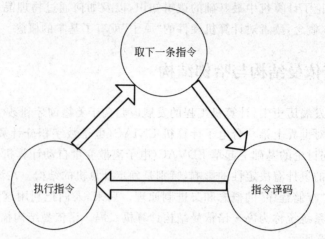

图 3-17　用状态机表示的计算机模型

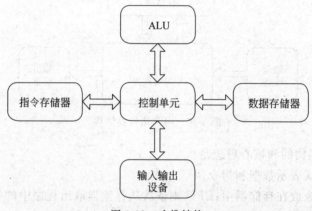

图 3-18　哈佛结构

　　从图 3-16 和图 3-18 可以看出，哈佛结构和冯·诺依曼的主要区别是哈佛结构采用独立的存储器存储指令和数据，而冯·诺依曼结构则采用统一的存储器，因此哈佛结构并未完全突破冯·诺依曼对计算机架构的抽象描述。因此后人在讨论计算机的体系结构模型时，主要提及的是冯·诺依曼结构。

　　从冯·诺依曼设计的 EDVAC 计算机直到今天使用 Intel 公司的处理器芯片制作的多媒体个人计算机，一代又一代计算机都没能够跳出冯·诺依曼结构。

3.3　计算机系统组成

3.3.1　计算机基本组成

　　冯·诺依曼模型包括 5 个组成部分：内存、处理单元、输入设备、输出设备、控制单元。图 3-19 显示了该模型的基本组成。下面对各个组成部分进行描述：

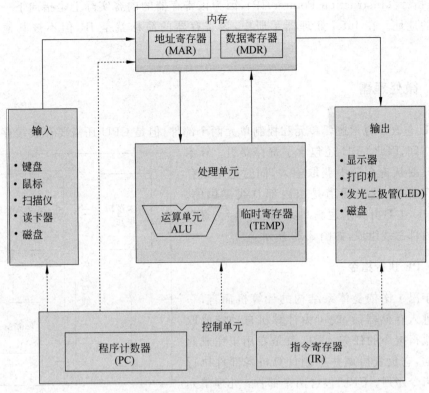

图 3-19　冯·诺依曼模型全局图

(1) 内存。包括存储单元,以及内存地址寄存器(Memory Address Register,MAR)和内存数据寄存器(Memory Digital Register,MDR)。

(2) 输入输出设备。信息能够被计算机处理的前提是"信息必须事先输入计算机"。同样,信息的处理结果也必须通过显示、打印等方式输出至计算机外部。除了图中列出的以外,输入输出设备的种类还有很多。

(3) 处理单元。是信息真正被处理的地方。现代计算机的处理单元已发展得非常复杂,它由很多功能单元组成,每个功能单元负责一个功能,如除法操作、求平方根等各种功能单元。其中,算术逻辑单元(Arithmetic Logic Unit,ALU)是最简单的功能单元,它能完成的功能包括基本运算(如 ADD、SUB)和基本逻辑操作(如 AND、OR、NOT)等。通常,在设计中会为 ALU 在其附近配置少量存储器(临时存储器),以便它存放最近生成的中间计算结果。临时存储器最常见的设计方式就是一组寄存器,其访问速度往往比内存访问快得多。

(4) 控制单元。负责控制其他所有单元之间的协同工作。在计算机程序的逐步执行过程中,它既负责控制程序执行过程的每一步,又负责控制其中每条指令执行过程的每一步。控制单元中有几个特殊的寄存器,一是指令寄存器(Instruction Register,IR),保存的是正在被执行的那条指令;二是 PC 寄存器(Program Counter,PC),用来指示下一条待处理的指令(由于历史的原因,该寄存器被命名为"程序计数器",但它更适合的名称应该是"指令指针"(Instruction Pointer,IP),因为该寄存器的内容实际上是指向下一条待处理指令的地址。在 Intel 处理器手册中,该寄存器的简称就是 IP,但不被其他处理器采用)。

3.3.2 微处理器

CPU 包含了算术逻辑单元和控制单元两个部件,但是 CPU 还需要存放缓存数据或指令的空间,因此 CPU 还包含了寄存器组。算术逻辑单元要从寄存器中获取输入,同时把结果存回到寄存器中,这个通道是由内部总线提供的。可见,CPU 主要由算术逻辑单元、控制单元、寄存器组和内部总线组成,如图 3-20 所示。

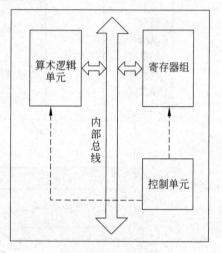

图 3-20 CPU 框图

1. CPU 执行指令

对于冯·诺依曼体系结构的计算机而言,一旦程序进入存储器后,就可由计算机自动完成取指令和执行指令的任务,CPU 就是专用于完成此项工作的,它负责协调并控制计算机各部件执行程序的指令序列。CPU 包含两个部件:处理单元和控制单元。

计算机中的控制单元相当于总指挥中心,主要的功能就是对 CPU 要做的工作进行排序,并协调和指挥整个计算机的工作。计算机执行程序的最小单位是指令,每条指令中包含了特定的操作码和对应的操作数。计算机执行程序时,必须将程序内的每条指令从内存读入到 CPU 中,然后解码并执行。

指令在 CPU 中执行的步骤通常可以分为 6 个阶段:取指令(fetch)、译码(decode)、地址计算(evaluate address)、取操作数(fetch operand)、执行(execute)、存放结果(store result)。并非所有的处理器都是如此,不同的处理器可能会有细微的差别。

下面以指令 MOV AX 256 的执行过程来说明。

如图 3-21 所示,该指令地址在内存中存放在 MAR 中,根据 PC 寄存器指向的指令位置进行取指令操作。

PC 寄存器将指令地址通过地址总线发送到内存中,内存通过地址找到这条指令后,将指令代码通过数据总线发送至 CPU 中的 IR 寄存器,在本例中就是 MOV AX 256,如图 3-22 所示。

指令执行过程中,CPU 根据数据地址到内存中取操作数,操作数据通过数据总线进入 CPU 中,存放到 AX 寄存器,此条指令执行完毕,如图 3-23 所示。

相比于现代处理器实际的指令执行过程,这个示意性的例子相对比较简单直接,但它包含了指令执行的基本原理。每条指令执行结束后,CPU 获取下一条指令,然后通过一个周期的操作,最终可以完成整个程序的执行。

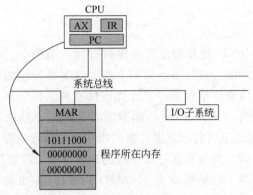

图 3-21　PC 寄存器指向内存中的下一条指令

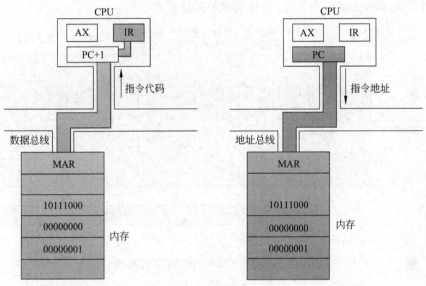

图 3-22　读取指令阶段

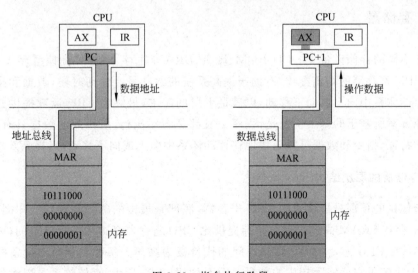

图 3-23　指令执行阶段

2. 流水线技术

通过上述分析可知，CPU 按照固定的步骤执行每一条指令。那 CPU 是否总是要完成一条指令的所有步骤才能去执行下一条指令呢？答案是否定的，现代计算机大多数采用的流水线技术就是利用操作重叠来提高计算机性能的。换句话说，预取来的指令不再仅仅在队列中等待轮到自己译码并执行，而是随着队列在不断前进，不断部分译码并执行。图 3-24 给出了流水线结构的示意图。新的指令由预取器从存储器中读入，在进入流水线之前保存在缓冲区内。指令在通过流水线的过程中分阶段处理。流水线技术对性能的提升效果显著。例如对于时钟频率为 100MHz 的处理器，如果不使用流水线技术，可能需要 5 个周期才能完成一条指令，实际的有效效能不过 20MHz；而采用流水线技术后，可能每个周期都能完成一条指令，具有明显的速度提升。

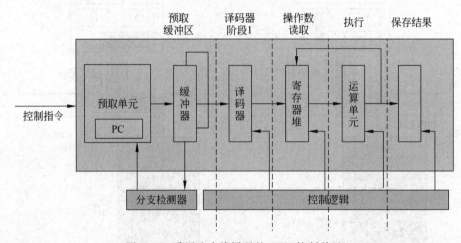

图 3-24　采用流水线译码的 CPU 控制单元

3.3.3　存储器

各种不同的存储设备——CD-ROM、硬盘、DRAM 主存、SRAM 高速缓存、CPU 高速缓存和 CPU 寄存器的均衡配比，有助于提高系统的吞吐量。任何时候，数据和指令都是在这个存储体系中向上或向下移动，以满足上层的需求，最终为 CPU 运算提供必要的支持。这种方案所基于的基本情况是，程序一般都是顺序执行，所访问的数据具有局部性。由于这种特征，指令和数据可以成块地在存储体系中向上或向下移动，以提高效率。

1. 存储器的层次结构

存储体系的顶部是最快速的 CPU 寄存器，底部是最慢的磁带驱动器。中间为磁盘、DRAM 主存和 SRAM 高速缓存。主存提供比 CPU 寄存器多得多的存储空间，因为相比于 DRAM，在 CPU 芯片中提供存储空间的代价极为高昂。每种类型存储设备的相对价格，事实上决定了它们实际提供的数量。因而，如图 3-25 所示，存储体系可以看作一个金字塔，顶部窄，底部宽。离 CPU 越近，速度越快，容量越小，单价越贵。

256B
CPU寄存器 0.5ns
字:2字节/4字节
CPU控制单元
16KB
L1高速缓存 1ns
主缓存控制器
行:32字节
256KB
L2高速缓存 2.5ns
次级缓存控制器
行:32字节
512MB
主存 10ns
设备控制器
块:4KB
50GB
磁盘
管理人员
文件:MB
10TB
远程二级存储

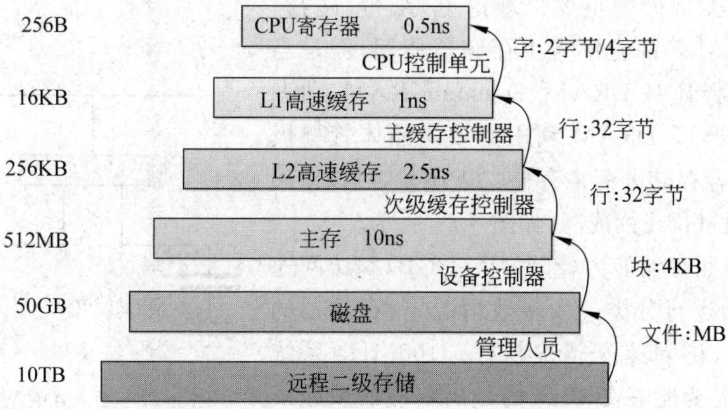

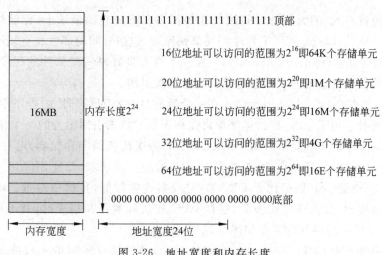

图 3-25 存储器性能和存储体系

各种存储设备的选择和使用依赖于很多因素。成本和执行的速度显然是至关重要的，但电力耗费、存储的稳定性、物理大小、使用的方便性、操作的安全性等也很重要。

2. 主存储器

主存储器(在不引起混淆的情况下，一般称为内存)是计算机正常运行的核心。程序就存储在主存储器中，指令代码要从这里读取。同时，为了方便和提高速度，相关联的数据一般也载入到主存储器中。

主存储器的可用大小是一个重要参数，但对系统的设计者来说，更加重要的值是内存的最大长度。这是由 CPU 的地址寄存器(如 PC)的宽度所控制的。很明显，地址总线也必须足够宽，才能传送最大的地址值。

如图 3-26 所示，地址宽度决定了内存的寻址范围，24 位的地址宽度能提供 16M 个存储单元。

1111 1111 1111 1111 1111 1111 1111 顶部
16位地址可以访问的范围为2^16即64K个存储单元
20位地址可以访问的范围为2^20即1M个存储单元
16MB
内存长度2^24
24位地址可以访问的范围为2^24即16M个存储单元
32位地址可以访问的范围为2^32即4G个存储单元
64位地址可以访问的范围为2^64即16E个存储单元
0000 0000 0000 0000 0000 0000 0000底部
内存宽度
地址宽度24位

图 3-26 地址宽度和内存长度

鉴于存储器作用重大,而且访问存储器的速度是决定指令执行速率的重要参数,因此选择存储器的类型极为重要。理论上,纸带、磁盘、DRAM、SDRAM 等都能作为主存储器使用,但是当前最普遍的选择还是 DRAM(Dynamic RAM,动态随机访问存储器)。DRAM 利用场效应晶体管栅极连接的微弱电容存储电荷来存储二进制位,可以使用字线选择它,通过位线读或写,如图 3-27 所示。

DRAM 按照存储能力(256MB～2GB)和访问速度(50ns～5ns)进行分类。大多数情况下,存储器的容量越大越好,访问速度越快越好。100MHz 系统时钟的 PC 是需要能够在 10ns 内做出响应的快速反应设备。

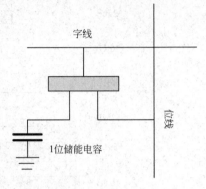

图 3-27　单个 DRAM 存储单元

但是,DRAM 的一个缺点是在读/写事件之间需要"刷新",因为 DRAM 存储单元中电容存放的电荷是会泄漏的,因此每隔一段时间就需要对电容重新充电,每秒钟大约要重新注入电荷 100 次,这不仅需要耗费时间,而且还要增加额外的电路。所以 DRAM 的标称访问时间可能为 10ns,但并不表示每秒钟可以读取该设备 1 亿次。最小周期时间可能会大于 100ns,因而每秒钟实际的最大访问频率只能达到一千万次左右。尽管如此,DRAM 还是成为了当前几乎所有计算机系统的基本组成部分,原因就在于它价格低廉。

3. 高速缓存

对于时钟频率为 2GHz 的 CPU,它平均每 0.5ns 就需要访问程序所在的内存,读取指令,如果将数据变量的访问需要考虑在内,则还会更频繁,DRAM 只能在 10ns 内做出响应,因而这里存在一个严重的速度不均衡问题。如果 CPU 只用 DRAM 来存储程序代码,那么整个系统的运行速度将会慢 20 倍。部件性能的不匹配是现代计算机中许多复杂问题的根源。

为了避免将 CPU 的大部分时间浪费在等待内存响应它的请求上,存储体系引入了高速缓存(Cache)。Cache 利用了程序的局部性原理,包括时间局部性和空间局部性。

(1) 时间局部性(temporal locality)。在一个具有良好时间局部性的程序中,被引用过一次的存储器位置很可能在不远的将来再被多次引用。

(2) 空间局部性(spatial locality)。在一个具有良好空间局部性的程序中,如果一个存储器的位置被引用了一次,那么程序很可能在不远的将来引用附近的一个存储器位置。

高速缓存一般使用的是 SRAM(Static RAM,静态随机访问存储器)芯片,SRAM 芯片是由数以千计的触发器构成的,能够在 10ns 内响应访问请求,而且 SRAM 电力消耗很低,不需要刷新电路。但是相比于 DRAM,它的集成度较低,且价格昂贵。由于 SRAM 芯片的处理速度比 DRAM 要快很多,这样 CPU 在访问数据和指令时,就不用额外地等待。Cache、CPU 以及内存的关系如图 3-28 所示。

高速缓存和它的 CCU(Cache Controller Unit,高速缓存控制单元),被安排在 CPU 和主存之间,这样它就能截获 CPU 发出的任何内存访问请求。

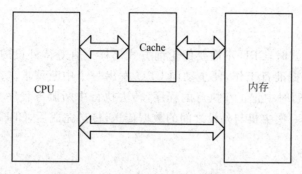

图 3-28　Cache、CPU 以及内存的关系

这样做的目标是,在快速的高速缓存中维护当前活动的代码和数据块。所有来自 CPU 的内存读写请求都被重定向到高速缓存中,以期能够获得快速的响应。CPU 检查内存地址,查看所请求的数据是否就在缓存中。如果在,CPU 就能够立即得到响应,否则控制器就会从内存中读入所请求的数据项,这会造成一定的时间延迟。在程序执行指令较少的循环时,所有的指令都能够装入高速缓存中,这样做显然会很好地加速程序的运行。当程序指令不能都装入高速缓存时,如果高速缓存控制器能够预读取,并能预测 CPU 的需求,及时更新高速缓存中的数据,它也能为 CPU 提供请求的数据。

但是,当 CPU 请求的指令或数据并不在高速缓存中时,CPU 就必须再去内存中读取,这显然会浪费一些时钟周期。通过指令预取技术可以一定程度上提高高速缓存的命中率,通常是简单地将当前指令所在行后面的行载入到高速缓存中,这项技术所基于的预测是代码序列的执行点不断向前。然而,情况并非总是如此,所以高速缓存不命中的情况还是可能会发生。

3.3.4　输入输出以及总线

输入输出是冯·诺依曼模型中的一个重要部分。因为任何待处理的信息都需要通过输入设备输入到计算机系统中,并将计算结果以人们能够理解的形式输出。前面已经介绍了一些常用的输入输出设备,但并没有阐明它们的具体实现方法。下面介绍的就是基本 I/O 方法和具体的实现过程。

1. 基本 I/O 方法:轮询、中断和 DMA

通过计算机 I/O 端口传送数据的软件技术主要有 3 种:轮询、中断和直接内存访问(Direct Memory Access,DMA)。下面对这 3 种技术进行详细的描述:

1) 轮询

轮询是指处理器定期对 I/O 设备进行查询的方式,采用这种方式,处理器必须反复查询,因此称为“轮询”。轮询的间隔可根据应用的需要选定。当使用轮询法进行输入输出时,主机和外设之间处于串行工作状态,因此,外设工作时,主机什么也不能干,只是不停地查询该外设的工作状态。显然,采用这种工作方式,CPU 只能与低速的外设交换信息。

2) 中断

采用中断的方式时,CPU 不需要像轮询方式那样一直等待外设的准备就绪状态,而是一旦外设完成数据准备工作,便主动向 CPU 发出一个中断请求。在满足一定的中断响应条件下,CPU 暂时中止正在执行的程序,转去执行中断服务程序为外设服务。在中断服务程序中完成一次主机与外设之间的数据传送,传送完成后,CPU 返回原来的程序,从断点处继续执行。

3) DMA

与轮询方式相比,中断方式显著地提高了 CPU 的工作效率。但是,CPU 在处理中断服务程序时,需要暂停当前运行的程序,同时对程序断点进行保护,因此需要增加 CPU 很多的额外开销。而在 DMA 方式下,主存与 DMA 接口之间有一条数据通道,主存与 I/O 设备交换数据时可不必通过 CPU,因此数据交换时可省去断点保护和线程恢复,工作速度比中断方式更高。

2. 基本输入输出的实现

通常,I/O 设备可能被看作一个单一的外部实体,如键盘和显示器。但是处理器与一个 I/O 设备进行交互,却不是想象中那么简单,而是需要和多个设备寄存器进行通信。即使是最简单的 I/O 设备也至少包含两个寄存器:一个用来保存与计算机之间传输的数据;另一个用来指示当前设备的状态信息,如"设备是否空闲"或"最近处理的 I/O 任务"等。

指令访问 I/O 设备寄存器时,需要明确指明目标寄存器。通常有两种实现方法,一种采用专门的 I/O 指令来访问,即"专用 I/O 指令"方式,这种方式已经很少使用;另一种方法是采用内存操作指令来完成 I/O 操作,I/O 设备的寄存器被"映射"到一组地址(这些地址是分配给 I/O 设备寄存器的,而不是分给内存的),处理器可以像访问内存那样访问 I/O 设备,这种方式称为"内存映射 I/O"方式。

与 CPU 相比,大多数 I/O 设备的速度都非常缓慢,因此 I/O 设备与处理器的工作节奏是不一致的,即 I/O 设备与 CPU 之间是异步的。异步通信方式下,需要通过一定的协议或握手机制来控制发送和接收。例如,在键盘输入的例子中,采用一个 1b 的状态寄存器,称为标志寄存器,来指示"是否有新的字符的输入"。在显示器输出的例子中,也使用一个 1b 的状态寄存器,来表示输入的字符是否已经显示在显示器上。这种机制是最简单的握手机制,通过这种机制,保证了键盘输入和处理器之间的数据传输。

下面通过键盘输入的例子说明输入的过程。

将字符从键盘输入到计算机内部需要两个条件:一是数据寄存器,用来存放键盘输入字符的 ASCII 码;二是同步机制,即用来告知处理器数据已经准备好。其中,同步机制可以通过键盘状态寄存器来实现。因此键盘需要两个寄存器,其一是键盘数据寄存器(KBDR),其二是键盘状态寄存器(KBSR)。

当键盘上某个键被按下时,该键对应的 ASCII 值在存入 KBDR 的同时,键盘硬件电路自动将 KBSR 置 1;当处理器读取 KBDR 时,键盘自动将 KBSR 清零。因此,当 KBSR

为 0 时,键盘可以继续输入;当 KBSR 为 1 时,意味着上次输入的字符还未被处理器取走,键盘无法继续输入其他字符。

在轮询方式下,程序将反复读取并测试 KBSR 的值,直到它被置为 1,如果程序检测到 KBSR 被置位,处理器就将 KBDR 中的 ASCII 码读入本地寄存器中。由于 KBSR 的控制,键盘的任一输入字符不会被重复读取。

图 3-29 是 I/O 内存映射方式下的数据通路。在内存映射方式下,设备寄存器的输入步骤和内存读操作完全一样,只是内存读取时,MAR 保存的是内存地址,而内存映射输入时则是设备寄存器地址。同样,内存映射方式下 MDR 的装入内容来自设备寄存器,而内存读取时则来自内存单元。

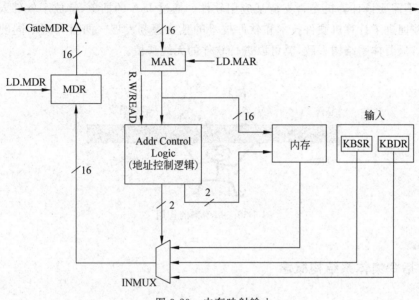

图 3-29 内存映射输入

总线(bus)是计算机各种功能部件之间传送信息的公共通信干线,它是由导线组成的传输线束,按照计算机所传输的信息种类,计算机的总线可以划分为数据总线、地址总线和控制总线,分别用来传输数据、数据地址和控制信号。总线是一种内部结构,它是 CPU、内存、输入设备和输出设备传递信息的公用通道,主机的各个部件通过总线相连接,外部设备通过相应的接口电路再与总线相连接,从而形成了计算机硬件系统。在计算机系统中,各个部件之间传送信息的公共通路叫总线,微型计算机是以总线结构来连接各个功能部件的。

- 数据总线(data bus):在 CPU 与 RAM(Random Access Memory)之间来回传送需要处理或是需要储存的数据。
- 地址总线(address bus):用来指定在 RAM 中存储的数据的地址。
- 控制总线(control bus):将微处理器控制单元(control unit)的信号传送到周边设备。
- 扩展总线(expansion bus):可连接扩展槽和 CPU。

• 局部总线(local bus)：取代更高速的数据传输的扩展总线。

3.4 计算机指令集体系结构

与计算机组成不同,计算机系统结构则是从程序员(特别是系统程序员)的角度观察计算机系统具有哪些特征,如指令系统及格式,程序可以访问的所有寄存器数据类型及格式等。计算机系统结构定义了一台计算机的属性。计算机系统结构的核心是指令集体系结构(Instruction Set Architecture,ISA),ISA 是软硬件的接口,如图 3-30 所示。通过 ISA,软件人员不需要关注复杂的硬件逻辑和时序;通过 ISA,硬件设计人员在设计硬件的时候也不需要该计算机是否支持某应用软件。通过 ISA 的抽象,解放了软件人员和硬件人员,并促进了计算机硬件技术和软件技术的独立蓬勃发展。两台具有不同硬件组成的计算机,只要体系结构一致,就可以进行软件的无缝移植。

软件　　　　　　　　　　　　软件唱戏

指令集

硬件　　　　　　　　　　　　硬件搭台

图 3-30　指令集的作用

3.4.1 指令集体系结构概念

处理器体系结构(architecture)用来描述编程时用到的抽象机器,而不是这种机器的具体实现。从编程人员的角度来看,处理器体系结构包括一套指令集和一组寄存器。通常也将处理器体系结构等同于指令集体系结构(ISA),如 X86 指令集、ARM 指令集等。

ISA 为软件开发提供了便利,使得为特定 ISA 编写的程序能够运行在相同 ISA 的所有处理器之上。例如,PC 上的程序既可以在每一代的 Intel 处理器上运行,也可以在每一代的 AMD 处理器上运行。这种程序兼容性极大地降低了软件的研发费用,增加了软件的使用寿命。但遗憾的是,由于这种特性,使得程序移植到其他的 ISA 上非常困难,成功的 ISA 越成功,不成功的 ISA 就会越快地消亡。这也是为什么在 PC 行业只有 X86 的存在,其他 ISA 的处理器很难分一杯羹的原因。

CPU 依靠指令来计算和控制系统,每款 CPU 在设计时就规定了一系列与其硬件电路相配合的指令系统。指令的强弱也是 CPU 的重要指标,指令集是提高微处理器效率最有效的工具之一。从现阶段的主流体系结构来看,指令集可分为复杂指令集(CISC)和精简指令集(RISC)两大类。

机器码程序是计算机硬件能直接执行的程序,它由一系列的机器指令组成,所有的机器指令构成一个计算机的指令系统。我们已经知道,数字计算机的基础是二进制数。数据用二进制表示,指令也用二进制表示。在 RISC 体系结构中,指令一般由 32 位组成,与数据字长是相等的。如果在纸上写出一个 32 位的二进制数,很难区分是一条指令还是一个 32 位数据。计算机在执行机器码程序时,使用程序计数器访问存储器,从中取出指令来执行。数据是由指令来处理的。数据也存放在存储器中,它的地址在指令中给出,或者由指令通过计算得出。另外,数据的输入也可以由输入设备读入,或者把数据输出到输出设备中,前文已经提到处理器和外设交换数据的方式有查询、中断以及 DMA 等方式。

指令集就是处理器中用来计算和控制计算机系统的一套指令的集合,而每一种新型的处理器在设计时就规定了一系列与其他硬件电路相配合的指令系统。指令集的先进与否,关系到处理器的性能发挥,是处理器性能体现的一个重要标志。

3.4.2 指令集分类和设计

处理器的指令集从主流的体系结构上分为精简指令集 RISC(Reduced Instruction Set Computer)和复杂指令集 CISC(Complex Instruction Set Computer),而普通的计算机处理器基本上使用的是复杂指令集。在计算机早期的发展过程中,处理器中的指令集是没有划分类型的,而是将各种程序需要的指令集都放到处理器中。但是随着科技的进步,计算机的功能也越来越强大,计算机内部的元件也越来越多,而且越来越复杂,处理器的指令也相应地变得十分复杂。在使用过程中,并不是每一条指令都要完全被执行,在技术人员的研究过程中发现,约有 80% 的程序只用到了 20% 的指令,而一些过于冗余的指令严重影响到了计算机的工作效率。根据这一现象,精简指令集的概念就被提了出来。

精简指令集与复杂指令集之间的不同之处就在于精简指令集的指令数目少,而且每条指令采用相同的字节长度,一般长度为 4B,并且在字边界上对齐,字段位置固定,特别是操作码的位置。而复杂指令集特点就是指令数目多而且复杂,每条指令的长度也不相等。

在操作上,精简指令集中大多数操作都是寄存器与寄存器之间的操作,只以简单的 Load(读取)和 Store(存储)操作访问内存地址。因此,每条指令中访问的内存地址不会超过 1 个,指令访问内存的操作不会与算术操作混在一起。在功能上,精简指令集也比复杂指令集具有优势,精简指令集可以大大简化处理器的控制器和其他功能单元的设计,不必使用大量专用寄存器,特别是允许以硬件线路来实现指令操作,从而节约处理器的制造成本。

而采用复杂指令集的处理器是使用微程序来实现指令操作,在执行速度上不如精简指令集。另外,精简指令集还加强了并行处理能力,非常适合采用处理器的流水线、超流水线和超标量技术,从而实现指令级并行操作,提高处理器的性能。而且随着 VLSI (Very Large Scale Integration,超大规模集成电路)技术的发展,整个处理器的核心甚至多个处理器核心都可以集成在一个芯片上。精简指令集的体系结构可以给设计单芯多核处理器带来很多好处,有利于处理器的性能提高。

由于精简指令集自身的优势,在高端服务器领域的处理器上得到了广泛的运用,而复杂指令集主要运用桌面领域的处理器产品中，比如 Intel 的 Pentium 系列和 AMD 的 K8 系列处理器。然而现在精简指令集也不断地向桌面领域渗入，相信以后的处理器指令集会慢慢地向精简指令集体系靠拢，使得处理器的指令集结构更完善，功能更强大，技术也更成熟。

一条指令由若干二进制位组成。它应包括足够的信息，告诉处理机完成何种操作以及如何完成操作。一般而言，机器指令包括以下 4 种信息。

（1）指令操作码。指出指令要完成的操作类型，若为 n 位，则最多可表示 2^n 种操作。

（2）源操作数地址。指明从哪里得到源操作数。操作数主要来自处理器内部的寄存器和主存储器，若来自内部寄存器，则源操作数地址是寄存器号码，若来自主存，则给出主存单元地址。存储器地址位数较多，有时直接在指令中全部给出比较困难，而且为了增加指令的灵活性、方便性和功能，往往采用多种寻址方式。I/O 设备可以和存储器统一编址，也可以单独编址。

（3）目的操作数地址。指出操作结果存放在什么地方，与源操作数地址的指定方法是一样的。

（4）下一条指令的地址。指出紧接着本条指令要执行的下一条指令的地址。若程序是顺序执行，并不需要在指令中给出下一条指令的地址，而是由程序计数器（PC）中的内容指定。只有在程序发生转移的情况下，才需要指出下一条指令的地址，这由转移指令提供。

某机器的指令长度为 16b，包括 4b 基本操作码字段和 3 个 4b 地址字段，其格式如下：

OPCODE 4b	A1 4b	A2 4b	A3 4b

为了编程方便，也便于理解和记忆，采用各种有意义的符号表示指令的含义，从而形成了汇编语言。以下是一些常用的助记符：

add sub mul div and or load store

汇编指令举例：

```
Add R1,R2,R3          ;R1=R2+R3
Load R1,100(R2)       ;将内存中地址为 R2+100 的数据取到 R1 中
```

RISC 体系结构的共同特点是 Load/Store 结构，即访问存储器的指令只有 Load 和 Store 两种，其他指令只使用寄存器操作数。

在一个典型的 RISC 指令系统中，包括的指令类型一般有算术运算指令、逻辑运算指令、移位指令、存储器访问指令、I/O 访问指令（若 I/O 空间与存储器空间是分开的）、转移指令、浮点运算指令、字符串操作指令、其他指令（用于处理机本身状态控制的指令及特殊类型的运算指令等），现简要介绍如下：

（1）算术运算指令。多数计算机提供加减乘除 4 种基本的算术运算指令。也有一些计算机没有乘除运算指令，而是通过软件编程的方法实现乘除运算。除了加减乘除指令

外,有些处理机可能还有其他一些算术运算类指令。

(2) 逻辑运算指令。主要有与、或、非、异或等操作,它们的共同特点是按位操作,位与位之间不发生关系。

(3) 移位操作指令。分为算术移位、逻辑移位和循环移位3种,可以将操作数左移或右移若干位。算术移位和逻辑移位很类似,但由于操作对象不同(前者的操作数为带符号数,后者的操作数为无符号数)而移位操作有所不同。它们的主要差别在于右移时填入最高位的数据不同,算术右移保持最高位(符号位)不变,而逻辑右移最高位补零。循环移位按是否与进位位一起循环,还分为小循环和大循环两种。它们一般用于实现循环式控制、高低字节互换,或与算术、逻辑移位指令一起实现双倍字长或多倍字长的移位。

(4) 访存指令。包括取数据指令(load)、存数据指令(store)、交换指令(swap)、堆栈操作指令(push、pop)等。访存指令实现了数据在存储器和执行单元之间的交换。

(5) 转移指令。包括无条件转移、条件转移、子程序调用、返回、陷阱等多种类型,用于实现程序控制功能,改变程序的执行顺序。

(6) 陷阱与陷阱指令。陷阱实际上是一种意外事故中断,它中断的主要目的不是为了请求 CPU 的正常处理,而是通知 CPU 已经出现了故障,并根据故障情况转入相应的故障处理程序。

3.4.3　几种典型的指令集

1. ARM 指令集

ARM 公司是一家知识产权(IP)供应商,它与一般的半导体公司最大的不同就是不制造芯片且不向终端用户出售芯片,而是通过转让设计方案,由合作伙伴生产出各具特色的芯片。ARM 公司利用这种双赢的伙伴关系迅速成为了全球性 RISC 微处理器标准的缔造者。这种模式也给用户带来巨大的好处,因为用户只需掌握了一种 ARM 内核结构及其开发手段,就能够使用多家公司相同 ARM 内核的芯片。

目前,总共有超过 100 家公司与 ARM 公司签订了技术使用许可协议,其中包括Intel、IBM、LG、NEC、SONY、NXP(原 PHILIPS)和 NS 这样的大公司。至于软件系统的合伙人,则包括微软、升阳和 MRI 等一系列知名公司。

ARM 架构是 ARM 公司面向市场设计的第一款低成本 RISC 微处理器,它具有极高的性价比和代码密度以及出色的实时中断响应和极低的功耗,并且占用硅片的面积极少,从而使它成为嵌入式系统的理想选择,因此应用范围非常广泛,比如手机、PDA、MP3/MP4 和种类繁多的便携式消费产品。

ARM 内核采用精简指令集计算机(RISC)体系结构,其指令集和相关的译码机制比复杂指令集计算机(CISC)要简单得多,其目标就是设计出一套能在高时钟频率下单周期执行的简单而有效的指令集。RISC 的设计重点在于降低处理器中指令执行部件的硬件复杂度,这是因为软件比硬件容易提供更大的灵活性和更高的智能化,因此 ARM 具备了非常典型的 RISC 结构特性。

(1) 具有大量的通用寄存器。

(2) 通过装载/保存(Load/Store)结构使用独立的 Load 和 Store 指令完成数据在寄存器和外部存储器之间的传送,处理器只处理寄存器中的数据,从而可以避免多次访问存储器。

(3) 寻址方式非常简单,所有装载/保存的地址都只由寄存器内容和指令域决定。

(4) 使用统一和固定长度的指令格式。

ARM 指令集是以 32 位二进制编码的方式给出的,大部分的指令编码中定义了第一操作数、第二操作数、目的操作数、条件标志影响位以及每条指令所对应的不同功能实现的二进制位。每条 32 位 ARM 指令都具有不同的二进制编码方式,和不同的指令功能相对应。

2. X86 指令集

X86 指令集是美国 Intel 公司为其第一块 16 位 CPU(i8086)专门开发的,美国 IBM 公司 1981 年推出的世界第一台 PC 中的 CPU——i8088(i8086 简化版)使用的也是 X86 指令,同时计算机中为提高浮点数据处理能力而增加的 X87 芯片系列数学协处理器则另外使用 X87 指令,以后就将 X86 指令集和 X87 指令集统称为 X86 指令集。Intel 从 8086 开始,286、386、486、586、P1、P2、P3、P4 都用的是同一种 CPU 架构,统称 X86。86 是一个 Intel 通用计算机系列的标准编号缩写,也标识一套通用的计算机指令集合;X 与处理器没有任何关系,它是一个对所有 * 86 系统的简单的通配符定义,例如 i386、586、奔腾(Pentium)。由于早期 Intel 的 CPU 编号都是如 8086、80286 来编号,并且由于这个系列的 CPU 都是指令兼容的,所以都可以用 X86 来标识所使用的指令集合。如今的奔腾、P2、P4、赛扬系列都是支持 X86 指令系统的,所以都属于 X86 家族。

虽然随着 CPU 技术的不断发展,Intel 公司陆续研制出更新型的 i80386、i80486 直到今天的 Pentium 4(以下简为 P4)系列,但为了保证计算机能继续运行以往开发的各类应用程序以保护和继承丰富的软件资源,Intel 公司所生产的所有 CPU 仍然继续使用 X86 指令集,所以它的 CPU 仍属于 X86 系列。

除 Intel 公司之外,AMD 和 Cyrix 等厂家也相继生产出能使用 X86 指令集的 CPU,由于这些 CPU 能运行所有为 Intel CPU 所开发的各种软件,所以计算机业内人士就将这些 CPU 列为 Intel 的 CPU 兼容产品。由于 Intel X86 系列及其兼容 CPU 都使用 X86 指令集,所以就形成了今天庞大的 X86 系列及兼容 CPU 阵容。当然在台式(便携式)计算机中并不都是使用 X86 系列 CPU,部分服务器和苹果(Macintosh)机中还使用美国 DIGITAL(数字)公司的 Alpha 61164 和 PowerPC 604e 系列 CPU。

X86 属于复杂指令集,其存在的不足可总结如下:

(1) 可变的指令长度。X86 指令的长度是不定的,而且有几种不同的格式,结果造成 X86 CPU 的解码工作非常复杂。为了提高 CPU 的工作频率,不得不延长 CPU 中的流水线,而过长的流水线在分支预测出错的情况下,又会带来 CPU 工作停滞时间较长的弊端。

图 3-31 为 X86 变长指令举例,该格式定义的指令理论最长可达 17B。

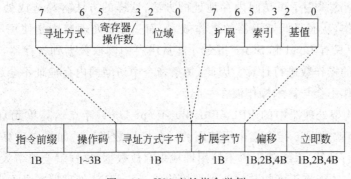

图 3-31 X86 变长指令举例

(2) 寄存器贫乏。X86 指令集架构只有 8 个通用寄存器,而且实际只能使用 6 个。这种情况同现代的超标量 CPU 极不适应,虽然工程师们采用寄存器重命名的技术来弥补这个缺陷,但造成了 CPU 过于复杂,流水线过长的局面。

(3) 内存访问。X86 指令可访问内存地址,而现代 RISC CPU 则使用 Load/Store 模式,只有 Load 和 Store 指令才能从内存中读取数据到寄存器,所有其他指令只对寄存器中的操作数进行计算。在目前 CPU 的速度是内存速度的 5 倍或 5 倍以上的情况下,后一种工作模式才是正途。

(4) 浮点堆栈。X87 FPU 是目前最慢的 FPU,主要的原因之一就在于 X87 指令使用一个操作数堆栈。如果没有足够多的寄存器进行计算,就不得不使用堆栈来存放数据,这会浪费大量的时间来使用 FXCH 指令(即把正确的数据放到堆栈的顶部)。

(5) 芯片变大。所有用于提高 X86 CPU 性能的方法,如寄存器重命名、巨大的缓冲器、乱序执行、分支预测、X86 指令转化等等,都使 CPU 的芯片面积变得更大,也限制了工作频率的进一步提高,而额外集成的这些晶体管都只是为了解决 X86 指令的问题。

ARM 指令集和 X86 指令集的对比如下:

(1) 随着计算机的功能越来越强大,计算机内部的元件越来越多,X86 指令集中的指令也相应地变得十分复杂,而在使用过程中,并不是每一条指令都要完全被执行,技术人员在研究过程中发现,约有 80% 的程序只用到了 20% 的指令,而一些过于冗余的指令严重影响到了计算机的工作效率。ARM 指令集种类大为减少,指令只提供简单的操作,使一个周期就可以执行一条指令,编译器或者程序员通过几条简单指令的组合来实现一个复杂的操作(例如除法操作)。

(2) 由于 X86 指令集是属于 CISC 类型的指令集,其每条指令的长度是不固定的,而且有几种不同的格式,这样就造成了 X86 处理器的解码工作非常复杂。为了提高处理器的工作频率,就不得不延长处理器中的流水线。而过长的流水线在分支出现预测出错的情况下,又会带来 CPU 工作停滞时间较长的弊端。而 ARM 指令集大多数指令采用相同的字节长度,并且在字边界上对齐,字段位置固定,特别是操作码的位置,这就非常适合采用流水线技术,允许流水线在当前指令译码阶段去取下一条指令。

(3) X86 指令采用了可访问内存地址的方法,这样的方法容易造成处理器与内存之间的不平衡工作,从而降低处理器的工作效率,而 ARM 处理器则是使用 Load/Store 的存储模式,其中只有 Load 和 Store 指令才能从内存中读取数据到寄存器,所有其他指令只对寄存器中的操作数进行计算。因此,每条指令中访问的内存地址不会超过 1 个,指令访问内存的操作不会与算术操作混在一起。

(4) X86 构架处理器中的 FPU(Floating Point Unit,浮点运算单元)的运算能力较差,其主要原因就是 X86 指令集中所使用的一个操作数堆栈。如果在运算过程中没有足够的寄存器进行计算,系统就不得不使用堆栈来存放数据,这样就会浪费大量的时间来处理 FXCH 指令,才能将正确的数据放到堆栈的顶部。ARM 处理器本身不支持浮点运算,所有的浮点运算都在一个特殊的浮点模拟器中运行,并且速度很慢,经常需要进行数千个时钟周期才能完成浮点函数的计算。

(5) 在流水线方面,ARM 指令的处理过程被拆分成几个更小的能够被流水线并行执行的单元。在理想情况下,流水线每周期前进一步,可获得最高的吞吐率;而 X86 指令集的执行需要调用微代码的一个微程序,在执行速度上不如 ARM 指令集。

(6) X86 指令对于各种扩展部件的限制也是十分不利的。不支持物理地址扩展技术(PAE)的 X86 架构处理器对应的物理内存容量上限是 4GB,而 ARM 则可以支持丰富的扩展部件。

(7) 为了提高 X86 架构处理器的性能,而出现像寄存器重命名、巨大的缓冲器、乱序执行、分支预测、X86 指令转化等方法,都使得处理器的核心面积变得越来越大,这也限制了处理器工作频率的进一步提升,并使设计成本增加,此外,处理器所集成的这些庞大数目的晶体管都只是为了解决 X86 指令的问题。而 ARM 指令集可以大大简化处理器的控制器和其他功能单元的设计,不必使用大量专用寄存器,特别是允许以硬件线路来实现指令操作,从而节约处理器的制造成本,使核心面积变小。

(8) ARM 指令集还加强了并行处理能力,非常适合于采用处理器的流水线、超流水线和超标量技术,从而实现指令级并行操作,提高处理器的性能。而且随着 VLSI 技术的发展,整个处理器的核心甚至多个处理器核心都可以集成在一个芯片上。而 X86 指令集却给 VLSI 设计带来很大的设计负担,不利于单片集成。

习题

1. 参考图 3-13 和图 3-14,使用 P 管和 N 管实现 3 输入的与门。
2. 参考图 3-13 和图 3-15,使用 P 管和 N 管实现 2 输入的或门。
3. 请解释计算机的硬件系统的结构,并分析各组成部分的逻辑关系。
4. 说明冯·诺依曼结构与哈佛结构的异同。
5. 画出计算机内部的组织结构关系。

6. 画出状态机表示的计算机基本模型。

7. 解释指令集体系结构的概念。

8. 典型的指令集都有哪些？分析它们的异同。

9. 利用互联网，检索 ARM 指令集，分析指令格式中不同字节表示的内容。

10. 利用互联网检索并分析国产处理器的发展现状以及采用的指令集，分析其可能遇到的问题。

第4章 编 译 系 统

程序设计语言是由人类设计，计算机可识别，用于向计算机描述设计算法的符号集合。程序设计语言可以分为两大类：一类为底层程序设计语言（也称低级语言），包括机器语言、汇编语言以及其他面向机器的程序设计语言，这类语言编写的程序效率高，运行速度快，目标程序短，但与机器关系密切、直观性差，编写难度大，只有对相应的计算机结构比较熟悉，经过训练的程序员才能很好地使用；另一类称为上层程序设计语言（也称高级语言），如 C、C++、C♯、Java、FORTRAN、BASIC 等。上层程序设计语言比底层程序设计语言更接近人们思考问题的方法，并且在编写和调试程序的效率上都远比低级语言优越。

但是，计算机只能懂自己的指令系统，只能执行相应机器语言格式的程序代码，不能直接执行高级语言或者汇编语言编写的程序。用高级语言编写的程序（又称为源程序）在执行前需要被翻译成机器语言的形式（又称为目标程序），完成这种工作的软件系统统称为编译器（compiler）。

4.1 计算机系统中的语言处理

编译器能将以高级语言编写的程序翻译或者编译成功能等价的、以机器语言形式存在的程序。在这个过程中，编译器还会发现并报告源程序中的错误。

解释器（interpreter）是另一种常见的（程序）语言处理器，它并不通过翻译的方式生成目标程序代码，它以源程序作为输入，运行过程中解释执行源程序本身。这种边翻译边执行的工作方式效率很低，但结构简单，占用内存小，并且由于它是逐语句地执行程序，在执行过程中易于修改源程序，因此很多规模较小的程序语言（如 BASIC）采用解释执行。

Java 语言处理器则结合了编译和解释过程，Java 源程序程序首先被编译成字节码（byte）的中间表示形式，然后由一个 Java 虚拟机对得到的字节码进行解释执行。这种方式的好处是一台计算机上编译得到的字节码可以在另一台计算机上解释执行。

由于计算机能唯一识别的语言是机器语言，对于用汇编这种低级语言编写的源程序必须被翻译成机器语言表示的目标程序才能被计算机执行，把汇编语言翻译成目标语言的过程称为汇编，完成汇编过程的程序称为汇编程序。

创建一个可执行的目标程序除了编译器和汇编器外还需要其他一些程序。一个源程序可能被分割成多个模块，并放在独立的文件中，把源程序集合一起需要用预处理器（preprocessor）来完成。预处理器还负责将称为宏的缩写换成源语言的语句。

经过预处理器处理后的源程序作为输入传送给编译器，编译器产生汇编语言程序作为其输出，汇编器（assembler）进一步对汇编语言程序进行处理并生成最终的机器代码。

为了提高编译效率,大型应用程序通常被分割成多个部分进行独立编译,因此机器代码必须和其他的机器代码及库文件连接,生成完整的可执行代码,这部分功能由连接器(linker)完成。连接完成后,加载器(loader)会把所有可执行的目标文件放到内存中执行。

计算机语言处理系统的主要处理过程如图 4-1 所示。

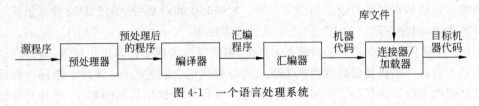

图 4-1　一个语言处理系统

4.1.1　编译器

编译器的主要功能是将高级语言编写的源程序翻译成等价的目标语言,其工作主要由两个部分完成:分析部分和综合部分,即编译器前端和编译器后端。

分析部分把源程序分解成多个组成要素,基于这些要素以及语言的语法结构,生成源程序的中间表示形式。若发现源程序有非正常的语法结构或者语义不一致,则生成必要的有用信息供用户修改源程序使用。分析部分还会收集程序的相关信息并存放在符号表(symbol table)中,并将中间表示和符号表一起传到综合部分。

综合部分根据中间表示和符号表中的信息来优化和构造目标程序。

在编译器前端和后端中间还有一个可选的机器无关优化步骤。这个优化的目的是在中间表示形式上进行转换和优化,以便后端程序可以生成更好的目标程序。中间优化可以给目标代码性能带来很大的提升。

如图 4-2 所示,编译器的工作可以分成如下几个部分:

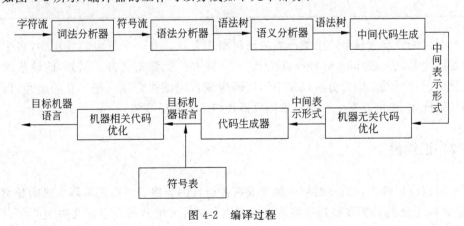

图 4-2　编译过程

(1) 词法分析(lexical analysis)或扫描(scanning)。词法分析器读入和分析源程序,将它们组成词素(token)序列,每个词素代表源程序中的一个标志,如变量名、关键字或者数字。

（2）语法分析（syntax analysis）或解析（parsing）。语法分析器使用词法分析器生成的词素序列来创建树形中间表示形式，该中间表示形式反映了程序的语法结构，表示方法常采用语法树（syntax tree）。

（3）语义分析（semantic analysis）。语义分析器使用语法树和符号表中的信息来检查源程序是否和程序语言定义的语义一致。它同时也将收集的这些信息存放在语法树或者符号表中，以便在随后的中间代码生成过程中使用。

（4）中间代码生成。为了处理上的方便，特别是为了便于代码优化处理，通常在语义分析后不直接产生机器代码或者汇编形式的目标代码，而是生成一种介于源程序和目标语言之间的中间语言代码。中间语言代码可以看作某种抽象机器的程序，它具有易生成和易翻译成目标机器上语言的性质。语法树也是中间表示形式之一。

（5）代码优化。机器无关的代码优化步骤试图改进中间代码，以便生成更高质量的目标代码。衡量目标代码质量的标准通常有两个：目标代码占用的存储空间大小，即所谓的空间指标；目标代码运行所需的时间，即所谓的时间指标。

（6）目标代码生成。目标代码的生成以中间代码为输入，最终将它翻译成机器语言或者汇编语言的目标语言，若编译中不设置中间代码生成，编译器在语法分析和语义分析后直接产生目标程序。

（7）符号表管理。符号表中记录源程序中使用的变量名字、与名字相关的各种属性，这些属性可以提供名字的存储分配、类型、作用域等信息。在编译的各个阶段都必须进行频繁的造表和查表工作，合理地组织管理符号表对编译器非常重要。符号表的结构如下所示：

名称	信息

上面讨论的步骤只是一个编译器的逻辑组织方式。在一个特定的实现中，多个步骤的活动被组合成一趟（pass）。每趟读入输入文件并产生输出文件。例如，前端步骤中的词法分析、语法分析、语义分析以及中间代码生成可以被组合成一趟。有的趟是可选的，例如代码优化，还可以有一个特定目标机器代码生成的后端趟。

4.1.2 汇编器

汇编器将汇编语言编写的程序翻译成机器语言的程序。一般汇编器生成的是目标文件（后缀为.o文件），需要经过连接器生成可执行文件才能执行。目标文件主要包含机器指令、数据和将指令放在内存合适位置的信息等内容。编译器要将汇编指令和伪指令翻译成机器指令，还需要将十进制数转换成二进制数。

为了翻译汇编语言程序，汇编器需要处理两件事情：每个助记符的操作码和每个标号的地址。操作码信息以表形式内置在汇编器中，这个表称为符号表。汇编器通过两次扫描汇编程序完成汇编过程，第一遍按行读取源程序并将符号记录在符号表中，第二遍扫描利用符号表中的信息为每行程序生成相应的机器代码。生成的目标文件的格式如图 4-3 所示。其中 Object File Header 描述了文件的大小和文件中各个片段的位置。Text Segment 部分为机器指令代码。Relocation Information 用来区别程序中基于绝对地址的数据和指令。Symbol Table 为外部连接中标号的地址信息。Debugging Information 为程序调试时可能用到的信息。

Object File Header	Text Segment	Data Segment	Relocation Information	Symbol Table	Debugging Information

图 4-3　目标文件的格式

汇编器生成的各个独立的目标文件需要通过连接器链接才能形成可执行文件。连接器主要完成三个任务如图 4-4 所示，包括找到源程序使用的库文件，决定各个单独的模块的存储位置和指令引用的重定位，处理各个文件间的引用问题。

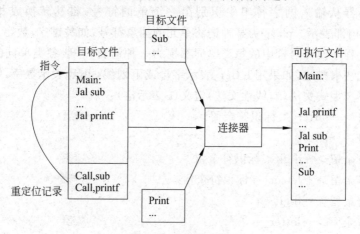

图 4-4　连接器功能

连接分为静态连接和动态连接两种。静态连接将所有的目标文件和程序所用到的库函数连接并合成在可执行文件中。动态连接将用到的库函数的连接信息放在可执行文件中，在程序执行过程中用到库函数时才将库函数调用到内存中执行。相比之下，动态连接减少了内存浪费，但比静态连接生成的可执行文件运行慢。

4.2　编译器前端技术

编译器的前端工作包括词法分析、语法分析、语义分析和中间代码生成，这部分完成的处理工作只依赖于源程序语言，与目标程序的计算机（目标语言）无关。前端负责中间代码生成和源程序语法正确性的检查以及符号表的管理。

4.2.1 词法分析

词法分析器完成的工作是编译的第一阶段,词法分析的主要工作是读入源程序的输入字符并生成词素,生成并输出词法单元序列。通常它还会过滤掉源程序中的注释和空白字符(空格、换行、制表符以及其他用于分隔词素的字符),它的另外一个任务是将编译器产生的错误消息和源程序的位置联系起来。

词法分析的主要目的是让随后的语法分析阶段更简单,即词法分析阶段的工作可以在语法阶段完成,在一些简单的系统中就将两者合成整体。将两者分成两个独立阶段有如下优点:第一,词法分析器处理这部分工作速度更快,如果将对单词的识别从整个语法识别中划分出来,能采用更为有效的方法,例如对输入可以采用读取字符的缓冲技术来提高速度;第二,对于某些不设关键字的程序语言,对一些单词的识别需要查看它的上下文才能准确识别,将词法分析器从语法分析器中独立出来就能让语法分析器使用较为一致的方法来完成语法分析工作;第三,将各部分功能单一化,编译器的结构更为清楚,编译器的一致性更好。

词法分析器从输入的字符串中识别出一个单词符号,将其转换成相应的(class,value)二元式内部表示。class为某种词法单元的抽象符号,如关键字、数字。

若把一个程序设计语言中的每类单词都视为一种语言,一般各类单词的词法都能用相应的正规文法来描述,如果用 letter_ 表示字母或下划线,digit 表示数字,C 语言的标识符可以用如下产生式文法(右线性文法)定义(ε表示空):

<标识符>→letter_<标识符余留>

<标识符>→letter_

<标识符余留>→digit<标识符余留>

<标识符余留>→letter_<标识符余留>

<标识符余留>→digit

<标识符余留>→letter_

若上面的产生式所组成的文法记作

$$G[\text{<标识符>}]=(VN,VT,P,\text{<标识符>})$$

其中 $VN=\{\text{<标识符>},\text{<标识符余留>}\}$,$VT=\{\text{ letter\_},\text{digit }\}$,则 $G[\text{<标识符>}]$ 为右线性文法。能用正规文法表示的语言均可由某种有限状态自动机算法进行分析。状态转换图(transition diagram)包含一组称为状态的节点,词法分析器在扫描输入串的过程中寻找和某个模式匹配的词素,而状态转换图的每个状态代表一个可能在这个过程中出现的情况,状态包括一个起始状态和若干终止状态,分别指示分析的开始和结束,如图 4-5 所示。状态转换图的边从图的一个状态指向另一个状态,若当前处于状态 s 且下一个输入为 r,就会寻找一条从 s 离开并且标号为 r 的边。

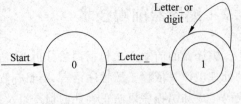

图 4-5　标识符的状态转换图

词法分析器的核心是有限自动机,有限自动机在本质上和状态转换图类似,但有限自动机是识别器,它能对每个可能的输入回答"是"或者"否",有限自动机分为非确定有限自动机(Nondeterministic Finite Automata,NFA)和确定有限自动机(Deterministic Finite Automata,DFA)两类,NFA 一个符号可以有离开同一状态的多条边,DFA 有且只有一条离开该状态、以该符号位标识的边。确定和非确定的有限自动机能够识别的语言集合是一致的,这个语言集合称为正则语言。并且可以通过特定的算法将一个非确定有限自动机转换成一个确定有限自动机。

Lex 是一个词法分析程序自动生成工具,它支持正规文法描述的词法单元模式,并由此给出词法分析器的规则,生成词法分析程序。Lex 工具的输入为 Lex 语言,工具本身称为 Lex 编译器。Lex 编译器将输入的模式转换成一个状态转换图,生成相应的实现代码,存放到文件 lex.yy.c 中。图 4-6 显示的是用 Lex 创建一个词法分析器的过程。

所有的正整型常数或者变量名都是字符串集合,单个字母从字母表中选取。对于正整数,字母表包含数字 0~9,变量名包含字母和数字,有的还有其他的符号,如下划线"_"。

对于给定的字母表,可以通过正则表达式来描述字符串集合,例如用 letter_表示任一字母或下划线,digit 表示数字,那么 C 语言的标识符语言可以用正则表达式 letter_(letter_ | digit) * 来表示,式子中竖线表示并运算,括号用于把子表达式组合在一起,星号表示零个或多个。

为了方便表示,可以使用正则定义(regular definition)来给正则表达式命名。如果 Σ 是基本符号集合:$d_1 \rightarrow r_1, d_2 \rightarrow r_2, \cdots, d_n \rightarrow r_n$。其中每个 d_i 都是一个新的符号,不在 Σ 中。R_i 是字母表 $\Sigma U\{d_1, d_2, \cdots, d_{i-1}\}$ 上的正则表达式。图 4-7 是一个表示数字、标识符和判断条件的正则表达式。

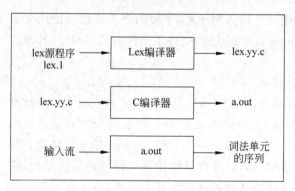

图 4-6 Lex 词法分析器的工作过程

```
digit→[0-9]
digits→digit*
number → digits(.digits)?(E[+-])?digits?
letter → [A-Za-z]
id→(letter|_)(letter|digit|_)*
relop → <|>|<=|>=|==|!=
```

图 4-7 正则表达式

4.2.2 语法分析

语法分析以词法分析器生成的词法单元串为输入,根据语言的语法规则,分析源程序的语法结构,即分析如何由这些词法单元组成各种语法范畴(如下标变量、各种表达式、各种语句、程序段或分程序、整个源程序等),并在语法分析过程中对源程序进行语法检查。

对于良构的程序,语法分析器构造一棵语法分析树,并把它传递给编译器的其他部分进一步处理。实际上并不需要显式地构造出这棵语法树,因为对源程序的检查和翻译动作可以和语法分析过程交替完成。

目前存在许多语法分析方法,根据语法树的产生方向分为自顶向下和自底向上两大类。自顶向下的方法从语法分析树的顶部(根节点)开始向底部(叶子节点)构造语法分析树;而自底向上的方法从叶子节点开始,逐渐向根节点的方向构造。前者根据语言中的各种语法范畴由文法递归定义的特点,用一组互相递归的子程序来完成语法分析;后者则利用各个算符之间的优先级关系和结合规则来指导语法分析,因此很适合分析各种表达式。采用这两种方法比较简单,便于手工实现,很多编译器使用这两种方法,对于运算符常采用算符优先分析法,对于语言的其他部分采用递归下降分析法。采用这两种方法,语法分析器的输入总是按照从左向右的方式扫描,每次扫描一个符号。

自顶向下和自底向上方法只能处理某些文法子类,但其中的某些子类,特别是左线性(LL)和右线性(LR)文法,其表达能力足以描述现代程序设计语言的大部分语法构造。手工实现的语法分析器通常使用 LL 文法,处理较大的 LR 文法的分析器多使用自动化工具构造。

程序员编写的源程序中常常包含各种错误,为了帮助程序员定位和跟踪错误,方便程序修改错误,编译器中需要错误处理,这就大大增加了编译器的设计与实现复杂度。程序可能包含不同层次的错误:词法错误,包括标识符、关键字或者拼写错误;语法错误,包括分号错误,括号位置或者缺失错误;语义错误,包括运算符和运算分量之间的类型不匹配;逻辑错误,即程序中错误的逻辑引起的错误。语法分析的精确性帮助程序员高效地检测出语法错误,LL 和 LR 方法可以在第一时间发现语法错误,有些语义错误可以有效地检测出来,但总地说,在编译时高效地检测语义错误和逻辑错误难度很大。

上下文无关文法可以系统地描述程序设计语言的构造,下面的产生式就是使用文法变量 statement 来表示语句,使用 express 来表示表达式,描述了条件语句结构,而其他的产生式则可以定义 express。

statement→**if**(express)**else** statement

一个上下文无关文法由终结符、非终结符、一个开始符号和一组产生式组成。终结符是组成串的基本符号,终结符也指词法单元,如上式中 if 和 else 以及"("和")"就是终结符。非终结符是表示串集合的语法变量。上式中 statement 和 express 是非终结符。非终结符表示的串集合用于定义由文法生成的语言。非终结符给出了语言的层次结构,它是语法分析和翻译的关键。在文法中某个非终结符被指定为开始符号,这个符号表示的串的集合就是这个文法的语言。文法的产生式描述了由终结符和非终结符组合成串的方法,产生式由产生式头或左部的非终结符、符号→(有时也用∷=来代替)、零个或者多个终结符与非终结符组成的产生式右部或产生式体。一个简单的表达式文法如下:

$$Exp \rightarrow Exp + Exp$$

$$Exp \rightarrow Exp - Exp$$

$$Exp \rightarrow Exp * Exp$$

$$Exp \rightarrow Exp / Exp$$

Exp→num

Exp→(Exp)

串(num+num)的推导过程为 Exp→(Exp)→(Exp+Exp)→(num+Exp)→(num+num)，它的语法树如图 4-8 所示。语法树是推导的图形表示，树中每个节点表示一个产生式的应用。按照推导步骤中选择被替换非终结符的方式分为两种推导过程：最左推导，总是选择每个句型中的最左非终结符。如果 $\alpha \Rightarrow \beta$ 推导 α 中被替换的是最左边的非终结符则写作 $\alpha \underset{lm}{\Rightarrow} \beta$，上式中的推导就是最左推导。如果 $S \underset{lm}{\overset{*}{\Rightarrow}} \alpha$，则称 α 是当前文法的最左句型。最右推导的定义类似，最右推导也称规范推导。

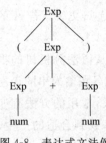

图 4-8 表达式文法例子的语法树

如果一个文法可以为某个句子产生多棵语法分析树，那么它就具有二义性(ambiguity)，即二义性文法的同一个句子有多个最左推导或者最右推导。例如，表达式 num+num * num 具有两个最左推导：

$$Exp \Rightarrow Exp + Exp$$
$$\Rightarrow num + Exp$$
$$\Rightarrow num + Exp * Exp$$
$$\Rightarrow num + num * Exp$$
$$\Rightarrow num + num * num$$

$$Exp \Rightarrow Exp * Exp$$
$$\Rightarrow Exp + Exp * Exp$$
$$\Rightarrow num + Exp * Exp$$
$$\Rightarrow num + num * Exp$$
$$\Rightarrow num + num * num$$

相应的语法树如图 4-9 所示。

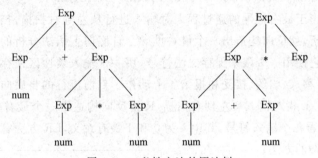

图 4-9 二义性文法的语法树

有的二义性文法可以被改写成为无二义性文法。例如上面的产生式文法可以被写成如下的无二义性文法。num+num * num 新的语法树如图 4-10 所示。

Exp→Exp+Term

Exp→Exp−Term

Exp→Term

Term→Term * Factor

Term→Term/Factor

Term→Factor

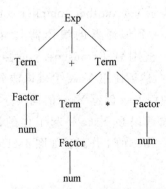

图 4-10 消除二义性后的语法树

Factor→（Exp）

Factor→ num

如果一个文法中的非终结符 A 使得对于某个串 α 存在一个推导 $A \overset{+}{\Rightarrow} A\alpha$，那么这个文法是左递归的。自顶向下的方法不能处理左递归文法，需要消除左递归文法。若 A 的产生式有 $A \rightarrow A\alpha\,|\,\beta$ 形式，可以替换成非左递归的产生式 $A \rightarrow A'$，$A' \rightarrow \alpha A'\,|\,\varepsilon$。

自顶向下的语法分析可以看做从输入串构造语法树的过程，它从语法分析树的根部按照先序和深度优先的顺序创建这个语法树的各个节点。可以看成寻找输入串的最左推导的过程。每一步分析的关键是对一个非终结符选择合适的产生式，常用的方法有递归下降的语法分析方法和预测分析技术。递归分析器有时需要回溯来找到合适的产生式。预测分析器不需要回溯就可以找到正确的产生式，它向前看 k 个输入符号，这种文法称为 LL(k) 文法，常见的有 LL(1) 文法，即每一步需要向前看一个输入来决定语法分析器的动作。

自底向上的语法分析过程也对应一个输入串构造语法树的过程，它从叶子节点开始逐渐向上抵达根节点。可以将其分析过程看成一个串 w 归约为文法开始符的过程。在归约的步骤中，一个与某个产生式产生体匹配的字串被替换成产生式的头部非终结符，归约的关键是何时进行归约以及应用哪个产生式进行归约。例如，表达式 num＋num ＊ num 归约过程为

num＋num ＊ num,Factor＋num ＊ num,Term＋num ＊ num,Term＋Factor ＊ num,Term＋Term ＊ num,Term＋Term ＊ Factor,Term＋Term,Exp

这实际上相当于最右推导的逆过程。对输入进行从左到右扫描，扫描过程中进行自底向上的语法分析，就反向构造出一个最右推导。自底向上语法分析的一个形式为移入归约语法分析。它使用一个栈来保存文法符号，用一个输入缓冲区来存放要进行语法分析的余下符号，有移入、归约、接受和报错 4 个动作。目前流行的自底向上的分析都基于 LR(k) 语法分析。L 指对输入从左到右扫描，R 指反向构造出一个最右推导，与 LL 文法类似，k 也指向前看 k 个输入符号，其中 k 为 0 和 1 最有意义，LR 方法有简单 LR、SLR 与 LALR 等更加复杂的方法。

Yacc 是 LALR 语法分析生成工具，它表示 yet another compiler-compiler，即"有一个编译器的编译器"。首先按照 Yacc 规则编写 translate. y 的翻译器规则文件，然后使用 Yacc 生成语法分析器，可以使用 Lex 创建 Yacc 的词法分析器，Lex 生成可以和 Yacc 一起工作的词法分析器。Yacc 的工作过程如图 4-11 所示。

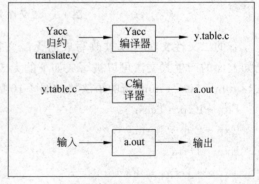

图 4-11　Yacc 的工作过程

4.2.3 语法制导翻译

目前,将高级语言程序按其语义进行语义翻译尚无有效的形式化系统。因此,目前最流行的也是最实用的方法是采用语法制导的语义翻译(Syntax-Directed Definition,SDD)。语法制导翻译的模式实际上是对前后文无关文法的一种扩充,即对文法的每个产生式都附加一个(或多个)语义动作或语义子程序,且在语法分析过程中,每当需要使用一个产生式进行推导或归约时,语法分析程序除执行相应的语法分析动作外,还要执行相应的语义动作或调用相应的语义子程序。

SDD 是一个上下文无关文法、属性及规则的结合。SDD 首先进行语义分析和正确性检查,若正确,则翻译成中间代码或目标代码。在 SSD 中,属性和文法的符号相关联,规则和产生式相关联。例如 X 为一个符号,a 是 X 的属性,那么 X.a 表示分析树上节点的值。属性可以为数字、类型、引用等。一般来说终结符的属性是其内在性质,有些属性从其他符号中获取,例如标识符的属性从类型定义中获取。对于非终结符,它的属性均从其他符号经计算或者属性定义获得。由此可见,各个文法符号之间存在某种相互依赖关系,即属性规则。

可以在语法树上对各个节点进行属性求解,将一个显示了各个节点属性值的语法树称为注释语法分析树(annotated parse tree)。例如,3+4*5 的语法树如图 4-12 所示。

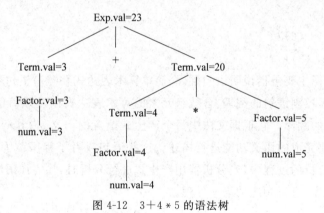

图 4-12　3+4*5 的语法树

对语法树中各个节点的属性求值顺序可以使用依赖图(dependency graph)工具。依赖图是一个有向图,它描述了语法分析树中属性实例之间的信息流。从一个实例到另一个实例的边表示计算第二个实例时需要第一个实例的属性值。如产生式 $E \rightarrow E_1 + T$,它的语义规则为 $E.val = E_1.val + T.val$,如图 4-13 所示。

依赖图刻画了对一棵语法树的节点属性求值的顺序,如果有一条从 M 到 N 的边,则要先对 M 的属性求值,然后才对 N 的属性求值。那么所有的可能顺序排列为 $N_1, N_2, N_3, \cdots, N_k$,如果有 N_i

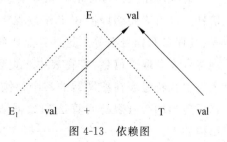

图 4-13　依赖图

到 N_j 的边,$i < j$。这个有向图变成了一个线性的排序,称为拓扑排序(topological sort)。

编译器使用的中间代码有很多种形式,常见的有后缀式、三地址代码(包括三元式、四元式和间接三元式)和图表示法(包括抽象语法树和 DAG,即无循环有向图)等,其中最常用的是三地址代码。

后缀式又称逆波兰表示法,是由波兰逻辑学家 J. Lukasiewicz 于 1929 年提出的一种表示方法。该方法把操作数写在前面,运算符写在后面,如 a+b 的后缀表示为 ab+,a*b 的后缀式为 ab*,a+b*c 的后缀式为 abc*+。后缀表示中各个运算是按照执行顺序执行的,因此它很容易实现。

三地址代码最多包含 3 个地址,其中两个用来表示操作数,一个用来存放计算结果,一般形式为 result:=arg1 op arg2 或者(序号)(op,arg1,arg2,result)。上面的表达实际上也为四元式,三地址码代码和四元式是等价的表达。这种表达是更接近目标代码的中间形式,且便于优化处理,因此在目前的许多编译程序中广泛应用。

为了减少临时变量带来的空间开销,可以采用三元式结构作为中间代码,其形式为(序号)(op,arg1,arg2),其中 op、arg1、arg2 的含义和四元式一样,只是三元式的编号也代表了它的运算结果,三元式中的 arg 可以为标号。例如,表达式 a:=b*c+d/e 的三元式表示如下:

(1) (*, b, c)

(2) (/, d, e)

(3) (+, (1), (2))

(4) (:=, a, (3))

语法制导翻译主要包括说明语句翻译、简单算术表达式和赋值语句翻译、布尔表达式的翻译、程序流程控制语句的翻译、含数组元素的算术表达式以及赋值语句的翻译、过程说明和过程调用的翻译。它根据文法中每个产生式蕴含的语义,为其配置若干个语句或者子程序,对所要完成的语义功能进行描述。这些语句或者子程序称为语义子程序或语义动作,在语法分析的过程中,当分析器用产生式进行分析时,除完成语法分析外,还要为其配备语义子程序,进行相应的语义处理。

4.2.4 符号表

编译器在工作过程中需要收集、记录和使用源程序中语法符号的类型、特性等相关信息。这就需要编译器在工作过程中建立并维持一些信息表,包括变量名表、数组名表、过程名和标号表等。这些信息表统称为符号表。编译过程中遇到一个名字就要查询符号表获取其信息,若在表中未查到,则该名字为新的名字,并将新的名字和信息填入表中。符号表在编译器的整个工作过程中都会频繁地被访问。合理地组织符号表,选择适当的符号表访问算法和数据结构是提高编译器工作效率的有效方法。符号的结构如下:

	名称	信息
第 1 项		
第 2 项		
⋮	⋮	⋮
第 n 项		

对符号表的访问操作有：①判定给定的名字是否在表中；②在表中填入一个新的名字；③查询与给定名字的相关信息；④为给定的名字更新它的信息；⑤从表中删除名字。标识符可以直接存储在信息表的名字栏，程序一般对标识符长度不限制，因此名字栏的长度必须满足源程序中最长标识符的要求，但是，这样会增加存储表的大小，浪费存储空间。还可以用间接方式存储，一个字符串单独存储标识符，用指示器指向标识符相应的表项。

符号表的构造和处理方法有线性表、二叉树和杂凑法。线性表实现最为简单，但效率低，查找速度慢。二叉树查找效率稍高，但实现略微复杂。二叉树把表中所有项按照名字值的大小顺序排列，将名字值小的放在前面，大的放在后面。二叉树查找时采用对折查找的办法，过程如下：①从表的中项 $n/2$ 项开始比较；②若比中项大则查询表的后半部分，若小则查找表的前半部分，若相等则查找结束；③对分表的查找步骤相同，递归执行步骤①和②直到找到相等值或表中不存在这项为止。线性表插入很快，但查找速度较慢。对折查找的查找速度很快，但每次插入时需要重新排序查找表。杂凑法填表和查表的速度都能高速地执行。杂凑法又称散列法(hash)，它假设有一个足够大的区域，该区域有一张含有 N 项的符号表，需要构造一个地址函数 H 将任何名字 name 映射到 $0 \sim N-1$ 之间的位置，无论查表还是填表都通过函数 H 计算其合适的位置。杂凑法可能存在地址冲突，两个 name 经 H 函数映射到同一地址，可以添加单独冲突 name 项，或者将冲突项的符号名连成一串，通过间接方式查找，符号表添加一项链接栏，将所有相同散列值的符号名组成一个链。图 4-14 为 3 种符号表的形式，其中杂凑表中 name1、name2 和 name3 的杂凑值相同。

编译程序必须准确实现源程序中的各种抽象概念，包括名字、作用域、数据类型、过程、参数等概念，还要支持源程序与操作系统和其他的软件系统协作工作，为此编译器必须创建和管理一个运行时环境(run time environment)，编译器编译得到的目标程序就运行在这个环境内。

运行时环境处理的事务很多，主要包括存储组织和为源程序中命名的对象分配和安排存储位置，确定目标程序访问变量时使用的机制，过程的连接，参数传递机制以及和操作系统、输入输出设备以及其他程序的接口。

系统为正在运行的目标程序分配一块存储空间，存储空间分为以下 4 个区：目标程序区，用来存放生成的目标程序；静态数据区，用来存放编译程序本身就可以确定所占的存储空间大小的数据，数据包括全局变量和静态变量；运行时栈区，存放目标程序运行时才能确定分配的存储空间数据，它用于分配后进先出(Last In First Out，LIFO)的数据；堆区，用于非 LIFO 数据的存储空间动态分配。堆和栈占用内存空间大小是随着目标程

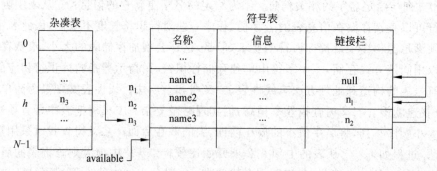

	线性符号表			改造后的线性符号表	
项数	名称	信息		名称	信息
1	xyz	…		abc	…
2	k	…		k	…
3	abc	…		sp	…
4	sp	…		xyz	…
available →					

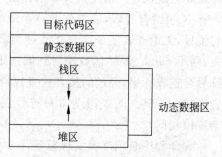

图 4-14　3 种符号表

序代码的运行而改变的,因此可以使它们的增长方向相对,图 4-15 为运行时存储空间划分。

　　将源程序的子程序称为过程(procedure)。过程主要包含过程标识符和过程体,标识符就是过程名,可以通过过程名调用来执行过程;过程名中定义的标识符称为形式参数(形参),而过程调用中的标识符和常数称为实在参数(实参)。表达式也可以作为实参:例如过程定义 procedure function1(int n,int m,float ss)中的三个变量 n、m、ss 为形参;过程调用 function1(1,p,a＋b)中 1、p 和 a＋b 为实参。过程的调用也称为过程活动。

```
目标代码区
静态数据区
栈区
   ↓
   ↑
堆区
```

动态数据区

图 4-15　运行时存储空间划分

　　过程调用和过程返回的信息管理通常由一个称为控制栈的运行时栈来进行管理,每个活跃的活动都有一个位于控制栈中的活动记录(activation record),也称为帧(frame)。活动树的根位于栈底,当前程序控制的活动位于栈顶。运行时栈通常采用以过程为单位的动态分配存储方式,当一个过程被调用时就将其活动记录压入栈顶,当程序控制返回调用程序时就从栈顶弹出相应的活动记录。

　　活动记录中主要包括以下内容:临时变量域,用于存放目标程序的临时变量的值;局部数据域,用于存放过程本次执行的局部变量等;机器状态域,用于保存对此过程的调用之前的机器状态信息,这些信息主要包含一些寄存器的值和返回地址(程序计数器的内容)等,被调用过程返回时恢复这些内容;访问链,当被调用的程序需要其他地方的某个数据时需要使用这个访问链来进行定位;控制链,指向被调用者的活动记录;返回值,当被调用的函数有返回值时,返回值将存放在这个空间里;实参,为了提高过程的执行效率,调用过程中使用到的实参将尽可能放在寄存器而非记录中,但预留此空间来存放实参可以使记录表具有更好的通用性。图 4-16 为活动记录。

实在参数
返回值
控制链
访问链
机器状态
局部数据
临时变量

图 4-16 活动记录

图 4-16 表明了运行时的存储区域组织,各个区域使用了不同的存储分配策略,包括静态分配、栈式分配和堆式分配,其中栈式和堆式也分别称栈式动态分配和堆式动态分配。

静态分配管理最为简单,在编译阶段如果可以确定源程序中的各个数据实体的存储空间大小,就可以采用这种管理方法。

对于可以递归调用的程序设计语言,无法使用静态存储的方法,可以使用栈式分配来解决这个问题。运行时,就将其活动记录压入栈中,从而形成过程工作时的数据区,过程结束时再将其从活动记录栈顶弹出。

对于像 C++ 和 Java 这样允许动态申请和释放数据空间,且申请和释放的操作没有时间和顺序要求的程序设计语言,需要更为灵活和有效的动态数据分配,即堆式存储分配来完成上述工作。堆是一个适当大小的存储空间,当过程申请空间时,就按某种原则找到适当的位置分配给过程。释放操作就是将不需要的空间归还给堆的自由区。

堆的存储空间可以划分成若干组存储块,每组存储块的大小相等,大的存储块数量少,而小的存储块数量多一些。将存储块分为被占用的块和未被占用的自由块。当程序申请大小为 n 的存储空间时可以按如下的策略进行:

(1) 从 Free 指向的首节点开始查找第一个大小为 m(满足 $m>n$)的自由块并将 n 分给用户,同时生成一个 $m-n$ 大小的块放在自由链中。

(2) 在链中找出一个长度满足需求的最大块分配给用户,步骤同(1)。

(3) 在链中找出一个满足条件且大小最接近 n 的自由块给 n。

(4) 若链中所有的 m 均不满足条件,但自由块的总大小满足条件,可以将自由块移动重组来满足用户需求,重组需要很长时间且需要对各个部分进行修改,工作非常复杂和困难。

(5) 当堆中的自由块的总大小不满足时,则可以申请失败或者采用更为复杂的方法来解决。

4.3 目标代码生成

4.3.1 代码生成

代码生成是编译程序的最后一个步骤,其任务是将编译器前端生成的中间表示和相关符号表的信息作为输入，产生语义等价的目标程序。代码生成和计算机硬件紧密相关，目标代码必须有效利用目标机器上的可用资源才能生成高质量的目标程序，目标程序的质量通过执行速度和大小来衡量，通常在代码生成之前进行一个中间代码优化来提高质量。

代码生成程序的输出可以有具有绝对地址的机器语言程序、可浮动的机器语言程序和汇编语言形式程序三种形式。第一种形式的目标代码在存储空间的位置固定，可以直接在目标机器上运行，但不能完成源程序的程序块编译。一次编译所有源程序和源程序调用的子程序。第二种形式的目标程序可以在存储空间浮动，各个模块中包含一些链接信息，灵活性较高，可以进行部分编译，目标代码需要进行连接才可以运行。第三种形式相对于前两个实现简单，但编译完成后需要一个额外的汇编目标程序的阶段。

代码生成器主要完成三个任务：指令选择、寄存器分配与指派以及指令排序。指令选择用来解决选择适当的目标机器指令来实现中间代码的问题。寄存器分配与指派解决将哪个值放在哪个寄存器的问题。指令排序则解决按照什么顺序来安排指令的执行问题。

代码生成器依赖于目标机器的指令集体系结构，常见的体系结构有 RISC（精简指令集计算机）和 CISC（复杂指令集计算机）。RISC 通常有很多的寄存器，指令结构多为三地址指令，指令长度固定，存储器寻址方式少且相对简单。CISC 通常具有很少的寄存器，但寄存器类型多，指令格式多为两地址，指令长度可变，有多种寻址方式，还含有部分具有副作用的指令。

寄存器的操作速度比内存访问速度要快很多，运算对象尽可能选择寄存器，可使目标代码的执行速度更快。因此对寄存器的使用需高度重视，一方面变量的现行值尽可能放在寄存器中，另一方面，要把不活跃的变量占用的寄存器尽早释放，以便更为有效地使用寄存器。可以从全局来考虑寄存器分配，如果活跃变量被频繁使用、加载和写回，就势必大大降低代码执行速度，因此可以将频繁使用的活跃变量指定到一些固定的寄存器中。一般程序的大部分执行时间都花在循环上，可以将循环中的活跃变量指定到相应的寄存器，而将剩余的部分寄存器用于存放局部变量的值。

程序的计算执行顺序也会影响目标代码的执行效率，相比于其他的计算顺序，某些计算顺序对用于存放中间结果的寄存器需求更少，但一般找到最好的顺序难度很大。

4.3.2　代码优化

优化是指对程序进行各种等价变换，使得变换后的程序能生成更为有效的目标代码。优化的目的是使目标代码占用的存储空间更小、运行时间更短以及更合理地使用目标计算机的资源。优化可以在编译的各个阶段进行，主要包括目标代码生成前对中间代码优化和目标代码生成时所作的优化两种，前者与机器无关，后者与目标机器密切相关。

代码优化有多种方法，程序员可以选择适当的算法和数据结构、合适的语句从源程序级别提高程序的效率。语义分析阶段可以改进翻译方法以生成更为有效的中间代码，如可以将中间代码划分成基本块，然后使用局部方法对基本块内部进行优化，同时也可使用基于数据流的全局优化方法,根据基本块之间的关系进行优化。最后在代码生成时,选择合理的寄存器与指令,安排合理的指令顺序,采用窥孔等优化手段对代码进一步优化。

随着现代计算机的发展,优化的重要性和复杂性显著提高。计算机体系结构和计算机硬件的发展给了编译器更多的优化机会;另一方面,诸如多处理器、超长指令字和超标量流水线等架构需要优化来提高性能。优化是为了产生更有效的代码,需要遵循等价、有效和低成本三个原则,即优化前后的代码含义一致,优化必须能提高程序性能,优化的代价不能太大。

基本块是指一段连续的顺序执行的语句序列,它拥有唯一的入口和唯一的出口,入口为块的首个语句,出口为块的最后一个语句。块的执行从首语句开始一直执行到尾语句结束,不出现任何分支。可以根据一定规则将中间表达序列划分成各个独立的基本块,然后通过构造有向无回路图(Directed Acyclic Graph,DAG)的方式来描述程序的控制流信息,这个图称为流图。如图 4-17 所示。

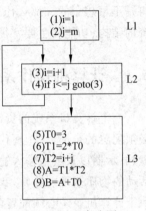

图 4-17　程序流图

划定了基本块之后,就可以以基本块为单位来进行各种局部优化,局部优化的技术主要包括删除公共子表达式,删除无用代码和无用变量,常数合并和常数传播,临时量改名,语句变换位置以及代数表达式变换等各种技术。

循环的执行耗时较长,循环优化是提高程序运行效率的主要途径之一。循环具有两个必要的性质:具有唯一的入口节点和形成回到入口节点的路径。对循环可以采用代码外提、强度削弱和删除递归变量等优化技术。

代码外提就是将循环中的不变运算提出到循环外。强度削弱是指把程序中执行时间较长的运算替换成较短的运算,例如将循环中的乘法用加法或者移位替换。循环变量是指在循环中它们的值随着循环重复执行按算术序列规律变化,如 $I=I+S$。而另一个变量 J 为 $I*K+S1$ 的形式,即 I 和 J 之间保持着某种同步变化的关系,I 和 J 称为同族归纳变量。

习题

1. 查找资料,举例说明编译执行和解释执行的区别。

2. 解释图 4-2 所示的编译过程。

3. 如何评价目标代码的质量?

4. 描述符号表的构造访问算法。

5. 结合第 3 章中的体系结构部分,分析编译和硬件体系结构的关系并举例说明。

6. 什么是 NFA?什么是 DFA?两者有何异同?

7. 编写一段完整的 C 代码,结合本章内容,分析编译器在编译这段代码过程中都有哪些基本步骤和每个步骤输出结果是什么?

第5章 操 作 系 统

计算机科学技术发展到今天,从个人计算机到巨型计算机乃至超级计算机,无一例外地都配置了一种或多种操作系统。如果要让用户去使用一台没有操作系统的计算机,那将是不可想象的。那么什么是操作系统呢?操作系统在计算机系统中的地位以及操作系统的结构、功能和主要特征将在本章进行介绍。

5.1 计算机操作系统概述

一个计算机系统的资源分为硬件资源和软件资源。系统硬件是指构成计算机系统所必须配置的全部设备,现代计算机系统一般都包含处理器、内存、磁盘、网络接口、鼠标、键盘、显示器以及其他输入输出设备。计算机系统硬件构成了计算机本身和用户作业赖以活动的物质基础。通常,我们把计算机系统中所配置的硬件称为硬件资源。系统软件是一个计算机系统必须配置的程序和数据的集合,例如操作系统、语言处理程序(汇编程序、编译程序等)、编辑程序以及系统维护程序等,这些都可称为系统软件,但最重要、最基本的系统软件便是本章所要讲述的内容——操作系统。

5.1.1 操作系统的定义、功能以及基本特征

操作系统(Operating System,OS)介于用户与裸机(没有配置软件的计算机)之间,是管理计算机硬件与软件资源的计算机程序,是方便用户、管理和控制计算机软硬件资源的系统软件(或程序集合),同时也是计算机系统的内核与基石。

本章从操作系统在计算机系统中所扮的角色开始讨论。计算机系统中的硬件和软件以及软件的各部分之间是一种层次结构的关系,如图 5-1 所示。硬件在最底层,它的上层是操作系统,经过操作系统提供的资源管理功能和方便用户使用的各种功能,把裸机改造成能力更强、使用更方便的机器(通常称为虚拟机或扩展机)。而各种实用程序和应用程序在操作系统之上,这些程序都以操作系统为支撑,并向用户提供完成工作所需的各种服务。操作系统是裸机上的第一层软件,是对硬件功能的首次扩充。引入操作系统的目的是:提供一个计算机与用户之间的接口,使计算机系统更易于使用;有效地控制和管理计算机系统中的各种硬件和软件资源,使之得到更有效的利用;合理地组织计算机系统的工

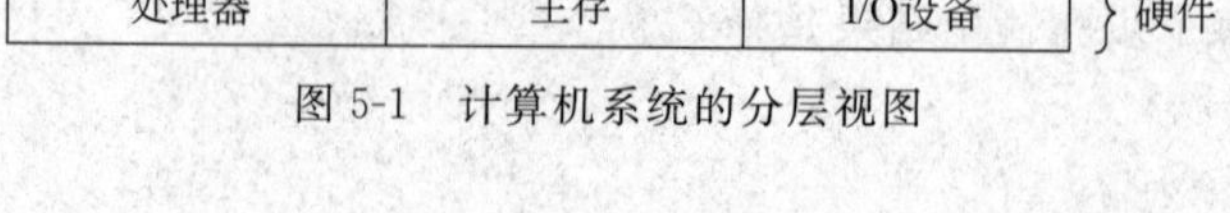

应用程序			软件
操作系统			
处理器	主存	I/O设备	硬件

图 5-1 计算机系统的分层视图

作流程,有效改善系统性能。

为了更加全面地理解操作系统所担当的角色,本章将会从以下几个视角进行探索,这些视角本身并不相互矛盾,只是站在不同角度对操作系统进行分析的结果,每一种视角都有助于我们理解、分析和设计操作系统。

(1)用户视角。计算机的用户观点因所使用接口的不同而异。在有些情况下,系统设计是为了让单个用户单独使用其资源,其目的是为了使用户更好地进行单人工作,操作系统的设计目的是为了用户使用方便,性能是次要的。而在另外一些情况下,比如用户使用的是大型机或者其终端,操作系统的设计目的就是使资源利用最大化,确保所有资源都能够被充分使用,同时保证系统的稳定性。此外,大家更加容易接触到的搭载在智能手机以及个人平板电脑上的操作系统,比如 Android、iOS 等,则追求的是用户体验和整体的能耗可控。另一方面站在用户角度也可以采用虚拟机的观点,这个观点也被称为机器扩充的观点,则认为操作系统为用户使用计算机提供了许多服务功能和良好工作的环境。用户无须直接使用裸机,而是通过操作系统来控制和使用计算机。计算机从而被扩充为功能更强、使用更加方便的虚拟计算机。在这个视角下,计算机将会按照功能划分为若干个层次,每一层次实现特定的功能,同时每一层均可以为上一层提供服务支持,通过逐层的功能扩充,最终构成操作系统虚拟机,并为用户提供全套的服务。

(2)系统视角。从计算机的角度来看,操作系统是计算机系统的资源管理程序,是所有资源的管理者。在计算机系统中有两类资源:硬件资源和软件资源,按其具体作用又可分为四大类资源:处理器、存储器、外设和信息(程序和数据)。这四类资源构成了操作系统本身和用户作业赖以活动的物质基础和工作环境。它们的使用方法和管理策略决定了整个操作系统的规模、类型、功能和实现。对应于上述四类资源,可以把操作系统划分成处理器管理、存储器管理、设备管理、信息管理(即常说的文件系统),并分别对它们进行研究。由此,从系统的视角来看,资源管理的观点将会成为贯穿操作系统的主线。

1. 操作系统的功能

虽然站在不同角度上理解和分析操作系统,会得出很多不同的结论,但从这些定义中可以发现操作系统为我们提供了很多功能,包括对系统中软硬件资源的管理,对计算机的工作流程进行控制,为用户提供一个良好的工作环境和友好的使用界面。操作系统为我们提供的基本功能分类如下:

1)处理器管理

处理器管理的主要任务是对处理器的分配和运行实施有效的管理。在多道程序环境下,处理器的分配和运行是以进程为基本单位的,因此处理器管理可以归结为进程的管理,进程管理应该实现以下功能:

(1)进程控制。负责进程的创建、撤销以及状态转换。

(2)进程同步。对并发执行的进程进行协调。

(3)进程通信。负责完成进程之间的信息交换。

(4)进程调度。按照一定算法进行处理器的合理分配。

2）存储器管理

存储器管理的主要任务是对内存进行分配、保护和扩充。具体说明如下：

（1）内存分配。按照一定的策略为每道程序分配内存。

（2）内存保护。保证各程序在自己的内存区域运行而不相互干扰。

（3）内存扩充。为允许大型作业或者多作业的运行，必须借助虚拟存储技术获得增加内存的效果。

3）设备管理

计算机外设的管理是操作系统中最庞杂、琐碎的部分，该部分的主要任务是对计算机系统内的所有设备实施有效管理。设备管理应该具有以下功能：

（1）设备分配。根据一定的原则对设备进行分配，为了使设备与主机并行工作，往往还需要采用缓冲技术和虚拟技术。

（2）设备传输控制。实现物理的输入输出操作，即启动设备、中断处理、结束中断处理等。

（3）设备独立性。即保证用户程序中使用的设备与实际使用的物理设备无关。

4）文件管理

操作系统中负责信息管理的部分称为文件系统，文件管理的主要任务就是有效地支持文件的存储、检索和修改等操作，解决文件的共享、保密和保护问题。文件管理应该实现以下功能：

（1）文件存储空间管理。该功能负责对文件存储空间进行管理，包括存储空间的分配和回收。

（2）目录管理。目录是为了方便文件管理而设置的数据结构，它能够提供文件按名存取的功能。

（3）文件操作管理。该功能主要实现文件的基本操作，负责完成数据的读写。

（4）文件保护。提供文件保护功能，比如读写保护等，可以防止文件遭到破坏。

5）用户接口

为方便用户使用操作系统，操作系统还提供了用户接口，通常有如下三种接口可供用户使用：

（1）操作接口。该接口也常常称为命令接口，它通过提供一组命令供用户直接或间接控制自己的作业，比如常见的DOS命令接口。

（2）程序接口。该接口由很多系统调用构成，是程序级的接口，由系统提供一组系统调用命令供用户程序和其他系统程序调用。

（3）图形接口。这种接口也是非专业人士日常接触最多的接口，近年来出现的图形接口如Windows、MAC OS等都是命令接口的图形化，所以也可以把图形接口归为操作接口。

上述这些功能对于初学者而言或许还很抽象，而且对很多概念还不是很了解，本章后面的内容将会以hello程序为线索详细讲解，在学习的过程中可以回过来重新理解这些功能的具体内涵。

2. 操作系统的基本特征

操作系统既可以从虚拟机的角度理解，也可以从资源管理者的角度分析，操作系统为用户提供了非常丰富的功能。这些功能会依操作系统的具体应用场景而略有不同，而与之对应的，操作系统也体现出了不尽相同的特征。一般而言，操作系统具有以下 4 个最为基本的特征。

1) 共享性

资源共享具体是指系统中的硬件和软件资源不再为某个程序所独占，而是供多个用户共同使用。根据自愿性质的不同，又可将资源共享方式具体划分为以下两种：

(1) 互斥共享。指系统中可供共享的某些资源，如打印机、某些变量等在一段时间内仅能被一个作业单独使用的资源，只有被当前作业释放后，才能被其他作业使用。

(2) 同时访问。指系统中可被共享的另一类资源，如磁盘、某些可重入代码等，可供多个作业同时访问。当然这种"同时"也仅仅指宏观上的"同时"，微观上在某一很小的时间间隔内，多个作业实际上是交替访问该资源，但作业访问资源的顺序将不会影响多个作业的访问结果。

2) 并发性

在这里首先要区分两个概念，即并发性和并行性。这两个概念既相似又有区别，并行性是指两个或多个事件在某一时刻发生，而并发性是指两个或多个事件在某一时间段内发生。在多道程序环境下，并发性是指宏观上在一段时间内有多道程序在同时运行，但在单处理器系统中，处理器只允许某一时刻仅有一道程序在执行，故而从微观来看这些程序实际上是并发执行的。程序的并发执行能有效改善系统的资源利用率，但会使系统复杂化，因此操作系统必须具有控制和管理各种并发活动的能力。

并发性和共享性是操作系统两个最基本的特征，二者互为存在条件。一方面，资源的共享是以程序的并发执行为条件的，若系统不允许程序的并发执行，自然不存在资源共享访问问题；另一方面，若系统不能对资源共享实施有效的管理，也将影响到程序的并发执行，甚至根本无法并发执行。

3) 虚拟性

在操作系统中，虚拟是指把一个物理上的实体变为若干个逻辑上的对应物，前者是实际存在的，而后者是虚拟的，只是用户感觉存在。比如在操作系统中引入多道程序设计技术后，虽然只有一个 CPU，每次也仅能执行一道程序，但通过分时使用，在一段时间间隔内，从宏观上这台处理器能同时运行多道程序，这将使得用户感觉每道程序都有一个 CPU 为其服务，即多道程序设计技术使得一个物理上的 CPU 虚拟为多个逻辑上的 CPU。

4) 异步性

在多道程序环境中，由于资源等因素的限制，程序实际上在不断被切换调度的过程中以"走走停停"的方式运行。系统中的每道程序何时执行、多道程序间的执行顺序以及完成每道程序所需要的时间都是不确定的，因而也是不可预知的，即常说的异步性。

5.1.2　操作系统的分类

对于操作系统可以有各种不同的分类方法,在这里以计算机技术的具体发展过程为依据进行分类,在介绍经典的操作系统和其用到的关键技术的同时,也会向大家介绍计算机技术不断革新的背景下出现的一些新型操作系统。

在计算机技术发展的早期,操作系统非常注重对当时相当昂贵的计算资源进行高效的管理和利用。在实现这个最基本的目标的过程中,研发人员结合具体的应用背景,开发出了批处理操作系统、分时操作系统、实时操作系统,并在实际设计过程中提出了很多有价值的方案。下面对这三种操作系统进行讲解。

1. 批处理操作系统

批处理操作系统是由单用户操作系统发展而来的。单用户操作系统的基本特征是在一台处理机上只支持一个用户程序的运行,系统的全部资源都提供给该用户使用,用户对系统有绝对的控制权,它是针对一个处理机、一个用户设计的操作系统。

而批处理系统的基本特征是"批量",它把提升系统的处理能力,即提升作业的吞吐量作为主要目标,同时也兼顾作业的周转时间。批处理系统可分为单道批处理系统和多道批处理系统两种。单道批处理系统比较简单,类似于单用户操作系统。

如图5-2所示,在多道批处理系统中,用户要上机操作,事先必须准备好自己的作业,包括程序、数据和说明作业如何运行的作业说明书,然后将作业提交给计算中心。计算中心的操作员并不立即输入作业,而是等到一定时间或者作业达到一定数量之后才进行成批输入,得到的作业结果也会成批输出。在作业执行过程中,用户不介入。实现批处理的主要输入输出手段是SPOOLing(Simultaneous Peripheral Operation On Line,假脱机)技术,该技术是低速输入输出设备与主机交换的一种技术,能够有效提高设备利用率和系统的效率。

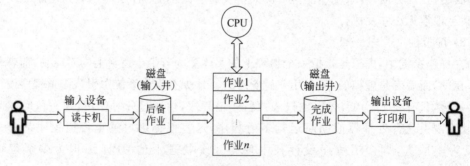

图5-2　批处理系统工作流程

在批处理系统中,从作业的提交到作业的完成大体上分为以下4个阶段:

(1)用户准备好作业,然后提交给系统,称此阶段为作业的提交。

(2)一批作业提交后,系统将它们放到磁盘上某一盘区(称为输入井),并等待执行,称此阶段为作业的后备或称作业的收容。

（3）系统从磁盘上的输入井中挑选作业并将它们装入内存，然后使它们在处理机上执行，称此阶段为作业的执行。

（4）作业执行结束后，系统收回资源，输出作业执行结果，这一阶段称为作业的完成。一个作业结束后，系统根据当前资源的使用情况以及处于后备阶段的作业特点，新选择一个或几个作业装入主存并使其在处理机上执行。

一个作业从进入系统到退出系统所经历的状态及其转换过程如图 5-2 所示。在状态转换中使用到了如下的系统程序：SPOOLing 程序、作业调度程序、进程调度程序以及监控程序。

2. 分时操作系统

在批处理系统中，用户以假脱机操作方式使用计算机，用户在提交作业以后就完全脱离了自己的作业，作业运行过程中，不管出现什么情况都不能加以干预，只有等待该批处理的作业处理结束，用户才能得到最终的计算结果，根据计算结果再做下一步处理，若作业运行出错，还要重复上述过程。这种操作方式对用户而言是极不方便的，人们希望能以联机方式使用计算机，这种需求最终导致了分时操作系统（time sharing system）的产生。

分时系统与多道批处理系统之间有着截然不同的性能差别，它能很好地将一台计算机提供给多个用户同时使用，提高计算机的利用率。

分时操作系统的基本工作方式是：一台主机连接了若干个终端，每个终端有一个用户在使用，如图 5-3 所示。用户交互式地向系统提出命令请求，系统接受每个用户的命令，采用时间片轮转方式处理服务请求，并通过交互方式在终端上向用户显示结果，这样用户便可以根据上一步结果发出下一道命令，直至用户完成所有的工作。分时操作系统将 CPU 的时间划分成若干个片段，称为时间片。操作系统以时间片为单位，轮流为每个终端用户服务。若某个作业在分配给它的时间片内不能完成其计算，则该作业暂时停止运行，把处理器交给另一个作业使用，等到下一轮时继续运行，由于计算机运行速度非常快，这样每个用户并不感到有别的用户存在，好像自己独占了一台计算机一样。

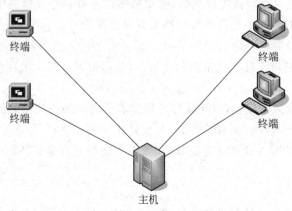

图 5-3　分时系统的工作方式

分时系统具有多路性、交互性、"独占"性和及时性的特征。多路性指同时有多个用户使用一台计算机,宏观上看是多个人同时使用一个 CPU,微观上是多个人在不同时刻轮流使用 CPU。交互性是指用户根据系统响应结果进一步提出新请求(用户直接干预每一步)。"独占"性是指用户感觉不到计算机为其他人服务,就像整个系统为他所独占一样。及时性指系统对用户提出的请求及时响应。

3. 实时操作系统

实时操作系统(Real Time Operating System,RTOS)是操作系统的又一种类型,实时系统中的"实时"主要指系统能够在接收外部的输入信息后及时响应外部事件的请求,并在规定的时间内完成对该事件的最终处理,同时控制所有的实时任务协调一致地运行。由此不难发现,实时操作系统要追求的主要目标是能够对外部请求在严格时间范围内做出反应。实时系统按照其应用不同又可具体分为如下两种类型:

(1) 实时控制系统。通常是指以计算机为中心的生产过程控制系统,又称为计算机控制系统。比如钢铁冶炼和钢材成型的自动控制,飞机、导弹飞行过程的自动控制等。在这类系统中,要求实时采集现场数据,并对它们进行及时处理,进而自动控制相应的执行机构,完成整个运行过程。

(2) 实时处理系统。计算机及时接收从远端发来的服务请求,根据用户提出的问题对信息进行检索和处理,并在很短的时间内对用户作出正确响应,比如机票订购系统、信息检索系统等,这些都属于实时信息处理系统。

实时操作系统种类繁多并且用途各异。实时系统是很少需要人工干预的监督和控制系统,具有高可靠性和完整性特征。另外实时操作系统也是典型的事件驱动设计实例。

4. 嵌入式实时操作系统

嵌入式实时操作系统(Embedded RTOS)是运行在嵌入式系统环境中,对整个嵌入式系统以及它所操作和控制的各种部件装置等资源进行统一协调、调度和控制的软件系统。嵌入式系统的核心是嵌入式微处理器,嵌入式微处理器一般具备以下 4 个特点:

(1) 对实时任务有很强的支持能力,能支持多任务并且有较短的中断响应时间,从而使内部的代码和实时内核心的执行时间减少到最低限度。

(2) 具有功能很强的存储区保护功能。这是由于嵌入式系统的软件结构已模块化,而为了避免在软件模块之间出现错误的交叉作用,需要设计强大的存储区保护功能,同时也有利于软件诊断。

(3) 可扩展的处理器结构,以快速地开发出满足应用的最高性能的嵌入式微处理器。

(4) 嵌入式微处理器必须功耗很低,尤其是用于便携式的无线及移动的计算和通信设备中靠电池供电的嵌入式系统更是如此,如需要功耗只有毫瓦甚至微瓦级。

5. 网络操作系统

网络操作系统是通过通信设施将物理上分散的、具有自治功能的多个计算机系统互联起来,实现信息交换、资源共享、互操作和协作处理的系统。网络操作系统是建立在独立的操作系统之上,为网络用户提供使用网络系统资源的桥梁。在多个用户争用系统资源时,网络操作系统进行资源调度管理,它依靠各个独立的计算机操作系统对所属资源进行管理,协调和管理网络用户进程或程序与联机操作系统进行交互。

网络操作系统除了具备单机操作系统所需的功能外,还应有下列功能:

(1) 提供高效可靠的网络通信能力。

(2) 提供多项网络服务功能,如远程管理、文件传输、电子邮件、远程打印等。

6. 分布式操作系统

分布式操作系统(distributed operating system)是支持分布式处理的软件系统,是在由通信网络互联的多处理机体系结构上执行任务的系统。它包括分布式操作系统、分布式程序设计语言及其编译系统、分布式文件系统和分布式数据库系统等。其中分布式操作系统负责管理分布式处理系统资源和控制分布式程序运行。它和集中式操作系统的区别在于资源管理、进程通信和系统结构等方面。

分布式计算机系统是由多台分散的计算机,经互联网络的联接而形成的系统,系统的处理和控制功能分布在各个计算机上。分布式系统以网络系统为其硬件环境,但与网络系统不同。分布式计算机系统又简称为分布式系统。随着高性能和低价格的微型计算机迅速发展和普及,以及人们对信息处理能力的广泛和深入的需求,分布式系统正日益被人们普遍重视和广为使用。

分布式操作系统与其他操作系统相比,主要具有统一性、共享性、透明性和自治性特征。

7. 新型操作系统

进入 21 世纪以来,随着移动互联网、云计算、大数据以及物联网等新技术的不断提出与革新,与这些技术息息相关的操作系统出现了很多新的特征。

1) 云操作系统

对于 IT 业来说,现在是全新的时代,应用程序和设备越来越多,并且数据也比以往要变得更多,一切都驱动着云计算的兴起以及云服务的使用。在这个大背景下推动了云操作系统的产生,云操作系统又称云计算中心操作系统、云计算操作系统,是云计算后台数据中心的整体管理运营系统,它是指架构于服务器、存储、网络等基础硬件资源和单机操作系统、中间件、数据库等基础软件资源之上的云平台综合管理系统。

云操作系统通常包含以下几个模块:大规模基础软硬件管理、虚拟计算管理、分布式文件系统、业务/资源调度管理、安全管理控制等。云操作系统是实现云计算的关键一步,从前端看,云计算用户能够通过网络按需获取资源,实现真正意义上的接入即用;从后台看,云计算能够实现对各类异构软硬件基础资源的兼容,更要实现资源的动态流转,完成对各类资源的合理调度。现有的云操作系统主要有 IBM PureFlex System、Microsoft Cloud Platform,国内则有华为云操作系统 Fusion Cloud 等。

2）移动智能终端操作系统

这里的移动智能终端不仅仅局限于人们常见的手机以及平板电脑，也包括了能够接入手机以及平板电脑的智能设备，比如可穿戴设备、智能家居设备、车载智能设备等。现有的移动智能终端操作系统主要有 Android、iOS、Windows Phone 和 BlackBerry OS，除此以外也有在这些基本的操作系统上研发的诸如针对可穿戴设备的 Android Wear 系统，针对汽车的 CarPlay 系统等。这些系统非常注重用户体验，并且提供了开放的应用开发接口。

基于这些开发平台进行创新已经成为当下 Geek（极客）们最热衷的话题，而且人们日常使用的各类产品均可以成为这类系统的搭载平台，因此这类系统及其衍生产品很可能成为 21 世纪信息技术产业的支柱之一。

3）传感器操作系统

随着万物互联思想的不断升级，作为物联网技术支柱的传感器网络也在日新月异地发展，搭载在各个感知节点上的操作系统也不断涌现，这类操作系统以及移动智能终端操作系统虽然也可以归入嵌入式操作系统，但作为嵌入式操作系统的新发展，这类操作系统体现出的新特点值得我们具体分析研究。传感器操作系统主要有 TinyOS 以及 Contiki。TinyOS 是一款自由和开源的基于组件（component-based）的操作系统和平台，它主要针对无线传感器网络（Wireless Sensor Network，WSN），TinyOS 是用 nesC 程序编写的嵌入式操作系统，是一系列国际合作项目的成果。Contiki 是一个小型的、开源的、极易移植的多任务操作系统，它专门设计以适用于一系列内存受限的网络系统，包括从 8 位计算机到微型控制器的嵌入式系统，Contiki 只需几千字节的代码和几百字节的内存就能提供多任务环境和内建 TCP/IP 支持。

5.1.3 用户与操作系统的接口

一台计算机往往可以有非常丰富的服务和功能，而操作系统作为用户与硬件之间的桥梁，可以通过程序接口和操作接口两种方式把相应的服务和功能提供给用户，反过来也可以说，用户可以通过这两个接口来调用操作系统提供的服务和功能。本节对 5.1.1 节中所提到的操作系统可以作为用户接口这一内容进行扩展，并分别对程序接口和操作接口两种方式进行介绍。

1. 程序接口

程序接口又称应用编程接口（Application Programming Interface，API），允许运行程序调用操作系统的服务和功能，如图 5-4 所示。程序接口由一组系统调用（system call）组成，用户程序使用"系统调用"就可获得操作系统的底层服务，使用或访问系统的各种软硬件资源。众所周知，计算机系统的各种硬件资源是有限的，在现代多任务操作系统上同时运行的多个进程都需要访问这些资源，为了更好地管理这些资源，进程是不允许直接操作资源的，所有对这些资源的访问都必须由操作系统控制。也就是说操作系统是使用这些资源的唯一入口，而这个入口就是操作系统提供的系统调用。

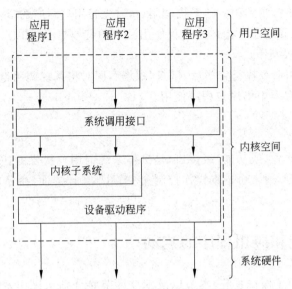

图 5-4　应用程序、内核和硬件的关系

系统调用是为了扩充机器功能、增强系统能力、方便用户使用而建立的。系统调用属于操作系统内核的一部分,必须以某种方式提供给进程让它们去调用。CPU 可以在不同的特权级别下运行,而相应的操作系统也有两种不同的运行级别:用户态和内核态。运行在内核态的进程可以毫无限制地访问各种资源,而在用户态下,对用户进程的各种操作都有着非常严格的限制,在用户态下系统调用是用户程序或其他系统程序获得特定系统服务的唯一途径。有些计算机系统中也把系统调用称为广义指令。广义指令与机器指令是不相同的,机器指令由硬件实现,而广义指令(系统调用)是由操作系统在机器指令(访管指令)基础上实现的、能完成特定功能的过程或子程序。

操作系统所具有的功能可以从它所提供的系统调用中表现出来,不同的操作系统所提供的系统调用往往各不相同。一个功能全面的操作系统通常会有几十条甚至上百条的系统调用。以 Linux 操作系统为例,它提供的主要系统调用有如下内容:

(1) 进程控制。

(2) 进程通信。

(3) 文件管理。

(4) 目录及文件系统管理。

(5) 维护信息。

(6) 时间管理。

(7) 网络通信服务。

系统调用所完成的功能和具体调用号虽然不尽相同,但用户使用系统调用的步骤以及一般的执行过程基本是相同的,具体如下:

(1) 当某一进程需要调用特定的系统服务时,将系统调用所需的参数和参数的首址发送到规定的通用寄存器,同时进程发出一条系统调用指令(比如访管指令或者软中断指令)。

（2）当系统内核检测到相应的系统调用后，首先将用户程序的"现场"进行保存，然后陷入到系统内核，在核心态下由内核进程使用独有的特权指令，如 I/O 指令、中断屏蔽指令等完成相应的受限操作。

（3）当系统调用命令执行完毕后，恢复"现场"，同时将系统调用返回的参数或参数的首址送到约定的寄存器中供用户程序使用。

2. 操作接口

操作接口又称作业（或功能）级接口，是操作系统为用户提供的控制计算机工作和使用服务的手段的集合，通常可借助操作控制命令、图形操作界面（命令）以及作业控制语言（命令）等来实现。

5.2 操作系统和应用程序的启动

5.1 节初步介绍了操作系统，本节以及 5.3 两节将分别从操作系统和应用程序的启动以及操作系统中的关键技术这两方面展开，并通过 .hello 程序进行串接，使大家更进一步了解操作系统的实现细节。.hello 程序如图 5-5 所示。

```
1   #include<stdio.h>
2   int main()
3   {
4     printf("hello world\n");
5   }
```

图 5-5   hello 程序示例

本节以 Linux 系统为例，从操作系统的启动开始讲起，介绍系统启动的一般流程，这部分内容主要用作了解，希望大家能够以新的、更细致的视角来看待操作系统启动以及相关的问题。

5.2.1 操作系统启动

操作系统启动过程是一个很复杂的过程，它有非常完善的硬件自检机制，在通电自检短暂的几秒钟里，计算机要完成 100 多个检测步骤。首先介绍两个概念。

第一个是 BIOS（基本输入输出系统），其软件界面如图 5-6 所示，BIOS 是一组被"固化"在计算机主板中，直接与硬件打交道的程序，计算机的启动过程是在主板 BIOS 的控制下进行的。BIOS 包括系统 BIOS，即常说的主板 BIOS，以及其他设备（例如 IDE 控制器、SCSI 卡或网卡等）的 BIOS。其中系统 BIOS 是本节介绍的主要内容，因为计算机的启动过程正是在它的控制下进行的。

第二个基本概念是内存的地址，计算机中一般安装有 32MB、64MB 或 128MB 内存，这些内存的每一个字节都被赋予了一个地址，以便 CPU 访问内存。32MB 的地址范围用

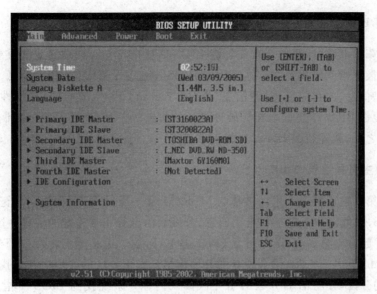

图 5-6　BIOS 图形化界面

十六进制数表示就是 0～1FFFFFFH,其中 0～FFFFFH 的低端 1MB 内存非常特殊,因为最初的 8086 处理器能够访问的内存最大只有 1MB,这 1MB 内存中的低端 640KB 称为基本内存,而 A0000H～BFFFFH 保留给显示卡的显存使用,C0000H～FFFFFH 则保留给 BIOS 使用,其中系统 BIOS 一般占用了最后的 64KB 或更多一点的空间,显卡 BIOS 一般使用 C0000H～C7FFFH,IDE 控制器的 BIOS 使用 C8000H～CBFFFH。

　　下面以 Linux 系统启动为例,逐步介绍操作系统启动的过程,其具体流程如图 5-7 所示。

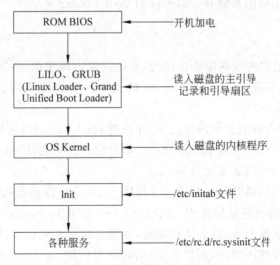

图 5-7　操作系统的启动过程

1. 加载 BIOS

打开计算机电源,计算机会首先加载 BIOS 信息,BIOS 信息是如此的重要,以至于计算机必须在最开始就要找到它。这是因为 BIOS 中包含了 CPU 的相关信息、设备启动顺序信息、硬盘信息、内存信息、时钟信息、PnP(Plug and Play,即插即用)特性等。在此之后,计算机根据 BIOS 信息读取相应硬件设备的信息。在 BIOS 将系统的控制权交给硬盘第一个扇区之后,就开始由 Linux 来控制系统了。

2. 读取主引导记录(MBR)

硬盘上第 0 磁道第一个扇区被称为 MBR(Master Boot Record,主引导记录),它的大小只有 512B,可里面却存放了预启动信息、分区表信息等非常关键的信息。这 512B 具体又可分为两部分:第一部分为引导(PRE-BOOT)区,占了 446B;第二部分为分区表(partition table),共有 66B,记录硬盘的分区信息。预引导区的作用之一是找到标记为活动(active)的分区,并将活动分区的引导区读入内存。系统找到 BIOS 所指定的硬盘的 MBR 后,就会将其复制到 0~7C00 地址所在的物理内存中。其实被复制到物理内存的内容就是 Boot Loader,而具体到 Linux,就是 LILO(Linux Loader)或者 GRUB(Grand Unified Boot Loader)了。

3. Boot Loader

Boot Loader 就是在操作系统内核运行之前运行的一段小程序。通过这段小程序,可以初始化硬件设备、建立内存空间的映射图,从而将系统的软硬件环境带到一个合适的状态,以便为最终调用操作系统内核做好一切准备。通常,Boot Loader 是完全依赖于硬件而实现的,不同体系结构的系统存在着不同的 Boot Loader。

4. 加载内核

根据 GRUB 设定的内核映像所在路径,系统读取内核映像,并进行解压缩操作。此时,屏幕一般会输出 Uncompressing Linux 的提示。当解压缩内核完成后,屏幕输出"OK,booting the kernel"。

系统将解压后的内核放置在内存之中,并调用 start_kernel()函数来启动一系列初始化函数并初始化各种设备,完成 Linux 核心环境的建立。至此,Linux 内核已经建立起来了,基于 Linux 的程序可以正常运行了。

内核文件加载以后,就开始运行第一个程序 /sbin/init 即系统初始化程序,它是所有 Linux 系统自动启动的进程的父进程,它会执行/etc/rc.d/rc.sysinit 文件的脚本,这里会设置环境路径,启动交换分区,检查文件系统,并检查所有在系统启动阶段所需要做好的事情。比如,许多系统使用时钟,所以在 rc.sysinit 里读取/etc/sysconfig/clock 配置文件去初始化硬件时钟。再比如,如果有特殊的串口进程必须被初始化,rc.sysinit 会执行/etc/rc.serial 文件。许多程序需要开机启动。它们在 Windows 中叫做服务(service),在 Linux 中就叫做守护进程(daemon)。系统初始化进程的一大任务就是运行这些开机启动的程序。这些程序包括可利用文件系统的程序、网络服务程序、邮件服务程序等。

5.2.2　应用程序启动

1. shell 概念

shell 作为操作系统的外壳,为用户提供使用操作系统的接口。它是语言、命令解释程序及程序设计语言的统称。shell 是用户和 Linux 内核之间的接口程序,是用户和 Linux 内核进行交互的媒介。当从 shell 或其他程序向 Linux 内核发送命令时,内核会做出与命令相应的反应。

有的操作系统在其内核部分包含命令解释程序。其他操作系统,如 Windows XP 和 UNIX,将命令解释程序作为一个特殊程序,当一个任务开始时或用户首次登录时(分时系统),该程序就会运行。在有多个命令解释程序可供选择的系统中,解释程序被称为外壳(shell)。例如,在 UNIX 和 Linux 系统中,有多种不同的 shell 可供用户选择,包括 Bourne shell、C shell、Bourne-Again shell、Korn shell 等。这些 shell 除细小的差别外,都提供类似的功能,许多用户对 shell 的选择只是基于个人偏好。命令解释程序的主要作用是获取并执行用户指定的下一条命令。这一层中提供的许多命令都是操作文件的创建、删除、列出、打印、复制、执行等,MS-DOS 和 UNIX 的 shell 就是这样工作的。执行这些命令有两种常用的方法。一种方法是命令解释程序本身包含代码以执行这些命令。例如,删除文件的命令可能导致命令解释程序转到相应的代码段以设置参数和执行合适的系统调用。对于这种方法,所能提供的命令的数量决定了命令解释程序的大小,这是因为每个程序需要它自己实现代码。另一种方法为许多操作系统(如 UNIX)所使用,由系统程序实现绝大多数命令。

有一些命令,比如改变工作目录命令 cd,是包含在 shell 内部的。还有一些命令,例如复制命令 cp 和移动命令 rm,是存在于文件系统中某个目录下的单独的程序。对用户而言,不必关心一个命令是建立在 shell 内部还是一个单独的程序。

shell 首先检查命令是否是内部命令,若不是再检查是否是一个应用程序(这里的应用程序可以是 Linux 本身的实用程序,如 ls 和 rm,也可以是购买的商业程序,如 xv,或者是自由软件,如 emacs)。然后 shell 在搜索路径里寻找这些应用程序(搜索路径就是一个能找到可执行程序的目录列表)。如果输入的命令不是一个内部命令并且在路径里没有找到这个可执行文件,将会显示一条错误信息。如果能够成功找到命令,该内部命令或应用程序将被分解为系统调用并传给 Linux 内核。系统调用的概念稍后会讲到。

shell 的另一个重要特性是它自身就是一个解释型的程序设计语言,shell 程序设计语言支持绝大多数在高级语言中能见到的程序元素,如函数、变量、数组和程序控制结构。shell 编程语言简单易学,任何在提示符中能输入的命令都能放到一个可执行的 shell 程序中。

一旦出现了 shell 提示符,就可以输入命令名称及命令所需要的参数。shell 将执行这些命令。如果一条命令花费了很长的时间来运行,或者在屏幕上产生了大量的输出,可以从键盘上按 Ctrl+C 键发出中断信号来中断它(在正常结束之前,中止它的执行)。

当用户准备结束登录对话进程时,可以输入 logout 命令、exit 命令或文件结束符(EOF)(按 Ctrl+D 键实现),结束登录。

与 shell 对应的是操作系统内核,是操作系统最基本的部分,主要负责管理系统资源。它是为众多应用程序提供对计算机硬件的安全访问的一部分软件,这种访问是有限的,并由内核决定一个程序在什么时候对什么硬件操作多长时间。直接对硬件操作是非常复杂的。所以内核通常提供一种硬件抽象的方法来完成这些操作。通过进程间通信机制及系统调用,应用程序可间接控制所需的硬件资源。

2. 应用程序启动

上面介绍了 shell 程序的基本知识,下面仍以图 5-5 所示的 hello 程序为例,介绍应用程序的启动。

在 shell 窗口中,输入". /hello"符号串,shell 程序会检查输入字符串的第一个单词是否为一个内置的 shell 命令,经检查,". /hello"并非外壳命令,那么 shell 就会假设"hello"是一个可执行文件的名字,同时加载并运行这个程序。hello 程序启动,程序执行完毕后输出串"hello world"。执行结果如图 5-8 所示。

图 5-8 hello 程序运行结果

5.3 应用程序、操作系统、系统硬件的交互

5.2 节讲到了操作系统与应用程序的启动,这与. hello 程序的运行息息相关。本节继续聚焦. hello 程序,分析这一程序在系统中的整个执行过程。

5.3.1 交互概述

在了解操作系统的基本概念以及操作系统与应用程序的启动之后,本节将介绍. hello程序实际运行中所涉及的有关操作系统的知识,首先介绍几个必备的知识点:进程、线程、虚拟存储器、文件以及交互。从某种意义上说,文件是对 I/O 设备的抽象表示,虚拟存储器是对主存和磁盘 I/O 设备的抽象表示,进程则是对处理器、主存和 I/O 设备的抽象表示,这种关系如图 5-9 所示。正是这些抽象机制实现了操作系统的主要功能,下面分别对它们进行介绍。

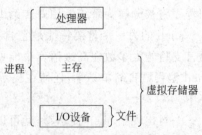

图 5-9 操作系统提供的抽象表示

1. 进程

hello 程序在现代操作系统上运行时,操作系统会使我们产生一种假象,好像系统上只有这个程序在运行,仿佛只有这个程序在使用处理器、主存和 I/O 设备。这种假象是通过进程的概念来实现的,进程是计算机科学中最重要的和最成功的概念之一。进程其实有很多定义,这里给出几种比较容易理解又能反映进程实质的定义:

(1) 进程是程序在处理器上的一次执行过程。

(2) 进程是可以和别的进程并行执行的计算。

(3) 进程是程序在一个数据集合上的运行过程,也是系统进行资源分配和调度的一个独立单位。

(4) 进程可以定义为一个数据结构以及能在其之上进行操作的一个程序。

进程是操作系统对一个正在运行的程序的一种抽象。在一个系统上可以同时运行多个进程,而每个进程都好像在独占地使用硬件。而并发运行则是说一个进程的指令和另一个进程的指令是交错执行的。在大多数系统中,需要运行的进程数是多于可以运行它们的硬件个数的。传统系统在某个时刻只能执行一个程序,而先进的多核处理器同时能够执行多个程序。无论是在单核还是在多核系统中,一个 CPU 看上去都像是在并发地执行多个进程,这是通过处理器在进程间切换来实现的。操作系统实现的这种交错执行的机制称为上下文切换,这种机制对于操作系统的发展意义深远。通过理解进程的各类定义,可以总结出进程具有以下几个特征:

(1) 动态性。进程是程序在处理器上的一次执行过程,因而是动态的。动态性还表现在它因系统创建而产生,由系统调度而运行,因得不到所需的系统资源而暂停,最后因系统撤销而消亡。

(2) 并发性。指多个进程同时存在于内存中,能在一段时间内同时运行。其实引入进程的最终目的正是使程序能与其他程序并发执行,进而提高资源利用率。

(3) 独立性。进程是一个能独立运行的基本单位,也是系统进行资源分配和调度的独立单位。

(4) 异步性。进程以各自独立的、不可预知的速度向前推进,这便是进程的独立性,而进程的这种独立性往往会为程序设计带来很多麻烦。

(5) 结构性。从进程的结构上看,每个进程都由程序段、数据段和进程控制块(Process Control Block,PCB)组成。其中 PCB 是系统为了描述和记录进程的运动变化过程,并使之能够正确运行,而为每个进程所配置的一个数据结构。

正如前面所说,进程是程序在处理器上的一次执行过程,也是动态的。而每一个动态过程都有不同的阶段,进程也是这样,在进程的实际运行过程中,由于系统中的多个进程并发运行而且相互制约,进程的这些状态会不断发生变化。通常而言,一个运行的进程可以被划分为三种基本状态。

(1) 就绪状态。进程已经获取了除了处理器以外的所有资源,一旦获得处理器,就可以立即执行,此时进程所处的状态称为就绪状态。

(2) 运行状态。当一个进程获得必要的资源并且正在 CPU 上执行时,该进程所处的状态称为运行状态。

(3) 阻塞状态。正在执行的进程,由于发生某事件需要获取某些资源而暂时无法执行下去(比如等待 I/O 完成),此时进程所处的状态称为阻塞状态。在该状态下,即使为该进程分配处理器,该进程也无法运行。

2. 线程

尽管通常认为一个进程只有单一的控制流,但是在现代系统中,一个进程实际上可以由多个称为线程的执行单元组成,每个线程都运行在进程的上下文中,并共享同样的代码和全局数据。由于系统并行处理的要求,线程成为越来越重要的编程模型,这是因为多线程之间比多进程之间更容易共享数据,也是因为线程往往比进程更高效。

线程是近年来操作系统领域出现的一个非常重要的技术,它的一般定义为:线程是进程内一个相对独立的、可调度的执行单元。线程自己基本不拥有资源,但它可以与同属一个进程的其他线程共享进程所拥有的全部资源。

在操作系统中有多种方式可以实现对线程的支持,常用的线程实现方式包括内核级线程和用户级线程。其中内核级线程是指依赖于操作系统内核,由内核完成创建、调度和撤销的线程;而用户级线程是指不依赖于操作系统内核,由应用进程利用相应的线程库提供创建、同步、调度和管理线程的函数来控制的线程,比如 Java 编程中提供的线程库。

3. 虚拟存储器

虚拟存储器也就是常说的虚拟内存,这是一个抽象概念,它为每个进程提供了一个假象,好像每个进程都在独占地使用内存。在这个假象下,实际的物理内存在每个进程看来都是自己独享的,但这种存储器实际上并不存在。通过提供这种假象可以让程序实际存储的物理地址与运行时的存储空间分开,这样程序员无须关心实际的内存大小,而在虚拟的地址空间内编程,最终从逻辑上扩充内存容量。图 5-10 所示的是 Linux 进程的虚拟地址空间(UNIX 系统的设计也与此类似)。在 Linux 中,最上面的四分之一的地址空间是给操作系统的代码和数据保留的,这对 Linux 中的所有进程都是一样的。地址空间的底

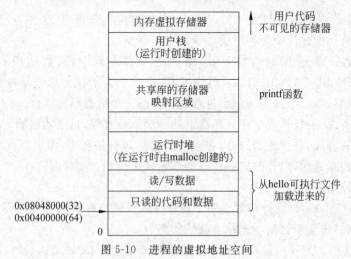

图 5-10　进程的虚拟地址空间

部区域存放用户进程定义的代码和数据。请注意,图中的地址是从下往上增大的。

虚拟存储器的运作需要硬件和操作系统软件之间精密复杂的交互,包括对处理器生成的每个地址进行硬件翻译。其基本思想是:把一个进程虚拟存储器的内容存储在相应的磁盘上,然后用主存作为磁盘的高速缓存,在进程实际运行过程中再进行相应内容的调入。

4. 文件

数据处理是计算机的主要功能之一,与数据处理相关的数据管理和数据保存是必不可少的,甚至是较为重要的环节,在计算机中大量的数据和信息是通过文件存储和管理的。从某种意义来说,文件只不过是字节序列,仅此而已。狭义上,文件是具有文件名的一组相关元素的集合,它在文件系统中是最大的数据单位,它描述了一个对象集。每个文件都有一个文件名,用户通过文件名来访问文件。广义上,每个 I/O 设备,包括磁盘、键盘、显示器,甚至网络,都可以被视为文件。

文件这个简单而精致的概念其内涵是非常丰富的,因为它使得应用程序能够用统一的视角来看待系统中可能含有的所有各式各样的数据甚至是 I/O 设备。这样,系统可以对数据和设备实施统一有效的管理,这既简化了系统设计又方便了用户。在 5.3.3 节将会详细讲解文件和目录。

5. 交互

GCC 编译器驱动程序读取源程序文件 hello.c,并最终把它翻译成可执行目标文件 hello。接下来从人与计算机的交互切入,做进一步介绍。

初始时,shell 执行它的指令,等待用户输入一个命令。当用户在键盘上输入字符串"./hello"后,shell 程序将字符逐一读入寄存器,再把它放到存储器中,如图 5-11 所示。

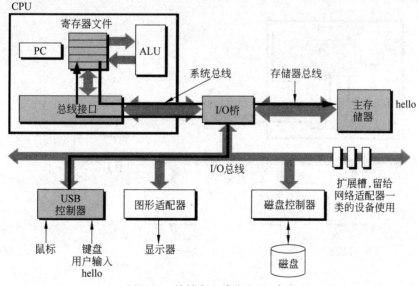

图 5-11 从键盘上读取 hello 命令

图中,CPU 为中央处理器,ALU 为算术/逻辑单元,PC 为程序计数器,USB 为通用串行总线。

当用户在键盘上按回车键时,shell 程序就知道用户已经结束了命令的输入。然后 shell 根据输入的命令执行一系列指令来加载可执行的 hello 文件,此时会将 hello 目标文件中的代码和数据从磁盘复制到主存,这里的数据主要指随后会被输出的字符串"hello world\n"。

一旦目标文件 hello 中的代码和数据被加载到主存(见图 5-12),处理器便从 hello 程序的 main 入口开始执行相应的机器语言指令。这些指令将"hello world\n"字符串中的字节从主存复制到对应的输出寄存器,随后这些字节会从寄存器中复制到系统的显示设备,最终显示在屏幕上。这一步骤如图 5-13 所示。

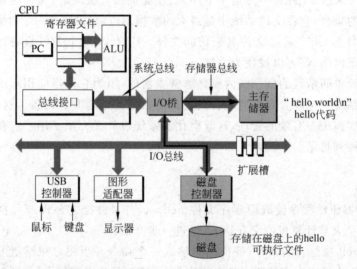

图 5-12   hello 加载到主存

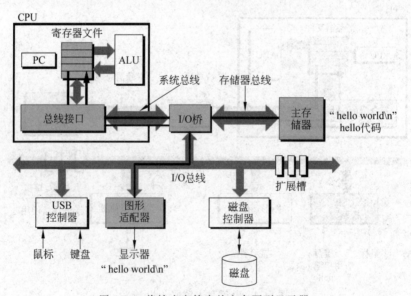

图 5-13   将输出字符串从主存写到显示器

5.3.2　输入和输出

当用户在键盘上输入字符串". /hello"时,计算机是如何获取用户的输入内容并做出相应的处理呢? 又如何将处理结果通过显示器呈现在用户面前呢? 其实键盘输入与显示器输出只是众多输入与输出的典型代表,本节对其做详细分析,从原理上介绍其本质特征。

1. 输入

通常,一个 I/O 设备被作为一个单独的外部实体对待,如键盘和显示器。但是 CPU 与一个单独的 I/O 设备交互,往往意味着与该设备的多个设备寄存器(device register)进行交互。最简单的 I/O 设备通常至少包含两个设备寄存器: 一个保存在计算机和设备之间传输的数据;另一个用来指示当前设备的状态信息,例如当前设备是否准备就绪。

比如,为了处理从键盘输入的字符,在最简单的情况下也至少需要两个寄存器来保证输入的正常进行,一个是存储用户输入字符内容的数据寄存器(KBDR)和一个让处理器随时获取输入是否已经发生的用于同步的键盘状态寄存器(KBSR)。当键盘上的某个按键被按下时,键盘的硬件电路就会将该键对应的 ASCII 码值存储在 KBDR 中,然后将 KBSR 中的相应位置置为1,此时键盘便会处于不可用状态,直到系统将 KBDR 中的数据读取完成后,硬件电路便将 KBSR 中的相应位置置为0,进而允许输入下一个字符。当然这是在没有引入缓冲等机制的最简单的一种抽象,要求处理器瞬时获取键盘的输入。

为了实现这种最简单的抽象,键盘将会被处理器实时控制(即轮询),此时 CPU 将重复测试 KBSR,直到发现 KBSR 被置为1,并在为1时读取包含在 KBDR 中的 ASCII 码。既然处理器仅当 KBSR 置为1时加载 ASCII 码,就不存在多次读取同一个字符的可能。

和键盘输入一样,系统的其他输入设备也通过状态寄存器与数据寄存器相配合的机制实现输入功能,当然实际情况可能远远比这要复杂,因为输入设备多种多样,同时输入内容与输入方式也千变万化,此时我们便会发现系统仅在获取用户输入这一项工作上便会有多么繁忙。

2. 输出

输出的工作方式与输入的工作方式类似。以显示器输出为例,设备使用了 DDR 和 DSR 这两个寄存器来代替键盘输入中的 KBDR 和 KBSR。其中 DDR 代表了显示数据寄存器,用以存储处理器要向用户显示的数据,DSR 代表了显示器状态寄存器,用以控制处理器与显示器之间的同步。

与键盘输入实现机制相似,当处理器把一个 ASCII 码传递给 DDR 用于输出时,显示器硬件电路会将 DSR 中相应位置置为1,这是给处理器的一个信号,使处理器可以传递下一个 ASCII 码到 DDR 中用于输出。只要 DSR 中相应位为0,显示器就仍然在处理先前的字符,处理器便不能将新的字符传给它。当然这也是一种很理想化的抽象,因为输出内容与输出形式千变万化。

我们所说的输入字符的输入和回显功能就是以上输入和输出两个过程的组合实现的,类似的实例还有很多,其原理大都类似。

3. 中断

上面介绍了在输入和输出时,诸如键盘和显示器这样的I/O设备都做了哪些工作。现在进一步了解当用户输入时计算机中真正发生了什么,操作系统为了确保正确的输入以及随后正确的输出又具体做了哪些工作。

首先我们应该知道,每一个I/O设备都有自己相应的设备驱动程序。当计算机加载驱动程序时,内核要求每个设备驱动程序必须注册中断处理程序(interrupt handler)。中断处理程序是执行中断处理的指令集,负责完成与设备相关的工作。之所以当前的设备普遍采取中断机制,是因为如果系统采取轮询机制,处理器将会有很大一部分执行时间用于轮询各个设备是否当前有输入输出事件发生,这对宝贵的处理器资源来说是一种极大的浪费。

随后,当用户产生相应的输入事件后,比如在键盘上输入"./hello"中的第一个字符"."时,键盘会立刻触发一个中断。在触发该中断之时,处理器中可能正有其他的进程指令正在正在执行,系统为了响应该中断,将会产生一系列相关的操作。为了简单,假设系统中只有与输入无关的程序 A 在运行(当然实际情况可能远远比这复杂),用户通过输入操作产生中断请求信号后,系统通过相应的机制会检测到该中断信号,其他正在运行的进程将会被强制停止并保存现场,同时系统会将让出的处理器用来执行 I/O 设备的请求,当 I/O 操作完成后,系统会再次进行调度,通过恢复现场让刚才停止的程序继续执行,好像什么都没有发生过。中断的执行过程如图 5-14 所示。

> 程序A执行指令n
> 程序A执行指令$n+1$
> 程序A执行指令$n+2$
> 程序A执行指令$n+3$
> 程序A执行指令$n+4$
> 1.检测到中断信号程序
> A进入休眠状态
> 2.执行I/O设备的请求
> 3.程序A被激活
> 程序A执行指令$n+5$
> 程序A执行指令$n+6$

图 5-14 中断驱动的 I/O 的指令执行流

1) 中断信号的产生

对于I/O设备而言,它要能够产生一个中断信号,必须满足两个必要条件:①I/O设备自身确实需要服务;②该设备必须有权请求服务。

以键盘为例,如果两个条件同时满足,则处理器中止当前正在执行的程序,并响应键盘产生的中断请求。

先来讨论第一个必要条件,在前面讨论输入输出的时候,KBSR 或 DSR 置位,即设备就绪,系统就认为当前设备有中断请求。也就是说,当 I/O 设备是键盘时,如果用户输入了字符,它就需要服务;当 I/O 设备是显示器时,如果相关电路已经成功完成了最后一个字符的显示,它就需要服务(即输出下一个字符)。在这两种情况下,当相应的设备已就绪,则 I/O 设备就需要服务。

第二个必要条件硬件表现为一个中断允许位。它可以被设置为 1 或 0,这取决于系统是否给该 I/O 设备权力去请求服务。在大多数 I/O 设备里,中断允许位(IE)是设备状态寄存器的一部分。如果中断允许位被清零,那么不管就绪位是否被设置为 1,I/O 设备都不能中断处理器。在这种情况下,系统便需要轮询 I/O 设备以确认它是否就绪。如果中断允许位被置为 1,那么中断驱动的 I/O 就被允许了。在这种情况下,一旦用户按下某个键(或者显示器已经成功显示了数据寄存器中最后一个字符),中断请求便会发出。

2) 中断处理过程

CPU 会在执行每条指令的适当时刻检测是否有中断请求信号。若发现中断请求信号有效,同时 CPU 此刻允许中断,则系统会在下一计算周期进入中断处理过程。中断的处理过程可分为两个阶段:中断响应和中断处理。中断响应过程由硬件完成,而中断处理主要由软件完成。所以我们说对中断请求的整个处理过程是由硬件和软件结合起来而形成的一整套中断机制实施完成的。

(1) 中断响应。

当处理器收到中断请求并且此时处理器可以处理中断请求时,系统会暂停当前执行的程序,而转去处理中断,这个由硬件对中断请求作出响应的过程称为中断响应。一般来说,中断响应顺序执行下述三步动作:

① 中止当前程序的执行。如图 5-14 中步骤 1 所示,当输入字符串时,系统会保存程序 A 的执行现场,并强制其进入休眠状态将处理机让出,以便系统的中断处理程序运行。

② 保存原程序的断点信息。为了使中断处理完成后程序 A 还能正常启动(如图 5-14 中步骤 3 所示),系统会将程序 A 的当前指令指针 IP(保存在 PC 寄存器中)压入栈中或保存在存储器中。

③ 将中断处理程序的入口地址送入 PC。在后续的中断处理阶段,CPU 要执行中断处理程序,所以此时要将中断处理程序的入口地址送入 PC 中。

(2) 中断处理。

不同设备的中断处理程序是不相同的,可它们的程序流程又是类似的,一般中断处理程序的流程分为四个步骤:保护现场、中断处理、恢复现场和中断返回。

① 保护现场。这有两个含义:其一是保存程序的断点;其二是保存通用寄存器和状态寄存器的内容。前者在中断响应阶段已经完成,后者由中断处理程序完成。具体而言,可在中断处理程序的起止部分安排若干条存储指令,将寄存器的内容存至存储器中保存,或用进栈指令将寄存器的内容压入堆栈保存,即将程序中断时的"现场"保存起来。在上例中,程序 A 所使用的通用寄存器和状态寄存器都会被保存起来。

② 中断处理(设备服务)。这是中断处理程序的主体部分,对于不同的中断请求源,其中断服务操作内容是不同的,例如,打印机要求 CPU 将需要打印的一行字符代码通过接口送入打印机的缓冲存储器中。又如,显示设备需要 CPU 将需要显示的一屏字符代码通过接口送入显示器的显示存储器中。

③ 恢复现场。这是中断处理程序的结尾部分,要求退出服务程序前,将原程序中断时的"现场"恢复到原来的寄存器中。通常可用取指令或出栈指令(POP),将保存在存储器(或堆栈)中的信息恢复到原来的寄存器中。此时,程序 A 的"现场"信息就会恢复到原来的寄存器中。

④ 中断返回。中断处理程序的最后一条指令是一条中断返回指令,使其返回到原程序的断点处,以便继续执行原程序。此时,程序 A 的断点信息将恢复到 PC 中,以便继续

执行。

就这样，经过上面的过程，处理器每次会以中断的方式将"./hello"中的字符读入到系统中，最后又以中断的方式在显示器上回显。

5.3.3 文件与目录

在前面的介绍中，当用户在 shell 中输入"./hello"之后，shell 程序会把 hello 当作外部存储内容并前往外部磁盘中查找名称为 hello 程序。但是，shell 是如何查找到 hello 可执行文件的呢？

这一切都是通过文件系统实现的，文件系统是操作系统中负责存取和管理信息的模块，它用统一的方式管理用户和对系统信息的存储、检索、更新、共享和保护，并为用户提供一整套方便有效的文件使用和操作方法。它由管理文件所需的数据结构（如文件控制块及存储分配表等）和相应的管理软件以及访问文件的一组操作组成。本节对文件系统中涉及的文件与目录的相关内容进行介绍。

1. 文件

文件（file）是具有文件名的一组相关信息的集合，文件在文件系统中是最大的数据单位，它描述了一个对象集。文件按照逻辑结构进行划分可分为有结构文件和无结构文件两种，有结构文件通常由若干记录组成，根据记录的长度是否定长又可分为定长和不定长两类，而无结构文件则被看成是字符流。此外，也可以根据文件在外存物理介质上的存储形式，即按照物理结构划分为下述几种文件形式：连续结构、链接结构、索引结构。

基于文件系统的概念，可以把数据的组成分为数据项、记录和文件三级。数据项是文件系统中最低级的数据组织形式，可分为以下两种类型。

（1）基本数据项。用于描述一个对象的某种属性的一个值，如姓名、日期或证件号等。基本数据项是数据中可命名的最小逻辑数据单位，即原子数据。

（2）组合数据项。由多个基本数据项组成。

记录是一组相关数据项的集合，用于描述一个对象某方面的属性。为了能唯一地标识一个记录，必须在记录的各个数据项中确定出一个项或几个项，把它们的集合称为关键字（key）。关键字是能唯一标识一个记录的数据项。

文件有一定的属性，这根据系统而有所不同，但通常都包括如下属性：

（1）名称。文件名称唯一，以容易读取的形式保存。

（2）标示符。标示文件系统文件的唯一标签，通常为数字，它是对人不可读的一种内部名称。

（3）位置。指向设备和设备上下文的指针。

（4）大小。文件当前大小（用字节、字或块表示）。

（5）保护。对文件进行保护的访问控制信息。

（6）时间、日期和用户标示。文件创建、上次修改和上次访问的相关信息，用于保护、安全和跟踪文件的使用。

为了方便系统和用户了解文件的类型,在操作系统中都把文件类型作为扩展名加在文件名的后面,在文件名和扩展名之间用".''分开。下面是常用的几种文件分类方法。

按照用途分类:

(1) 系统文件。它是指由系统软件构成的文件。大多数的系统文件只允许用户调用而不允许用户去读,更不允许修改。有的系统文件不直接对用户开放。

(2) 用户文件。由用户的源代码、可执行文件或数据等所构成的文件,用户将这些文件委托给系统保管。

(3) 库文件。这是由标准子例程及常用的例程等所构成的文件。允许用户调用,但不允许修改。

按照文件的数据形式分类:

(1) 源文件。这是指由源程序和数据构成的文件。

(2) 目标文件。它是指把源程序经过相应语言的编译程序编译过,但尚未经过连接程序连接的目标代码所形成的文件。它属于二进制文件,通常目标文件使用的后缀名为".obj"。

(3) 可执行文件。这是指编译后所产生的目标代码再由连接程序连接后所形成的文件。

按照存取控制属性分类:

(1) 只执行文件。只允许被核准的用户调用执行,不允许读,更不允许写。

(2) 只读文件。只允许文件主及被核准的用户读,但不允许写。

(3) 读写文件。允许文件主和被核准的用户读和写。

针对文件的操作很多,常见的操作如下:

(1) 创建文件。在创建一个新文件时,系统首先要为新文件分配必要的外存空间。并在文件系统的目录中为之建立一个目录项。目录项中应记录新文件的文件名及其在外存的地址等属性。

(2) 删除文件。当已不再需要某文件时,可将它从文件系统中删除。在删除时,系统应先从目录中找到要删除的文件的目录项,然后回收该文件所占的存储空间。

(3) 读文件。在读一个文件时,要在系统调用中给出文件名和文件被读入的内存目标地址,此时,系统同样要查找目录,找到指定文件的目录项,从而得到该文件在外存的位置。在目录项中,还有一个指针用于对文件的读写。

(4) 写文件。在写一个文件时,要在系统调用中给出文件名和文件在内存的源地址,此时,系统同样要查找目录,找到指定文件的目录项,再利用目录中的写指针进行写。

2. 目录

系统中的文件种类繁多,数量庞大,为了能够方便地找到所需要的文件,需要在系统中建立一套目录机制。这正像图书馆中的藏书需要编目一样。文件目录组织的基本原则是:能方便、迅速地对目录进行检索,从而能准确地找到所需文件。下面分别介绍三种目录结构及相应的检索方法。

1) 简单的文件目录

最简单的一种文件目录结构是在系统中建立一张线性表,每一个文件在表中占用一个表目,如表 5-1 所示,该表称为文件目录。这种简单文件目录在早期的文件系统中被普遍使用。

表 5-1　简单的文件目录

文件名	记录长	记录数	起始块号	其他
ALPHA	500	5	25	
BETA	400	10	30	
hello	200	7	40	
ASS	300	8	47	

文件目录中的每一个表目称为目录项,也称为一个文件的文件说明。在有了文件目录之后,当用户要求读取诸如 hello 文件时,系统会按照顺序查找该目录表,最终可以找到第三个目录项,即代表 hello 文件的目录项。在通过了存取权限验证后,就可由文件的第一个物理块号和文件记录号来确定要访问的物理块。

文件建立时,仅在目录表中申请一个空闲项,填入文件名及其他有关信息;文件删除时,将该目录项标志改为空闲。

简单目录结构虽然简单,但存在明显的缺陷:

(1) 存在重名问题。即简单文件目录结构中,文件名和文件实体存在一一对应关系,即它不允许两个文件具有相同的名字。但是,在多道程序系统中,尤其是多用户的分时系统中,重名是很难避免的,这就很难准确地找到用户所需要的文件。

(2) 当系统文件数量过多时,目录项数就会很大,查找起来就要花费较长的时间。

2) 二级目录

为了克服简单文件目录(一级目录)的缺点,应允许系统中的每个用户(或者用户组)建立各自的命名空间,而这些用户的命名空间便构成了所谓的用户文件目录表(UFD)。管理这些用户目录表的总文件目录称为主目录表(MFD)。主目录表中每个表目给出了用户目录的名字、目录大小及其所在的物理位置等。这样便构成了二级目录结构,如图 5-15 所示。

主文件目录项记录用户名及相应用户文件目录所在的存储位置。用户文件目录项记录该用户文件的文件控制块信息。当用户欲对其文件进行访问时,只需要搜索用户对应的 UFD,这既解决了不同用户文件的"重名"问题,也在一定程度上保证了文件的安全。

两级目录结构可以解决多用户之间的文件重名问题,文件系统可以在目录上实现访问权限机制,但是两级目录结构对于用户构造内部结构没有任何帮助。在该目录结构中,如果需要查找 hello 文件,系统会根据用户名,先在主文件目录表中查出该用户的文件目录表,然后再根据文件名,在用户目录表中找出相应的目录项,这样便找到了该用户这一文件的物理地址,从而得到 hello 文件。

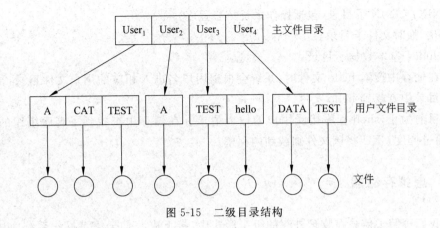

图 5-15　二级目录结构

3）多级目录

单级目录、二级目录虽然结构简单，但明显缺乏灵活性，特别是不易反映现实世界中复杂的多层次的文件结构形式。为了便于系统管理和用户使用，以更高效地组织、使用各类文件，在二级目录结构的基础上进一步加以补充，便形成了多级目录结构，即文件的树形目录结构。在现代计算机文件系统中，大多采用多级目录方式。

在树形目录结构中，根节点称为根目录，枝节点称为子目录，叶子节点称为信息文件，如图 5-16 所示。在根目录之下，包含如下子目录：

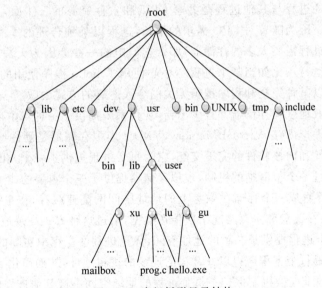

图 5-16　多级树形目录结构

lib：库文件子目录。

etc：附加的程序和数据文件子目录。

dev：设备子目录。

usr：用户子目录。

bin：实用程序子目录。

UNIX：UNIX 子目录(包括操作系统核心程序)。

tmp：临时文件子目录。

include：基本数据子目录。

当在辅存中搜索 hello 文件时,系统会根据用户名进入相应的用户文件目录,再到用户文件目录中查找到 hello 文件。

到目前为止,shell 程序接受用户的输入请求并在辅存中查找到了有序组织的 hello 文件,通过调度 CPU 将该文件加载到内存中。

5.3.4　虚拟存储器

当我们理解了信息在物理外存的组织形式后,接下来我们会思考操作系统内核是如何在收到请求并找到目标文件后,将需要运行的 hello 目标文件加载到内存中去呢? 因为系统中主存的可用地址空间往往要分给多个程序使用,因而每个程序所获得的主存地址空间往往小于程序所需的逻辑地址空间,这时系统就会采用虚拟存储器的策略将诸如 hello 文件这样的文件载入到内存中。虚拟存储的基本过程为：当信息需要被使用时,它将信息从辅存复制到主存中,在信息更新完成后,它又将信息复制更新到辅存中,信息在主存和辅存间的来回传递全部由操作系统来处理而无须程序员的干预。本节系统地讲述有关虚拟存储器的内容。

一个系统中的进程与其他进程是共享 CPU 和主存资源的。然而,共享主存会形成一些特殊的挑战。因为随着对 CPU 需求的增长,进程以某种合理的平滑方式慢了下来,但是如果太多的进程需要太多的存储器,那么它们中的一些会因为无法获取相应的内存空间根本就无法运行。比如当某个进程不小心使用了 hello 程序使用的存储器,hello 程序的执行就可能以某种完全和程序逻辑无关的令人迷惑的方式失败。

为了更加有效地管理存储器并且少出错,现代系统提供了一种对主存的抽象概念,叫做虚拟存储器或虚拟内存(Virtual Memory,VM)。虚拟存储器是硬件异常、硬件地址变换、主存、磁盘文件和内核软件的完美交互,它为每个进程提供了一个大的、一致的和私有的地址空间。通过一个很清晰的机制,虚拟存储器提供了三个重要的能力：

(1) 它将主存看成一个存储在磁盘上的地址空间的高速缓存,在主存中只保存活动区域,并根据需要在磁盘和主存之间来回传送数据,通过这种方式高效地使用了主存。

(2) 它为每个进程提供了一致的地址空间,无论进程在主存中实际的物理地址如何,虚拟内存都会使得每个进程获得以 0 开头的连续的逻辑地址,从而简化了存储器管理。

(3) 它通过地址变换机制保护了每个进程的地址空间不被其他进程破坏。

1. 物理和虚拟寻址

计算机系统的主存被组织成一个由 M 个连续的字节大小的单元组成的数组。每字节都有一个唯一的物理地址(Physical Address,PA)。第一个字节的地址为 0,接下来的字节地址为 1,再下一个为 2,以此类推。给定这种简单的结构,CPU 访问存储器最自然的方式就是使用物理地址,这种方式称为物理寻址(physical addressing)。

图 5-17 展示了一个物理寻址的实例,该实例的上下文是一条加载指令,使它读取从物理地址 4 处开始的字。简单的执行过程为:当 CPU 执行这条加载指令时,它会生成一个有效的物理地址,通过存储器总线,把它传递给主存。主存取出从物理地址 4 处开始的共 4B 的内容,并将它返回给 CPU,CPU 会将它存放在一个寄存器里。

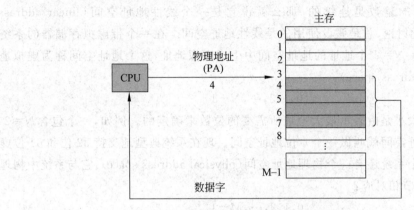

图 5-17　使用物理寻址的系统

早期的 PC 使用物理寻址,而且诸如数字信号处理器、嵌入式微控制器以及 Cray 超级计算机这样的系统仍然继续使用这种寻址方式。然而,现代处理器使用得更多的是虚拟寻址(virtual addressing)的寻址方式。

图 5-18 展示了一个使用虚拟寻址方式的实例,使用虚拟寻址时,CPU 通过生成一个虚拟地址(Virtual Address,VA)来访问主存,这个虚拟地址在被送到存储器之前先转换成适当的物理地址。将一个虚拟地址转换成物理地址的任务叫做地址变换(address translation)。地址变换需要 CPU 硬件和操作系统之间的紧密合作。CPU 芯片上有叫做存储器管理单元(Memory Management Unit,MMU)的专门硬件,它能够利用存放在主存中的查询表来动态变换虚拟地址,该表的内容由操作系统进行管理。

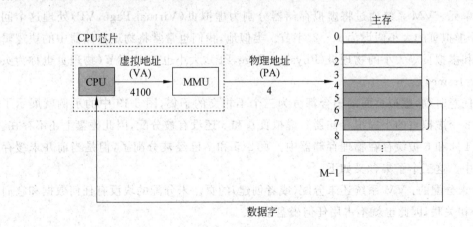

图 5-18　使用虚拟寻址的系统

2. 地址空间

地址空间(address space)是一个非负整数地址的有序集合：

$$\{0,1,2,\cdots\}$$

如果地址空间中的整数是连续的，那么就说它是一个线性地址空间(linear address space)。为了简化讨论，总是假设使用的是线性地址空间。在一个带虚拟存储器的系统中，CPU 从一个有 $N=2^n$ 个地址的地址空间中生成虚拟地址，这个地址空间称为虚拟地址空间(virtual address space)：

$$\{0,1,2,\cdots,N-1\}$$

一个地址空间的大小是由表示最大地址所需要的位数来确定的。例如，一个包含 $N=2^n$ 个地址的虚拟地址空间就叫做一个 n 位地址空间。现在系统典型地支持 32 位和 64 位虚拟地址空间。一个系统还有一个物理地址空间(physical address space)，它与系统中物理存储器的 M 个字节相对应：

$$\{0,1,2,\cdots,M-1\}$$

M 不要求是 2 的幂，但是为了简化讨论，假设 $M=2^m$。地址空间的概念很重要，因为它清楚地区分了数据对象(字节)和它们的属性(地址)。一旦认识到了这种区别，那么就可以将其推广，允许每个数据对象有多个独立的地址，其中每个地址都选自一个不同的地址空间，这是虚拟存储器的基本思想。

3. 虚拟存储器作为缓存的工具

从概念上而言，虚拟存储器(VM)被组织为一个由存放在磁盘上的 N 个连续的字节大小的单元组成的数组。每字节都有一个唯一的虚拟地址，这个唯一的虚拟地址是作为到数组的索引的。磁盘上数组的内容被缓存在主存中。和存储器层次结构中其他缓存一样，磁盘(较低层)上的数据被分割成块(block)，这些块被作为磁盘和主存(较高层)之间的传输单元。VM 系统通过将虚拟存储器分割为虚拟页(Virtual Page, VP)处理这个问题，每个虚拟页的大小假设为 $P=2^p$ 字节。类似地，我们也常常将物理存储器中的块逻辑分割为和虚拟页等大小的物理页(Physical Page, PP)，大小也为 P 字节(物理页也称为页帧(page frame))。

在任意时刻，虚拟页面的集合都分为三个不相交的子集，图 5-19 中的示例就展示了一个有 8 个虚拟页的小虚拟存储器。虚拟页 0 和 3 还没有被分配，因此磁盘上还不存在。虚拟页 1、4 和 6 被缓存在物理存储器中。页 2、5 和 7 已经被分配了，但是当前并未缓存在主存中。这三个子集含义如下：

- 未分配的：VM 系统还未分配(或者创建)的页。未分配的块没有任何数据和它们相关联，因此也就不占用任何磁盘空间。
- 缓存的：当前缓存在物理存储器中的已分配页。
- 未缓存的：没有缓存在物理存储器中的已分配页。

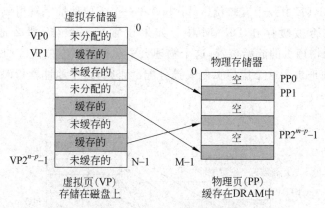

图 5-19　一个 VM 系统是如何使用主存作为缓存的

1）DRAM 缓存的组织结构

为了帮助读者清晰理解存储层次结构中不同的缓存概念，下面使用术语 SRAM 缓存来表示位于 CPU 和主存之间的 L1、L2 和 L3 高速缓存，并且用术语 DRAM 缓存来表示虚拟存储器系统的缓存，它在主存中缓存虚拟页。

在存储层次结构中，DRAM 缓存的位置对它的组织结构有很大的影响。回想一下，DRAM 比 SRAM 要慢大约 10 倍，而磁盘要比 DRAM 慢大约 100 000 多倍。因此，DRAM 缓存中的不命中比起 SRAM 缓存中的不命中要昂贵得多，因为 DRAM 缓存不命中要由磁盘来服务，而 SRAM 缓存不命中通常是由基于 DRAM 的主存来服务的。而且，从磁盘的一个扇区读取第一字节的时间开销比起读这个扇区中连续的字节要慢大约 100 000 倍，归根到底，DRAM 缓存的组织结构完全是由巨大的不命中开销驱动的。

因为大的不命中处罚和访问第一字节的开销，虚拟页往往很大，典型地是 4KB～2MB。由于大的不命中处罚，DRAM 缓存是全相联的，也就是说，任何虚拟页都可以放置在任何的物理页中。不命中时的替换策略也很重要，因为替换错了虚拟页的处罚也非常高。因为，与硬件对 SRAM 缓存相比，操作系统对 DRAM 缓存使用了更复杂精密的替换算法（这些替换算法超出了本书讨论的范围）。最后，因为对磁盘的访问时间很长，DRAM 缓存总是使用写回，而不是直写。

2）页表

同任何缓存一样，虚拟存储器系统必须有某种方法来判定一个虚拟页是否存放在 DRAM 中的某个地方。如果是，系统还必须确定这个虚拟页存放在哪个物理页中。如果不命中，系统必须判断这个虚拟页存放在磁盘的哪个位置，在物理存储器中选择一个淘汰页（即将被换掉的页），并将虚拟页从磁盘复制到 DRAM 中，替换这个淘汰页。

这些功能是由许多软硬件联合提供的，包括操作系统软件、MMU（存储器管理单元）中的地址变换硬件和一个存放在物理存储器中叫做页表（page table）的数据结构，页表将虚拟页映射到物理页。每次地址变换硬件将一个虚拟地址转换为物理地址时都会读取页表。操作系统负责维护页表的内容，以及在磁盘与 DRAM 之间来回传送页。

图 5-20 展示了一个页表的基本组织结构。页表就是一个页表条目（Page Table Entry，PTE）的数组。虚拟地址空间中的每个页在页表中一个固定偏移量处都有一个

PTE。假设每个 PTE 由一个有效位(valid bit)和一个 n 位地址字段组成。有效位表明了该虚拟页当前是否被缓存在 DRAM 中。如果设置了有效位,那么地址字段就表示 DRAM 中相应的物理页的起始位置,这个物理页中缓存了该虚拟页。如果没有设置有效位,那么一个空地址表示这个虚拟页还未被分配。否则,这个地址就指向该虚拟页在磁盘上的起始位置。

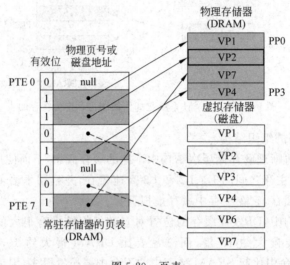

图 5-20　页表

图 5-20 中的实例展示了一个有 8 个虚拟页和 4 个物理页的系统的页表。四个虚拟页(VP1、VP2、VP4 和 VP7)当前被缓存在 DRAM 中。两个页(VP3 和 VP6)已经被分配了,但是当前还未被缓存。图 5-21 中有一个要点要注意,因为 DRAM 缓存是全相联的,任何物理页都可以包含任意虚拟页。

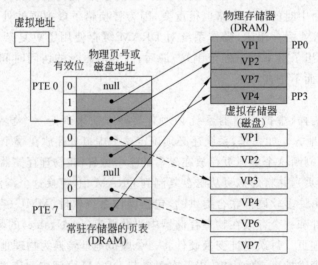

图 5-21　VM 命中,对 VP2 中一个字的引用就会命中

3）页命中

考虑一下，当CPU读包含在VP2中的虚拟存储器的一个字时会怎样，VP2是被缓存在DRAM中（见图5-21）。通过虚拟地址和高速缓存地址之间的转换，地址变换硬件将虚拟地址作为一个索引来定位PTE2，并从存储器中读取它。因为设置了有效位，地址变换硬件就知道VP2缓存在存储器中。所以它使用PTE中的物理存储器地址（该地址指向PP1中缓存页的起始位置），构造出这个字的物理地址。

4）缺页

在虚拟存储器的习惯说法中，DRAM缓存不命中称为缺页（page fault）。图5-22展示了在缺页之前示例页表中的状态。CPU引用了VP3中的一个字，VP3并未缓存在DRAM中。地址变换硬件从存储器中读取PTE3，从有效位推断出VP3未被缓存，并且触发一个缺页异常。缺页异常调用内核中的缺页异常处理程序，该程序会选择一个淘汰页，在此例中就是存放在PP3中的VP4。如果VP4已经被修改了，那么内核就会将它复制回硬盘。无论哪种情况，内核都会修改VP4的页表条目，反映出VP4不在缓存而在主存中这一事实。

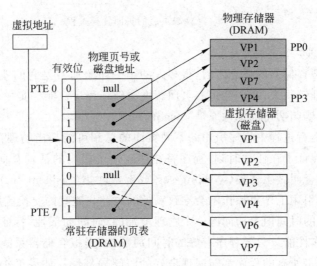

图 5-22　VM缺页（之前）。对VP3中的字的引用不命中，从而触发了缺页

接下来，内核从磁盘复制VP3到存储器中的PP3，更新PTE3，随后返回。当异常处理程序返回时，它会重新启动导致缺页的指令，该指令会把导致缺页的虚拟地址重新发送到地址变换硬件。但是现在，VP3已经缓存在主存中了，那么页命中也能由地址变换硬件正常处理了。图5-23展示了在缺页之后示例页表的状态。虚拟存储器是在20世纪60年代早期发明的，远在CPU-存储器之间差距的加大引发产生SRAM缓存之前。因此，虚拟存储器系统使用了和SRAM缓存不同的术语，即使它们的许多概念是相对的。在虚拟存储器的习惯说法中，块被称为页。在磁盘和存储器之间传送页的活动叫做交换（swapping）或者页面调度（paging）。页从磁盘换入（或者页面调入）DRAM和从DRRM换出（或者页面调出）磁盘。一直等待，直到最后时刻，也就是当有不命中发生时，才换入页面的这种策略称为按需页面调度（demand paging）。也可以采用其他方法，例如尝试着

预测不命中,在页面实际被引用之前就换入页面。然而,所有现代系统都使用的是按需页面调度的方式。

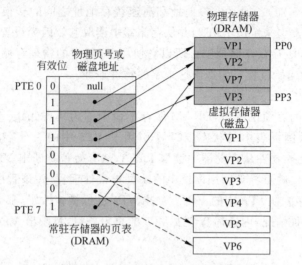

图 5-23   VM 缺页后的页面置换过程

5）局部性原理

当了解了虚拟存储器的概念之后,很多人的第一印象通常是它的效率应该是非常低的。因为不命中开销很大,我们会担心页面调度会破坏程序性能。实际上,虚拟存储器工作得相当好,这主要归功于局部性原理(locality)。

尽管在整个运行过程中程序引用的不同页面的总和可能超出物理存储器总的大小,但是局部性原则保证了在任意时刻,程序将往往在一个较小的活动页面(active page)集合上工作,这个集合叫做工作集(working set)或者常驻集(resident set)。由于这种空间上的局部性,使得引用工作集操作不会导致额外的内存与磁盘的交换流量。

此外,在很短的时间内会访问同一个物理地址的“时间局部性”特征也会使虚拟存储系统有良好的工作性能。只要程序有好的时间局部性,虚拟存储器系统就能工作得相当好。但是,当然不是所有的程序都能展现良好的时间局部性。如果工作集的大小超出了物理存储器的大小,那么程序将产生一种叫做颠簸(thrashing)的状态,这时页面将不断地换进换出。

4. 虚拟存储器作为存储器管理的工具

前面介绍了虚拟存储器提供了一种机制,利用 DRAM 来缓存来自通常更大的虚拟地址空间的页面。有趣的是,一些早期的系统,比如 DEC PDP-11/70,支持的是一个比物理存储器更小的虚拟地址空间。然而,虚拟地址仍然是一个有用的机制,因为它大大地简化了存储器管理,并且其自身就提供了一种保护存储器的方法。

到目前为止,我们都假设有一个单独的页表,将一个虚拟地址空间映射到物理地址空间。实际上,操作系统为每个进程提供了一个独立的页表,因而也就是一个单独的虚拟地址空间。图 5-24 展示了基本思想。在这个实例中,进程 i 的页表将 VP1 映射到 PP2,

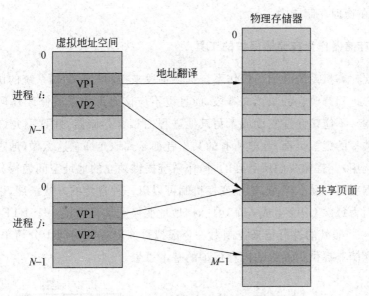

图 5-24　VM 中每个进程的页表结构

VP2 映射到 PP7。相似地,进程 j 的页表将 VP1 映射到 PP7,VP2 映射到 PP10。注意,多个虚拟页面可以映射到同一个共享物理页面上。

　　按需页面调度和独立的虚拟地址空间的结合,对系统中存储器的使用和管理造成深远的影响,特别地,VM 简化了链接和加载、代码和数据共享以及应用程序的存储器分配,下面展示了这样做的优势。

- 简化链接。独立的地址空间允许每个进程的存储器映像使用相同的基本格式,而不管代码和数据实际存放在物理存储器的何处。
- 简化加载。虚拟存储器还使向存储器中加载可执行文件和共享对象文件变得容易。加载器并不一开始就将任何数据从磁盘复制到存储器。在每个页初次被引用时,要么是 CPU 取指令时引用的,要么是一条正在执行的指令引用一个存储器位置时引用的,虚拟存储系统才会按照需要自动地调入数据页。将一组虚拟页连续映射到任意一个文件中的任意位置的表示法称作存储器映射(memory mapping)。UNIX 提供一个称为 mmap 的系统调用,允许应用程序自己做存储器映射。
- 简化共享。独立地址空间为操作系统提供了一个管理用户进程和操作系统之间互相隔离和共享内存,且确保一致性的机制。一般而言,每个进程都有自己已有的代码、数据、堆以及栈区域,是不和其他进程共享的。在这种情况下,操作系统创建页表,将相应的虚拟页映射到不同的物理页面。
- 简化存储器分配。当一个运行在用户进程中的程序要求额外的堆空间时(如调用 malloc 的结果),操作系统分配一个适当数字(例如 k)个连续的虚拟存储器页面,并且将它们映射到物理存储器中任意位置的 k 个任意的物理页面。由于页表工作的方式,操作系统没有必要分配 k 个连续的物理存储器页面。页面可以随机地分散在物理存储器中。

5. 虚拟存储器作为存储器保护的工具

任何现代计算机系统必须为操作系统提供手段来控制对存储器系统的访问。不应该允许一个用户进程修改它的只读文本段,而且也不应该允许它读或修改任何内核中的代码和数据结构。不应该允许它读或者写其他进程的私有存储器,并且不允许它修改任何与其他进程共享的虚拟页面,除非所有的共享者都显式地允许它这么做(通过明确的进程间通信系统调用)。就像我们所看到的,操作系统提供独立的地址空间使得分离不同进程的私有存储器变得容易。但是,地址变换机制可以以一种自然的方式扩展,以提供更好的访问控制。因为每次 CPU 生成一个地址时,地址变换硬件都会读一个 PTE,所以通过在PTE 上添加一些额外的许可位来控制对一个虚拟页面内容的访问十分简单。图 5-25 展示了用虚拟存储器提供页面级的内存保护的基本思想。

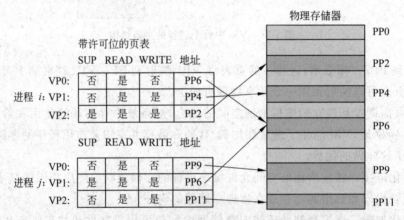

图 5-25 用虚拟存储器提供页面级的存储器保护

在这个示例中,已经添加了三个许可位到每个 PTE。SUP 位表示进程是否必须运行在内核(超级用户)模式下才能访问该页。运行在内核模式中的进程可以访问任何页面,但是运行在用户模式中的进程只允许访问那些 SUP 为 0 的页面。READ 位和 WRITE位控制对页面的读和写访问,例如,如果进程 i 运行在用户模式下,那么它有读 VP0 和读写 VP1 的权限。然而,不允许它访问 VP2。

如果一条指令违反了这些许可条件,那么 CPU 就触发一个一般保护故障,将控制传递给一个内核中的异常处理程序。UNIX shell 一般将这种异常报告为段错误(segmentation fault)。

从上面的内容可以了解到,在操作系统中,采用虚拟存储器的策略来管理大作业(其地址空间超过主存可用空间)。在 hello 的例子中(假设 hello 为一个大作业),hello 程序的一部分地址空间在主存,另一部分在辅存,当访问的某些信息不在主存时,则由操作系统把它以页的形式调入主存,同时将淘汰页调出,直到 hello 执行完成。

5.3.5　上下文切换

目标文件 hello 中的代码和数据被加载到主存后,hello 进程被创建并开始执行,待处理器执行完 hello 程序的 main 程序中的机器指令后,很快显示器上就会打印出"hello world\n"字符串。这样给我们的感觉是:系统上好像只有我们的 hello 进程在执行,看上去只有这个进程在使用处理器、主存和 I/O 设备。实际上不是这样。前面已经提到一个系统上可以同时有多个进程并发运行,即一个进程的指令和另一个进程的指令是交错执行的。当 hello 进程运行的时候,系统中还同时运行着很多进程。举个最简单的例子,假如我们在运行 hello 程序的时候还在听着音乐,这时,播放音乐的进程和 hello 进程不会因为彼此而停止运行,这就说明播放音乐的进程与 hello 进程是交错执行的。

操作系统实现这种进程交错执行的机制称为上下文切换。内核为每个进程维持一个上下文(context)。上下文就是内核启动一个进程所需的状态。它由一些对象的值组成,这些对象包括通用目的寄存器、浮点寄存器、程序计数器、用户栈、状态寄存器、内核栈和各种内核数据结构,比如描绘地址空间的页面、包含有关当前进程信息的进程表,以及包含进程已打开文件的信息的文件表。

在进程执行的某些时刻,内核可以决定抢占当前进程,并重新开始一个先前被抢占的进程。这种决定就叫做调度(schedule),是由内核中称为调度器(scheduler)的代码处理的。当内核选择一个新的进程运行时,我们就说内核调度了这个进程。在内核调度了一个新的进程之后,它就抢占当前进程,并使用一种称为上下文切换的机制来控制转移到新的进程,上下文切换过程如下:①保存当前进程的上下文;②恢复某个先前被抢占的进程被保存的上下文;③将控制传递给这个新恢复的进程。

当内核代表用户执行系统调用时,可能会发生上下文切换。如果系统调用因为等待某个事件发生而阻塞,那么内核可以让当前进程休眠,切换到另一个进程。比如,如果一个 read 系统调用请求一个磁盘访问,内核就可以选择执行上下文切换,运行另外一个进程,而不是等待数据从磁盘到达。另一个示例是 sleep 系统调用,它显式地请求让调用进程休眠。一般而言,即使系统调用没有阻塞,内核也可以决定执行上下文切换,而不是将控制返回给调用进程。

中断也可能引发上下文切换。比如,所有的系统都有某种产生周期性定时器中断的机制,典型的中断周期为 1ms 或者 10ms。每次发生定时器中断时,内核就能判定当前进程已经运行了足够长的时间,并切换到一个新的进程。

图 5-26 展示了一对进程 A 和 B 之间上下文切换的示例。在这个例子中,进程 A 最初运行在用户模式中,直到它通过执行系统调用 read 陷入到内核。内核中的陷阱处理程序请求来自磁盘控制器的 DMA 传输,并且安排在磁盘控制器完成从磁盘到存储器的数据传输后,磁盘中断处理器。磁盘取数据要用一段相对较长的时间(数量级为几十毫秒),所以内核执行从进程 A 到进程 B 的上下文切换,而不是在这个间歇时间内等待,什么都不做。注意,在切换之前,内核正代表进程 A 在用户模式下执行命令。在切换的开始阶段,内核仍代表进程 A 在内核模式下执行指令。然后在某一时刻,它开始代表进程 B(仍

然是内核模式下)执行指令。在切换之后,内核代表进程 B 在用户模式下执行指令。

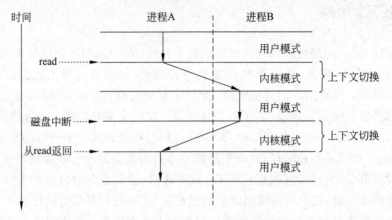

图 5-26　进程上下文切换的剖析

随后,进程 B 在用户模式下运行了一会儿,直到磁盘发出一个中断信号,表示数据已经从磁盘传送到了内存。内核判定进程 B 已经运行了足够长的时间了,就执行一个从进程 B 到进程 A 的上下文切换,将控制返回给进程 A 中紧随在系统调用 read 之后的那条指令。进程 A 继续运行,直到下一次异常发生。

习题

1. 一个分层结构操作系统由裸机、用户、CPU 调度、文件管理、作业管理、内存管理、设备管理、命令管理等部分组成,试按照层次结构的原则从内到外将各部分重新排列。

2. 什么是多道程序设计技术? 多道程序设计技术的特点是什么?

3. 通过查阅资料说明库函数与系统调用的区别和联系。

4. 结合进程的定义和特点,谈谈进程和程序的关系,并说明进程存在哪几种基本状态?

5. 结合本章介绍,说明进程和线程的主要区别。

6. 通过查阅资料,并结合书中的介绍,分别说明 Windows 与 Linux 操作系统的启动流程。

7. 说明什么是物理地址和逻辑地址,并说明什么叫做地址重定位。

8. 为什么要引入虚拟存储器的概念? 虚拟存储器的最大容量由什么决定?

9. 文件系统应具备哪些基本功能?

10. 试按照不同方法对文件进行分类,并说明分类依据。

第6章 计算机网络系统

从蜂窝电话中的 Web 浏览器到具有公共无线接入功能的咖啡店,从具有高速宽带接入的家庭网络到每张办公桌都有联网 PC 的传统办公场所,从联网的汽车到联网的环境传感器,到因特网……计算机网络无所不在。令人兴奋的新应用不断研发出来,扩展了今天乃至未来网络的疆界。本章介绍计算机网络的基本知识,从整体上勾画出计算机网络的概貌,使读者对计算机网络有一个直观的理解。本章首先向大家介绍全球最大的互联网——因特网,接下来对无线网络的相关知识进行介绍,最后介绍社交网络。

6.1 因特网原理

计算机和通信的结合对计算机系统的组织方式产生了深远的影响。过去那种用户必须带着任务到一个放置了大型计算机的房间里进行数据处理的"计算机中心"概念,虽然曾经主宰过计算模式,但现在已经完全过时。这种由一台计算机服务于整个组织内所有计算需求的老式模型已经被新的模型所取代——大量相互独立但彼此连接的计算机共同完成计算任务。这些相互独立但彼此连接的计算机系统称为计算机网络(computer network)。计算机网络表示一组通过单一技术相互连接的自主计算机集合。世界上存在着许许多多的网络,它们常常使用不同的硬件和软件。连接到一个网络中的人经常要与连接到另一个网络中的人通信。为了做到这一点,那些互不相同而且通常不兼容的网络必须能够连接起来。一组相互连接的网络称为互联网络或互联网,因此互联网是"网络的网络"。因特网(Internet)是世界上最大的互联网络,在本节内容中,我们主要对因特网进行详细介绍。

因特网并不是单个网络,而是大量不同网络的集合,这些网络使用特定的公共协议,并提供特定的公共服务。因特网是一个不同寻常的系统,它不是由任何人规划出来的,也不受任何人控制。本节首先看看构成因特网的基本硬件和软件组件,从网络边缘开始,考察在网络中运行的端系统和网络应用;接下来研究因特网的核心,谈谈传输数据的链路和交换机,以及连接端系统与网络核心的接入网和物理媒体。我们将了解因特网是"网络的网络",以及这些网络是怎样彼此连接起来的;在浏览完计算机网络的边缘和核心之后,在本节的最后将介绍联网时一些关键的体系结构上的原则,如协议分层和服务模型。

6.1.1 什么是因特网

什么是因特网?我们希望能用一句话给出因特网的定义,给出一个值得带回家与家人和朋友共享的定义。然而,因特网非常复杂,并且在不断变化,无论是对硬件和软件组件还是对它所提供的服务而言,情况都是如此。我们试着用一种更具描述性的方法来描绘因特网,而不是对它给出一个一句话的定义。首先描述因特网的具体构成,并用图 6-1 举例说明。

1. 具体构成描述

因特网是一个世界范围的计算机网络,即它是一个互联了遍及全世界的数以百万计的计算设备的网络。这些计算设备多数是传统的桌面 PC、基于 Linux 的工作站以及所谓的服务器(它们用于存储和传输 Web 页面和电子邮件报文等信息)。然而,越来越多的非传统的因特网端设备,如个人数字助手(PDA)、TV、移动计算机、蜂窝电话、Web 相机、汽车、环境传感设备、数字相框、家用电器和安全系统,正在与因特网相连。用因特网术语来说,所有这些设备都称为主机(host)或端系统(end system)。图 6-1 说明了因特网的基本部件。

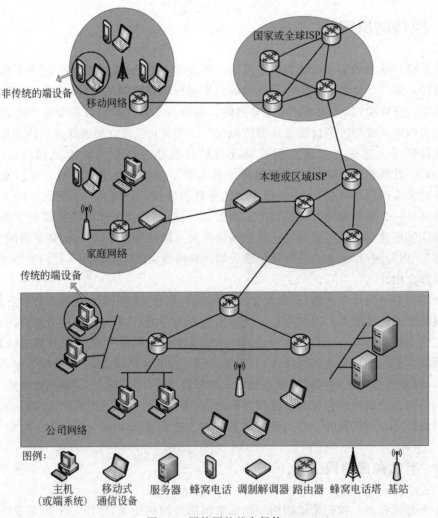

图 6-1 因特网的基本部件

　　端系统通过通信链路（communication link）和分组交换机（packet switch）连接到一起。通信链路类型繁多，它们由不同类型的物理媒介组成，这些物理媒介包括同轴电缆、铜线、光纤和无线电波。不同的链路以不同的速率传输数据，链路的传输速率是以 bps（每秒数据位）度量的。当一台端系统有数据要向另一台端系统发送时，发送端系统将数据分段，并为每段加上首部。用计算机网络的术语来说，由此形成的信息包称为分组（packet）。这些分组通过网络发送到目的端系统，在那里被装配成初始数据。

　　分组交换机从它的一条入通信链路接收到达的分组，并从它的一条出通信链路转发该分组。市面上流行着各种不同类型且各具特色的分组交换机，但在当今的因特网中，两种最著名的类型是路由器（router）和链路层交换机（link-layer switch）。这两种类型的交换机朝着最终目的地转发分组。从发送端系统到接收端系统，一个分组所经历的一系列通信链路和分组交换机称为通过该网络的路径（route 或 path）。第一个分组交换网络产生于 20 世纪 70 年代，它是今天因特网的"最早祖先"。

　　用于传送分组的分组交换网络在许多方面类似于承载车辆的公路、铁路和立交桥。例如，考虑下列情况，一个工厂需要将大量货物搬运到位于数千公里以外的某个目的地仓库。每辆卡车则独立地通过公路、铁路和立交桥的网络向该仓库运送货物。在目的地的仓库，卸下这些货物，并且与一起装载的同一批货物的其余部分分成一个组。因此，在许多方面，分组类似于卡车，通信链路类似于公路和铁路，分组交换机类似于立交桥，而端系统类似于建筑物。就像卡车选取运输网络的一条路径前行一样，分组则选取计算机网络的一条路径前行。

　　端系统通过因特网服务提供商（Internet Service Provider，ISP）接入因特网，包括像 AOL（美国在线）那样的住宅区 ISP、本地电缆或电话公司、公司 ISP、大学 ISP，以及像 T-Mobile 那样在机场、旅馆、咖啡店和其他公共场所提供无线接入的 ISP。每个 ISP 是一个由多个分组交换机和多段通信链路组成的网络。不同的 ISP 为端系统提供了各种不同类型的网络接入，包括 56kbps 拨号调制解调器接入、线缆调制解调器或 DSL 那样的住宅宽带接入、高速局域网接入和无线接入。ISP 也对内容提供者提供因特网接入服务，将 Web 站点直接接入因特网。为了允许因特网用户之间相互通信，允许用户访问世界范围的因特网内容，这些低层 ISP 通过国家的、国际的高层 ISP（如 AT&T 和 Sprint）互联起来。高层 ISP 是由通过高速光纤链路互联的高速路由器组成的。无论是高层还是低层 ISP 网络，它们每个都是独立管理的，运行 IP 协议，遵从一定的命名和地址习惯。

　　端系统、分组交换机和其他因特网部件都要运行控制因特网中信息接收和发送的一系列协议（protocol）。TCP（Transmission Control Protocol，传输控制协议）和 IP（Internet Protocol，网际协议）是因特网中两个最为重要的协议。IP 协议定义了在路由器和端系统中发送和接收的分组的格式。因特网主要的协议统称为 TCP/IP。

　　因特网中的协议十分重要，而且每个人都要就各个协议的作用达成共识，这正是标准发挥作用的地方。因特网标准（Internet standard）由因特网工程任务组（Internet Engineering Task Force，IETF）研发。IETF 的标准文档被称为请求评论（Request For Comment，RFC）。RFC 最初是作为普通的请求评论（因此而得名），以解决因特网先驱者们面临的体系结构问题。RFC 文档往往是技术性很强并相当详细的。它们定义了诸如

TCP、IP、HTTP(用于 Web)和 SMTP(用于电子邮件的开放标准)这样的协议。

2. 服务描述

前面的讨论已经提及了构成因特网的许多部件。还可以从一个完全不同的角度,即从为应用程序提供服务的基础设施的角度来描述因特网。这些应用程序包括电子邮件、Web 冲浪、即时讯息、IP 上的话音(VoIP)、因特网广播、流式视频、分布式游戏、对等(Peer-to-Peer,P2P)文件共享、因特网上的电视、远程注册等。这些应用程序称为分布式应用程序(distributed application),因为它们涉及多台相互交换数据的端系统。重要的是,因特网应用程序运行在端系统上,即它们并不运行在网络核心中的分组交换机之中。尽管分组交换机促进了端系统之间的数据交换,但是它们并不关心作为数据的源或宿的应用程序。

下面再深入探讨一下前面所说的为应用程序提供服务的基础设施所表达的意思。假定你最终对分布式因特网应用程序有一个激动人心的新思想,它可能大大地造福于人类,或者它可能直接使你富有和出名。那么,如何将这种思想转换成为一种实际的因特网应用程序呢?因为应用程序运行在端系统上,你需要编写运行在端系统上的一些软件。例如,你可能用 Java、C 或 C++ 编写软件。此时,因为你研发了一种分布式因特网应用程序,运行在不同端系统上的软件将需要互相发送数据。运行在一个端系统上的应用程序怎样才能指示因特网向运行在另一个端系统上的软件发送数据呢?

与因特网相连的端系统提供了一个应用程序编程接口(Application Programming Interface,API),API 规定了运行在一个端系统上的软件请求因特网基础设施向运行在另一个端系统上的特定目的地软件交付数据的方式。因特网 API 是一套发送软件必须遵循的规则集合,因此因特网将向目的地软件交付数据。我们给出一个简单的类比,假定 Alice 使用邮政服务向 Bob 发一封信。当然,Alice 不能只是写了这封信(相关数据)然后把该信丢出窗外。邮政服务要求 Alice 将信放入一个信封中,在信封的中央写上 Bob 的全名、地址和邮政编码,封上信封,在信封的右上角贴上邮票,最后将该信封投进一个邮局的邮政信箱中。因此,该邮政服务有其自己的"邮政服务 API"或一套规则,Alice 必须遵循该规则,才能通过邮政服务将自己的信件交付给 Bob。类似地,因特网具有一个发送软件必须遵循的 API,以使因特网向目的地软件交付数据。

邮政服务向它的顾客提供了多种服务。它提供了特快专递、挂号、普通服务等。类似地,因特网向它的应用程序提供了多种服务。当研发一种因特网应用程序时,也必须为应用程序选择一种因特网服务。

因特网的第二种描述方法(根据基础设施向分布式应用程序提供的服务)是很重要的。因特网具体构成部件的发展日益由新应用程序的需求所驱动。因此,请记住:因特网是一种基础设施,新应用程序正在其上不断地被发明和设置。

3. 协议

既然我们已经对因特网是什么有了一点印象,下面考虑计算机网络中另一个重要的术语:协议。什么是协议?协议是干什么的?如果遇到一个协议,如何识别它?

1) 人类活动的类比

要理解计算机网络协议的概念,也许最容易的办法是:先与某些人类活动进行类比,因为人类无时无刻不在执行协议。例如,当你想要向某人询问一天的时间时,将怎样做?图 6-2 中显示了一种典型的交互过程。人类协议要求一方首先进行问候(图 6-2 中的第一个"你好"),以开始与另一个人的通信。对这个"你好"的典型响应是返回一个"你好"报文。此人用一个热情的"你好"进行响应,这隐含着能够继续向那人询问时间了。对最初的"你好"的不同响应(例如,"不要烦我!",或某些不合时宜的回答)可能表明能勉强与之通信或不能与之通信,在此情况下,按照人类协议,发话者将不能够询问时间了。有时,一个人询问的问题根本得不到任何回答,在此情况下通常是放弃向该人询问时间的想法。注意,在人类协议中,有我们发送的特定报文,有我们根据接收到的应答报文或其他事件(例如,在某些给定的时间内没有应答)采取的动作。显然,传输的和接收的报文,以及当这些报文被发送和接收或其他事件出现时所采取的动作,在一个人类协议中起到了核心作用。如果人们执行不同的协议(例如,一个人讲礼貌,而另一人不讲礼貌;或一个人明白时间这个概念,而另一人却不知道),该协议就不能互动,因而不能完成有用的工作。在网络中该道理同样成立,为了完成一项工作,要求两个(或多个)通信实体运行相同的协议。

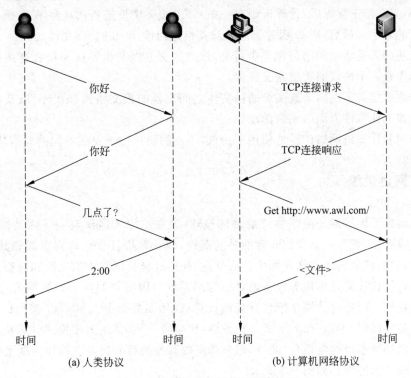

(a) 人类协议   (b) 计算机网络协议

图 6-2　人类协议和计算机网络协议

再来考虑第二个以人类活动类比的例子。假定你正在一个大学课堂里上课(例如,上的是计算机网络课程),教师正在唠唠叨叨地讲述协议,而你迷惑不解。这名教师停下来问:"同学们有什么问题吗?"(教师发送出一个报文,该报文被所有没有睡觉的学生接收到了)。你举起了手(向教师发送了一个隐含的报文),这位教师面带微笑地示意你"请讲……"(教师发出的这个报文鼓励你提出问题,教师喜欢被问问题)。接着你就问了问题(即向该教师传输了你的报文),教师听取了你的问题(即接收了你的问题报文)并加以回答(向你传输了应答报文)。我们再一次看到了报文的发送和接收,以及当这些报文发送和接收时所采取的一系列约定俗成的动作,这些都是这个"提问和回答"协议的核心。

2)网络协议

网络协议类似于人类协议,只不过交换报文和采取动作的实体是某些设备(如计算机、PDA、蜂窝电话、路由器或其他具有网络能力的设备)的硬件或软件组件。因特网中的所有活动,凡是涉及两个或多个通信的远程实体都受协议的制约。例如,在两台物理连接的计算机的网络接口卡中,硬件实现的协议控制了两块网络接口卡间的"线上"比特流,端系统中的拥塞控制协议控制了发送方和接收方之间传输的分组的速率。因特网中到处运行着协议。

以大家可能熟悉的一个计算机网络协议为例,比如,当用户向一个 Web 服务器发出请求时,即在 Web 浏览器中输入一个 Web 网页的 URL 时,将会发生什么情况呢?图 6-2 右边部分显示了一种情形。首先,计算机将向 Web 服务器发送一条连接请求报文,并等待回答。Web 服务器最终将能接收到该连接请求报文,并返回一条连接响应报文。得知请求该 Web 文档正常以后,计算机则在一条 GET 报文中发送要从这台 Web 服务器上取回的网页的名字。最后,Web 服务器向该计算机返回该 Web 网页(文件)。

从上述的人类活动和网络例子中可见,报文的交换以及当发送和接收这些报文时所采取的动作是一个协议的关键定义元素。

一个协议定义了在两个或多个通信实体之间交换的报文格式和次序,以及在报文传输和接收或其他事件方面所采取的动作。

因特网和计算机网络广泛地使用了协议,不同的协议用于完成不同的通信任务。

6.1.2 网络边缘

前面给出了因特网和网络协议的总体概述,现在更深入地研究一下因特网的部件。从网络边缘开始,观察一下我们非常熟悉的部件,即计算机、PDA、蜂窝电话和其他设备。在本节中,我们将从网络边缘向网络核心推进,探讨计算机网络中的交换和选路。

与因特网相连的计算机等设备通常称为端系统。因为它们位于因特网的边缘,故而被称为端系统。因特网的端系统包括桌面计算机(例如桌面 PC、Mac 和基于 Linux 的工作站)、服务器(例如 Web 和电子邮件服务器)和移动计算机(例如便携式计算机、PDA 和采用无线因特网连接的电话)。此外,越来越多的其他类型的设备正被作为端系统与因特网相连。端系统的交互如图 6-3 所示。

端系统也称为主机,因为它们容纳(即运行)诸如 Web 浏览器程序、Web 服务器程序、电子邮件阅读程序或电子邮件服务器程序等应用程序。本书将交替使用主机和端系统这两个术语,即主机和端系统同义。主机有时又被进一步划分为两类:客户机(client)和服务器(server)。客户机非正式地等同于桌面 PC、移动 PC 和 PDA 等,而服务器非正式地等同于更为强大的设备,用于存储和发布 Web 页面、流视频以及转发电子邮件等。

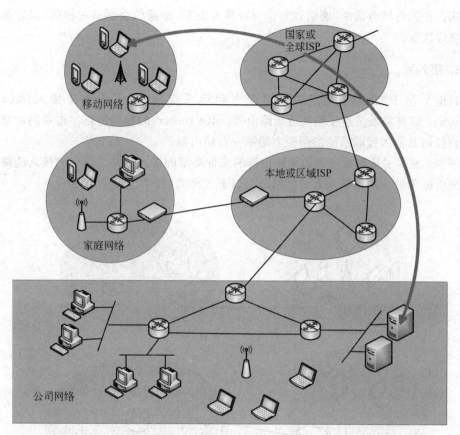

图 6-3 端系统交互

1. 客户机和服务器程序

客户机程序(client program)是运行在一个端系统上的程序,它发出请求,并接受运行在另一个端系统上的服务器程序(server program)提供的服务。这种客户/服务器模式无疑是因特网应用程序最为流行的结构,Web、电子邮件、文件传输、远程注册(例如Telnet)、新闻组和许多其他流行的应用程序采用了客户/服务器模式。因为通常客户机程序运行在一台计算机上,而服务器程序运行在另一台计算机上,所以根据定义,客户/服务器因特网应用程序是分布式应用程序(distributed application)。客户机程序和服务器程序通过因特网互相发送报文而进行交互。在这个层次的抽象下,路由器、链路和因特网服务的其他具体构件可作为一个"黑盒子",该黑盒子在因特网应用程序的分布式的通信的部件之间传输报文。图 6-3 显示了这种级别的抽象。

今天的因特网应用程序并非全都是由与纯服务器程序交互的纯客户机程序组成的。越来越多的应用程序是对等(P2P)应用程序,其中的端系统互相作用并运行执行客户机和服务器功能的程序。例如,在 P2P 文件共享应用程序(如 Limewire、eDonkey 和Kazaa)中,用户端系统中的程序起着客户机程序和服务器程序的双重作用。当它向另一个对等方请求文件时,起着客户机的作用;当它向另一个对等方发送文件时,起着服务器的作用。在因特网电话中,通信双方作为对等方交互,即通信会话是对称的,双方都在发送和接收数据。

2. 接入网

讨论了位于"网络边缘"的应用程序和端系统后,接下来讨论接入网(access network),即将端系统连接到其边缘路由器(edge router)的物理链路。边缘路由器是端系统到任何其他远程端系统的路径上的第一台路由器。

图 6-4 显示了从端系统到边缘路由器的几种类型的接入链路。图中的接入链路是用粗线突出标示的。网络接入大致可以分为以下三种类型:

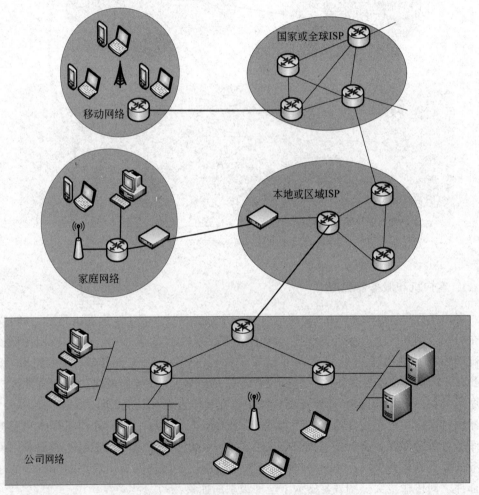

图 6-4　接入网

- 住宅接入(residential access),将家庭端系统与网络相连。住宅接入是指将家庭端系统(PC 或家庭网络)与边缘路由器相连接。一种住宅接入形式是通过普通模拟电话线用拨号调制解调器(dial-up modem)与住宅 ISP(如美国在线)相连。新型宽带接入技术为住宅用户提供了更高的比特速率,也为用户提供了一种接入因特网的同时还能打电话的手段。宽带住宅区接入有两种常见类型：数字用户线（Digital Subscriber Line, DSL）和混合光纤同轴电缆（Hybrid Fiber-Coaxial, HFC）。

- 公司接入（company access），将商业或教育机构中的端系统与网络相连。以太网技术是当前公司网络中最为流行的接入技术。目前，以太网的运行速率为100Mbps或1Gbps（甚至达到10Gbps）。它使用双绞铜线或同轴电缆，将一些端系统彼此连接起来，并与边缘路由器连接。
- 无线接入（wireless access），将移动端系统与网络相连。目前，有两大类无线因特网接入方式。在无线局域网（wireless LAN）中，无线用户与位于几十米半径内的基站（也称为无线接入点）之间传输/接收分组。这些基站通常与有线的因特网相连接，因而为无线用户提供连接到有线网络的服务。在广域无线接入网（wide-area wireless access network）中，分组通过与蜂窝电话相同的无线基础设施进行发送，基站由电信提供商管理，为数万米半径内的用户提供无线接入服务。

3. 物理媒介

在前面的内容中，介绍了因特网中的某些最为重要的网络接入技术。要实现这些技术，需要使用相应的物理媒介，下面简要概述一下在因特网中常使用的传输介质。

为了定义物理媒介所表示的内容，仔细考虑一个比特的短暂历程。考虑一个比特从一个端系统发出，通过一系列链路和路由器，到达另一个端系统。这个比特被传输许许多多次！源端系统首先传输这个比特，不久后第一台路由器接收到这个比特，该路由器传输该比特，接着不久后第二台路由器接收该比特……。因此，这个比特在从源到目的地的过程中经过一系列的传输和接收。对于每次传输和接收，通过跨越一种物理媒介（physical media）传播电磁波或光脉冲来发送该比特。该物理媒介能够具有多种形状和形式，并且对沿途的每次传输和接收而言不必具有相同的类型。物理媒介包括双绞铜线、同轴电缆、多模光纤、地面无线电波和卫星无线电波。物理媒介划分为两类：导引型媒介（guided media）和非导引型媒介（unguided media）。对于导引型媒介，电波沿着固体媒介（如光缆、双绞铜线或同轴电缆）被导引。对于非导引型媒介，电波在空气或外层空间（例如，在无线局域网或数字卫星频道）中传播。

6.1.3 网络核心

在考察了因特网的边缘后，需要更深入地研究网络核心，即互联了因特网端系统的分组交换机和链路的网状网络。

1. 分组交换

通过网络链路和交换机移动数据有两种基本方法：电路交换（circuit switching）和分组交换（packet switching）。在电路交换网络中，沿着端系统通信路径，为端系统之间通信所提供的资源（缓存、链路传输速率）在通信会话期间会被预留。在分组交换网络中，这些资源则不被预留，会话的报文按需使用这些资源，这将导致可能不得不等待（即排队）接入通信线路。下面作一个简单的类比,有两家餐馆,一家需要预订,而另一家不需要预订,但不保证能安排。对于需要预订的那家餐馆,我们在离开家之前要承受必须先打电话预订的麻烦。但当我们到达该餐馆时,原则上我们能够立即与服务员联系并点菜。对于不需要预订的那家餐馆,我们没有预订餐桌的麻烦,但也许不得不先等到有空闲餐桌后才能找服务员点菜。

因特网是分组交换网络的典范。考虑当一台主机通过因特网向另一台主机发送分组的情况。如同电路交换一样,分组通过一系列通信链路传输。但对于分组交换而言,分组被送往网络而不必预留任何带宽。如果因为其他分组需要同时经过某链路发送,使该链路变得拥塞,则分组将不得不在传输链路的发送侧的缓存中等待,从而形成时延。因特网尽力而为(best effort)以适时的方式传递分组,但它不作任何可靠性方面的保证。

各种应用程序在完成其任务时要交换报文(message)。报文能够包含协议设计者需要的任何东西。报文可以执行一种控制功能(例如,握手例子中的"你好"报文),或能够包含数据(例如电子邮件数据、JPEG 图像或 MP3 音频文件)。在现代计算机网络中,源主机将长报文划分为较小的数据块,并称之为分组(packet)。在源和目的地之间,这些分组中的每个都通过通信链路和分组交换机(交换机主要有两类:路由器和链路层交换机)传送。分组以该链路的最大传输速率在通信链路上传输。

多数分组交换机在链路的输入端使用存储转发传输(store-and-forward transmission)机制。存储转发传输机制是指在交换机能够开始向输出链路传输该分组的第一个比特之前,必须接收到整个分组。因此,存储转发式分组交换机沿着该分组的路径在每条链路的输入端引入了存储转发时延。考虑从一台主机经分组交换网络向另一台主机发送一个 L 比特分组需要多长时间。假定在这两台主机之间有 Q 段链路,每段链路的速率为 R。假定这是该网络中的唯一分组。从主机 A 发出的该分组必须首先传输到第一段链路上,这需要 L/R 秒。然后它要在余下的 $Q-1$ 段链路上传输,即它必须存储和转发 $Q-1$ 次,每次都有 L/R 的存储转发时延,因此总时延为 QL/R。

每个分组交换机有多条链路与之相连。对于每条相连的链路,该分组交换机具有一个输出缓存(output buffer),也称为输出队列(output queue),它用于存储路由器准备发往那条链路的分组。该输出缓存在分组交换中起着重要的作用。如果到达的分组需要经过一条链路传输,但发现该链路正忙于传输其他分组,该到达分组必须在输出缓存中等待。因此,除了存储转发时延以外,分组还要承受输出缓存的排队时延(queue delay)。这些时延是变化的,变化的程度取决于网络中的拥塞水平。因为缓存空间的大小是有限的,所以一个到达的分组可能发现该缓存被等待传输的分组完全充满了。在此情况下,将出现分组丢失或丢包(packet lost),可能是到达的分组,也可能是已经排队的分组之一将被丢弃。再以到餐馆吃饭的例子来类比,该排队时延与你在餐馆吧台等待餐桌空闲下来所花费的时间相类似。分组丢弃类似于你被服务员告知,已经有太多的其他人在吧台等待桌子就餐,你必须离开这家餐馆。

图 6-5 显示了一个简单的分组交换网络。如图所示,分组被表示为切片。切片的大小表示分组的长度。在这张图中,所有分组具有相同的长度。假定主机 A 和 B 向主机 E 发送分组。主机 A 和 B 先通过 10Mbps 的以太网链路向第一个分组交换机发送分组,该

分组交换机将这些分组导向一条 1.5Mbps 的链路。如果分组到达该交换机的速率超过了该交换机通过 1.5Mbps 的输出链路转发分组的速率，该链路就会发生拥塞，这些分组在通过链路传输之前将在链路输出缓存中排队。

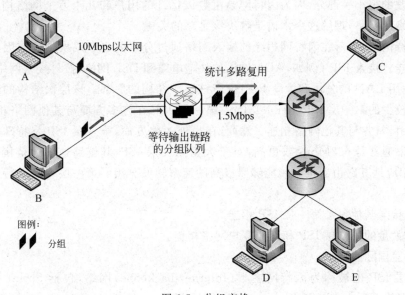

图 6-5　分组交换

2. 分组路由

路由器从与它相连的一条通信链路得到分组，将分组转发到与它相连的另一条通信链路。但是，路由器怎样确定它应当向哪条链路进行转发呢？在这里描述因特网所采用的方法。

在因特网中，每个通过该网络传输的分组在它的首部包含了其目的地址。就像邮政地址一样，该地址是一种层次结构。当分组到达网络中的一台路由器时，该路由器检查分组的目的地址的一部分，并向相邻路由器转发该分组。更特别的是，每台路由器具有一个转发表，用于将目的地址（或目的地址的一部分）映射到输出链路。当分组到达一台路由器时，该路由器检查目的地址，并用这个目的地址搜索转发表，以找到合适的输出链路。然后，路由器将该分组导向输出链路。

路由器使用分组的目的地址来索引转发表并决定合适的输出链路。但是，这里还回避了另一个问题：转发表是如何设置的？是通过人工对每台路由器逐台进行配置的，还是因特网使用更自动的过程进行设置的呢？因特网具有一些特殊的选路协议，它们用于自动地设置转发表（forwarding table）。例如，选路协议可以决定从每台路由器到每个目的地的最短路径，并使用这些最短路径来配置路由器中的转发表。在后续课程的学习中会深入探讨这个问题。

3. ISP 和因特网主干

我们在前面看到，端系统（用户 PC、PDA、Web 服务器、电子邮件服务器等）通过接入网与因特网相连。前面也讲过,接入网可以是有线的或无线的局域网(例如,在一个公司、学校或图书馆),也可以是住宅电缆调制解调器或 DSL 网络,还可以是通过拨号调制解调器接入的住宅 ISP(例如 AOL 或 MSN)。但是,将端用户和内容提供商连接到接入网只解决了难题的很小一部分,因为因特网是由数以亿计的用户和几十万个网络构成的。因特网是网络的网络,理解这个术语是解决该难题的关键。

在因特网中,坐落在因特网边缘的接入网络通过分层的 ISP 层次结构与因特网的其他部分相连。接入 ISP (例如,AOL 这样的住宅电缆和 DSL 网络、拨号接入网络、无线接入网络、使用 LAN 的公司和大学 ISP)位于该层次结构的底部。该层次结构的最顶层是数量相对较少的第一层 ISP(tier-1 ISP)。第一层 ISP 在许多方面与其他网络相同,它有链路和路由器,并与其他网络相连。然而,在另外一些方面,第一层 ISP 是特殊的。它们的链路速率通常是 622Mbps 或更高,对于大型第一层 ISP,其链路速率的范围是 2.5~10Gbps,相应地其路由器也必须能够以极高的速率转发分组。第一层 ISP 的特性可以表示为:

- 直接与其他每个第一层 ISP 相连。
- 与大量的第二层 ISP 和其他客户网络相连。
- 覆盖国际区域。

第一层 ISP 也被称为因特网主干(Internet backbone)网络,包括 Sprint、Verizon、MCI (以前的 UUNet/WorldCom)、AT&T、NTT、Level3、Qwest 和 Cable & Wireless。有趣的是,没有任何组织正式批准第一层的状态。

第二层 ISP 通常具有区域性或国家性覆盖规模,并且非常重要地仅与少数第一层 ISP 相连接(图 6-6)。因此,为了到达因特网的大部分区域,第二层 ISP 需要引导流量通过它所连接的第一层 ISP。第二层 ISP 被称为是它所连接的第一层 ISP 的客户(customer),第一层 ISP 相对该客户而言是提供商(provider)。许多大公司和机构将它们的企业网直接与第一层或第二层 ISP 相连,因而成为该 ISP 的客户。一个提供商 ISP 向它的客户收费,费用通常根据连接两者的带宽而定。一个第二层网络也可以选择与其他第二层网络直接相连,在这种情况下,流量能够在两个第二层网络之间流动,而不必流经某第一层网络。在第二层 ISP 之下是较低层的 ISP,这些较低层 ISP 经过一个或多个第二层 ISP 与更大的因特网相连。在该层次结构的底部是接入 ISP。在更为复杂的情况下,某些第一层提供商也是第二层提供商(即垂直集成),它们除了向较低层 ISP 出售因特网接入外,也直接向端用户和内容提供商出售因特网接入。当两个 ISP 彼此直接相连时,它们被称为彼此是对等(peer)的。

ISP 之间的互联如图 6-6 所示。在一个 ISP 的网络中,某 ISP 与其他 ISP(无论它在该层次结构的下面、上面或相同层次)的连接点被称为汇集点(Point of Presence,POP)。POP 就是某 ISP 网络中的一台或多台路由器组,通过它们能够与其他 ISP 的路由器连接。一个第一层提供商通常具有许多 POP,这些 POP 分散在其网络中不同的地理位置,每个 POP 与多个客户网络和其他 ISP 相连。对于一个与提供商 POP 连接的客户网络而言,该客户通常从第三方电信提供商租用一条高速链路,并且直接将它的一台路由器与该提供商位于 POP 的一台路由器相连。两个第一层 ISP 也可以将一对 POP 连接在一起,

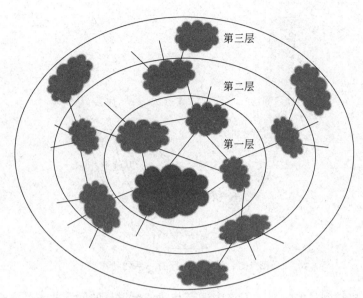

图 6-6　ISP 的互联

形成彼此对等的关系,这一对 POP 的两端分别属于这两个值之一。此外,两个 ISP 可以具有多个对等点,将两个或更多 POP 对彼此相连起来。

总之,因特网的拓扑是很复杂的,它由几十个第一层 ISP 和第二层 ISP 与数以千计的较低层 ISP 组成。ISP 覆盖的区域不同,有些跨越多个大洲和大洋,有些限于世界的很小区域。较低层的 ISP 与较高层的 ISP 相连,较高层的 ISP 彼此互联。用户和内容提供商是较低层的 ISP 的客户,较低层的 ISP 是较高层的 ISP 的客户。

6.1.4　协议层次及其服务模型

从目前的讨论来看,因特网是一个极为复杂的系统。我们已经看到,因特网有许多部分:大量的应用程序和协议、各种类型的端系统、分组交换机和各种类型的链路级媒介。对于这种巨大的复杂性,本节从网络的体系结构来讨论。

1. 分层的体系结构

在讨论因特网体系结构之前,先看一个人类社会中与之类比的例子。实际上,在日常生活中我们一直都在处理复杂系统。想象一下有人请你描述航线系统的情况吧。你怎样用一个结构来描述这样一个复杂的系统呢? 该系统具有票务代理、行李检查、登机口人员、飞行员、飞机、空中航行控制和世界范围的导航系统。描述这种系统的一种方式是描述你乘某个航班时你(或其他人为你)将采取的一系列动作:你要购买机票,托运行李,寻找登机口,并最终登上这次航班;该飞机起飞,飞行到目的地;当飞机着陆后,你从登机口离机并认领行李。如果你对这次行程不满意,就会向票务机构投诉这次航班。图 6-7 显示了相关情况。

从这里可以看出与计算机网络的类似:航空公司把你从源送到目的地,分组被从因

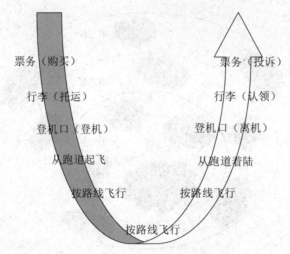

图 6-7　乘飞机旅行的一系列动作

特网中的源主机送到目的主机。但这个例子与我们要讨论的问题并不能完全类比。观察图 6-7，经检票的乘客有行李功能，对已经检票并已经检查过行李的乘客有登机口功能。对于那些已经登机的乘客（即已经经过检票、行李检查和登机的乘客）有起飞和着陆的功能，并且在飞行中有飞机按预定路线飞行的功能。这提示我们，可以以水平的方式看待这些功能，如图 6-8 所示。

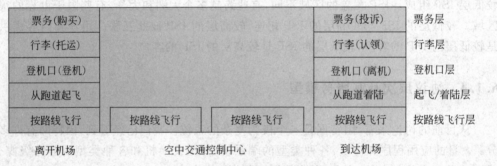

图 6-8　航线功能的水平分层

图 6-8 将航线功能划分为一些层次，为我们提供了讨论航线旅行的框架。注意到每个层次与其下面的层次结合在一起，实现了某些功能或服务。在票务层及以下，完成一个人从航线柜台到航线柜台的转移。在行李层及以下，完成某人的行李检查到行李认领和手提行李的转移。注意到行李层仅对已经完成票务的人进行。在登机口层，完成了人手提行李离开行李处到达登机口的转移。在起飞/着陆层，完成了一个人及其行李从跑道到跑道的转移。每个层次通过以下方式提供了它的服务：①在本层中执行了某些动作（例如，在登机口层，某航线乘客登机和离机），②使用直接下层的服务（例如，在登机口层，使用起飞/着陆层的跑道到跑道的旅客转移服务）。

利用分层的体系结构，可以讨论一个定义良好的、大而复杂的系统的特定部分。这种简化本身由于提供模块化而具有很高价值，这使得由层所提供的服务的实现易于改变。

只要该层对其上面的层提供相同的服务,并且使用直接下层的相同服务,当某层的实现发生变化时,该系统的其余部分仍然可以保持不变。

至此对航线已经进行了充分的讨论,现在将注意力转向网络协议。为了给网络协议的设计提供一个结构,网络设计者以分层(layer)的方式组织协议以及实现这些协议的网络硬件和软件。每个协议属于一层,就像图 6-8 所示的航线体系结构中每种功能属于某一层一样。我们再次关注某层向其上一层提供的服务(service),即所谓层的服务模型(service model)。就像前面航线例子中的情况一样,每层通过在该层中执行某些动作或使用直接下层的服务来提供本层的服务。例如,层 n 提供的服务可能包括报文从网络的边缘到另一边缘的可靠传送。这可能是通过使用层 $n-1$ 的"边缘到边缘"的不可靠报文传送服务,加上层 n 的检测和重传丢失报文的功能来实现的。

一个协议层能够用软件、硬件或两者的结合来实现。HTTP 和 SMTP 等应用层协议通常都是在端系统中用软件实现的,传输层协议也是如此。因为物理层和链路层负责处理跨特定链路的通信,它们通常在与给定链路相关的网络接口卡(例如以太网或 Wi-Fi 接口卡)中实现。网络层经常是硬件和软件的混合体。还要注意到,在分层的航线体系结构中,功能分布在构成该系统的各机场和飞行控制中心,与此相同,层 n 协议也分布在构成该网络的端系统、分组交换机和其他组件中。这就是说,层协议的不同部分常常位于这些网络组件的各部分中。

协议分层具有概念化和结构化的优点。分层提供了一种结构化方式来讨论系统组件。模块化使得更新系统组件更为容易。将这些综合起来,各层的所有协议被称为协议栈(protocol stack)。因特网的协议栈由 5 个层次组成:物理层、链路层、网络层、传输层和应用层,如图 6-9 所示。

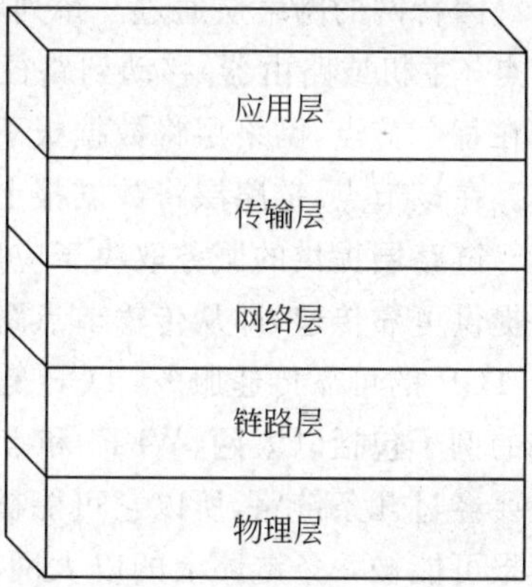

1) 应用层

应用层是网络应用程序及其应用层协议存留的

图 6-9 因特网协议栈

地方。因特网的应用层包括许多协议,例如 HTTP(为 Web 文档提供了请求和传送)、SMTP(提供了电子邮件报文的传输)和 FTP(提供了两个端系统之间的文件传送)。我们将看到,某些网络功能,例如将 www.ietf.org 这样的对人友好的端系统名字转换为 32 位网络地址(IP 地址),也是借助于应用层协议——域名系统(DNS)完成的。创建并部署自己的新应用层协议是非常容易的。

应用层协议分布在多个端系统上,一个端系统中的应用程序使用协议与另一个端系统中的应用程序交换信息分组。这种位于应用层的信息分组称为报文(message)。

2) 传输层

传输层提供了在应用程序之间传送应用层报文的服务。在因特网中,有两个传输层协议,即 TCP 和 UDP,利用其中的任何一个都能传输应用层报文。TCP 向它的应用程序提供了面向连接的服务。这种服务包括了应用层报文传输的可靠性保证和流量控制(即发送方/接收方速率匹配)。TCP 也将长报文划分为短报文,并提供拥塞控制机制,因此当网络拥塞时,源抑制其传输速率。UDP 协议向它的应用程序提供无连接服务。这是一种不提供不必要服务的服务,不提供可靠性保证,没有流量控制,也没有拥塞控制。传输层分组称为报文段(segment)。

3) 网络层

因特网的网络层负责将称为数据报(datagram)的网络层分组从一台主机移动到另一台主机。源主机中的因特网传输层协议(TCP 或 UDP)向网络层递交传输层报文段和目的地址,就像人们为邮政信件提供目的地址一样。

因特网的网络层包括著名的 IP 协议,该协议定义了数据报中的各个字段以及端系统和路由器如何作用于这些字段,所有具有网络层的因特网组件都必须运行 IP 协议。因特网的网络层也包括决定路由的选路协议,数据报根据该路由从源传输到目的地。因特网具有许多选路协议。因特网是网络的网络,在一个网络中,其网络管理者能够运行所希望的任何选路协议。尽管网络层包括了 IP 协议和一些选路协议,但它经常只被称为 IP 层,这反映了 IP 是将因特网连接在一起的粘合剂这样一个事实。

4) 链路层

因特网的网络层通过一系列路由器在源和目的地之间发送分组。为了将分组从一个节点(主机或路由器)移动到路径上的下一个节点,网络层必须依靠链路层的服务。特别是在每个节点,网络层将数据报下传给链路层,链路层沿着路径将数据报传递给下一个节点。在该节点,链路层将数据报上传给网络层。

链路层提供的服务取决于应用于该链路的特定链路层协议。例如,某些协议基于链路提供可靠传递,即从传输节点跨越一条链路到接收节点。注意,这种可靠传递服务不同于 TCP 的可靠传递服务,TCP 是为从一个端系统到另一个端系统提供可靠传递。链路层的例子包括以太网、Wi-Fi 和点对点协议(PPP)。因为数据报从源到目的地传送通常需要经过几条链路,所以它可能被沿途不同链路上的不同链路层协议处理。例如,某个数据报可能被一条链路上的以太网和下一条链路上的 PPP 所处理。网络层将接收来自每个不同的链路层协议的不同服务。链路层分组称为帧(frame)。

5) 物理层

链路层的任务是将整个帧从一个网络元素移动到邻近的网络元素,而物理层的任务是将该帧中的一个一个比特从一个节点移动到下一个节点。该层中的协议仍然是链路相关的,并且进一步与链路(例如双绞铜线、单模光纤)的实际传输媒介相关。例如,以太网具有许多物理层协议:关于双绞铜线的,关于同轴电缆的,关于光纤的,等等。在每种情况下,跨越这些链路移动一个比特的方式不同。

2. 报文、报文段、数据包和帧

图 6-10 显示了这样一条物理路径:数据从发送端系统的协议栈向下,到中间的链路层交换机和路由器的协议栈,进而向上到达接收端系统的协议栈。路由器和链路层交换机都是分组交换机。与端系统类似,路由器和链路层交换机以层的方式组织它们的网络硬件和软件。而路由器和链路层交换机并不实现协议栈中的所有层次。如图 6-10 所示,链路层交换机实现了第一层和第二层;路由器实现了第一层到第三层。例如,这意味着因

特网路由器能够实现 IP 协议（一种第三层协议），而链路层交换机则不能。尽管链路层交换机不能识别 IP 地址，但它们能够识别第二层地址，如以太网地址。可以看到主机实现了所有 5 个层次，这与因特网体系结构将它的复杂性放在网络边缘的观点是一致的。

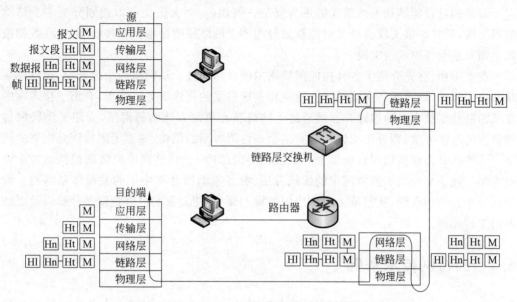

图 6-10 主机、路由器和分组交换机

图 6-10 也举例说明了封装（encapsulation）这一重要概念。在发送端，应用层报文（application-layer message，即图 6-10 中的 M）被传送给传输层。在最简单的情况下，传输层收取报文并附上附加信息（即传输层首部信息，图 6-10 中的 Ht），该首部将被接收端的传输层使用。应用层报文和传输层首部信息共同构成了传输层报文段（transport-layer segment）。传输层报文段因此封装了应用层报文。附加的信息可能包括下列内容，如允许接收端传输层向上向适当的应用程序交付报文的信息；差错检测比特信息，利用该信息接收方能够判断报文中的比特是否在途中已被改变。传输层则向网络层传递该报文段，网络层增加了如源和目的端系统地址等网络层首部信息（图 6-10 中的 Hn），形成了网络层数据报（network-layer datagram）。该数据报接下来被传递给链路层，链路层当然也增加它自己的链路层首部信息（图 6-10 中的 Hl）并创建了链路层帧（link-layer frame）。于是，可以看到在每一层，分组具有两种类型的字段：首部字段和有效载荷字段（payload field）。有效载荷通常来自上一层的分组。

这里有一个有用的类比，即通过公共邮政服务发送一封办公室之间的备忘录。假定一个分支机构办公室的 Alice 要向另一个分支机构办公室的 Bob 发送一封备忘录。备忘录类似于应用层报文。备忘录被放入公函信封中，并在公函信封上方写上了 Bob 的名字和部门。公函信封类似于传输层报文段，即它包括了首部信息（Bob 的名字和部门）并封装了应用层报文（备忘录）。发送分支机构办公室的收发室拿到该备忘录，将其放入适合通过公共邮政服务发送的信封中，在邮政信封上写上发送和接收分支机构办公室的邮政地址。此处，邮政信封类似于数据报，它封装了传输层的报文段（办公室间的公函信封），该报文段封装了初始报文(备忘录)。邮局将该邮政信封交付给接收分支机构办公室的收发室,在此处信封被打开,得到办公室间的公函信封并转给 Bob。最后,Bob 打开该信封并得到该备忘录。

封装的过程能够比上面描述的更为复杂。例如,一个大报文可以被划分为多个传输层报文段,而这些报文段自身又可能被划分为多个网络层数据报。在接收端,这些数据报则必须要重新还原成报文段。

在本节中,首先介绍了各种构成因特网的硬件和软件。从网络的边缘开始,观察端系统和应用程序,以及运行在端系统上为应用程序提供的传输服务。接着,介绍了接入网中常见的链路层技术和物理媒介。然后进入网络核心更深入地钻研网络,介绍了因特网传输数据的基本方法,即分组交换。研究了全球性因特网的结构,知道了因特网是网络的网络。因特网是由较高层和较低层 ISP 组成的层次结构,允许该网络扩展到包括数以千计的网络。接下来介绍了因特网中的协议分层、服务模型以及网络中的关键体系结构。希望通过本小节的介绍,从整体上勾画出因特网的概貌,使大家明白因特网是什么以及因特网的工作原理。

6.2　因特网技术基础

在上面的内容中,介绍了因特网的基本原理,本节将对因特网的技术基础做简单的介绍。

6.2.1　TCP/IP 协议

因特网的产生得益于 TCP/IP 协议的研制成功,可以说,TCP/IP 协议就是因特网的"标准语言"。TCP/IP 协议是用于计算机通信的一组协议,通常称为 TCP/IP 协议簇。它是 20 世纪 70 年代中期美国国防部为其 ARPANET 广域网开发的网络体系结构和协议标准,以它为基础组建的因特网是目前国际上规模最大的计算机网络。正因为因特网的广泛使用,TCP/IP 成了事实上的标准。TCP/IP 协议簇包括 TCP、IP、UDP、ICMP、RIP、Telnet、FTP、SMTP、ARP、TFTP 等许多协议。

因特网上的计算机与网络之间共享信息采用分组交换技术,即要把发送的信息或者消息分割成一个一个的分组,将这些分组传送到它们的目的地,接收方计算机在收到所有的分组后,再将它们组装到一起,成为原来的形式,这一些系列工作就是由 TCP 协议和 IP 协议来完成的,通常将它们称为 TCP/IP 协议。TCP 对信息进行分组并最终进行组装,而 IP 负责确保将分组发送到正确的目的地。

IP 协议是 TCP/IP 的核心,它详细定义了计算机通信应该遵循的具体细节。IP 定义了分组如何构成,以及如何将一个分组由源地址递交到目的地。它不负责保证分组传输的可靠性、流控制、包顺序等安全机制。IP 是一种不可靠服务,它没有解决诸如数据报丢失或误投递的问题。TCP 是一种可靠传输服务,它解决了 IP 没有解决的问题,二者的结合提供了一种在因特网上可靠的数据传输方法。

为了能使 PC 充分地使用因特网,用户需要一个特殊的软件来理解和解释 TCP/IP 协议。这个软件指的就是 Socket(套接字)或 TCP/IP 协议栈。对于采用 Windows 系统的 PC,所需要的软件是 Winsock,它有诸多不同的版本;对于 Macintosh 机,该软件称为 MacTCP。不管哪种情况,这个软件都是作为因特网与 PC 之间的媒介,提供相应的接口。

6.2.2 IP 地址

在互联网体系结构中,参与通信的每台主机都要预先分配一个唯一的逻辑地址作为标识符,并使用该地址进行一切通信活动,该地址称为 IP 地址。常用的有 IPv4 和 IPv6 两种地址。

1. IPv4 地址

IPv4 中,IP 地址由 32 位二进制数组成,分成 4 段,每 8 位构成一段,每段所能表示的十进制数的范围最大不超过 255。为了便于表达和识别,IP 地址是以十进制数的形式表示的,每 8 位为一组用一个十进制数来表示,每组数之间用"."隔开。例如某台计算机的 IP 地址为 10.32.1.139。

每个 IP 地址由网络标识和主机标识两部分组成,网络标识确定了某一主机所在的网络,主机标识确定了在该网络中特定的主机。IP 地址分为 A、B、C、D、E 五类,大量使用的为 A、B、C 三类,图 6-11 为 IP 地址格式。

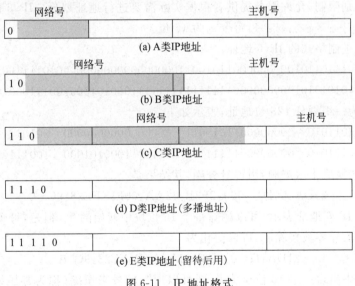

图 6-11 IP 地址格式

A 类 IP 地址中,地址类别号占一位,即第 0 位为 0,表示是 A 类地址,第 1~7 位表示网络号,第 8~31 位表示主机地址。它所能表示的地址范围为 0.0.0.0~127.255.255.255,可以表示 $2^7-2=126$ 个 A 类网,每个 A 类网最多可以有 $2^{24}-2=16\,777\,214$ 个主机地址。A 类 IP 地址通常用于超大型网络。

B类IP地址中,地址类别占两位,即第0、1位为10,表示是B类地址,第2～15位表示网络号,第16～31位表示主机地址。它所能表示的地址范围为128.0.0.0～191.255.255.255,可以表示$2^{14}-1=16\,383$个B类网,每个B类网最多可以有$2^{16}-2=65\,534$个主机地址。B类IP地址通常用于大型网络。

C类IP地址中,地址类别占三位,即第0、1、2位为110,表示是C类地址,第3～23位表示网络号,第24～31位表示主机地址。它所能表示的地址范围为192.0.0.0～223.255.255.255,可以表示$2^{21}-1=209\,715$个C类网,每个C类网最多可以有$2^8-2=254$个主机地址。C类IP地址通常用于校园网或企业网。

D类IP地址是多播地址,它所能表示的地址范围为224.0.0.0～239.255.255.255。在因特网中,允许有两类多播组:临时地址和永久地址多播组。临时地址多播组是临时建立的多播组,必须事先创建;永久地址多播组则永久性存在,不需要事先创建,主要用于特殊目的。

E类地址是实验地址,它所能表示的地址范围为240.0.0.0～247.255.255.255。

在因特网中,IP地址不是任意分配的,必须由国际组织统一分配,以保持IP地址的唯一性,避免IP地址冲突。

2. IPv6 地址

IPv6相比于IPv4使用了更大的地址空间,IPv6地址为128位,以16位为一组划分,每16位转换成4位十六进制数字,用冒号(:)分隔,称为冒号十六进制。IPv6对128位地址没有做类别限制,允许服务提供者根据实际需要进行地址划分。IPv6的标准地址格式为×:×:×:×:×:×:×:×,每个×为16位。

下面是二进制格式的IPv6地址:

00100001110110100000000001101001100000000000000000101111001110110000000101010101000000000111111111111111000101000100111000101011010

以16位为一组划分128位地址,表示如下:

0010000111011010　0000000011010011　0000000000000000　0010111100111011
0000001010101010　0000000011111111　1111111000101000　1001110001011010

每16位转换成十六进制,用冒号分隔,其结果是

21DA:00D3:0000:2F3B:02AA:00FF:FE28:9C5A

为了简化IPv6地址表示,可以删除每个16位块中起始的0。但是,每个16位块至少要保留1位。前导零被删除后,可以简化为

21DA:D3:0:2F3B:2AA:FF:FE28:9C5A

如果地址中出现一组16位全为0,则可以用"::"号来压缩(称为零压缩),以进一步简化IPv6地址表示。例如,地址FE80:0:0:0:2AA:FF:FE9A:4CA2可以压缩成FE80::2AA:FF:FE9A:4CA2。零压缩只能用于压缩冒号十六进制地址中一个全部为0的16位块,不能压缩部分为0的16位块,例如,不能将FF02:30:0:0:0:0:0:5表示成FF02:3::5。用::表示0位的数量用公式$(8-n)\times16$来计算,其中n为地址中的16位块的数量。零压缩只能在给定地址中使用一次,否则,就无法确定每个双冒号(::)实例所表示的

0 位数量。

IPv6 地址使用了地址前缀概念,用来表示该地址的前几位或者网络标识符,并用 X/Y 形式来表示,其中 X 是地址前缀,Y 是地址前缀位数。例如,5D4C:D3::/16 的地址前缀为 5D4C。与划分 IPv4 地址空间的方法相似,IPv6 也是根据地址前缀来划分 IPv6 地址空间的。IPv6 地址可以分为单播(unicast)、多播(multicast)和任意播(anycast)3 种地址,各种地址类型用地址格式前缀来表示。表 6-1 显示了按地址前缀分配的 IPv6 地址空间。

表 6-1　已分配的 IPv6 地址空间

分　　配	格式前缀(FP)	地址空间分数
保留	0000 0000	1/256
为 NSAP 分配保留	0000 001	1/128
可聚合的全局单播地址	001	1/8
链接本地单播地址	1111 1110 10	1/1024
站点本地单播地址	1111 1110 11	1/1024
多播地址	1111 1111	1/256

6.2.3　域名系统

域名系统(Domain Name System,DNS)是因特网使用的命名系统,用来把便于人们使用的机器名字转换为 IP 地址。人们对于众多的以数字表示的一长串 IP 地址记忆起来十分困难,引入域名的概念后,通过为每台主机建立 IP 地址与域名之间的映射关系,用户可以避开难于记忆的 IP 地址,而使用域名来唯一标识网上的计算机。

1. 因特网的域名结构

因特网采用了层次树状结构的命名方法,任何一个连接在因特网上的主机或路由器都有一个唯一的层次结构的名字,即域名(domain name)。这里"域"是名字空间中一个可被管理的划分。域还可以或分为子域,而子域还可以继续划分为子域的子域,这样就形成顶级域、二级域、三级域等等。

从语法上讲,每个域名都由标号序列组成,而各标号之间用"."隔开。例如,以下域名:

就是中央电视台用于收发电子邮件的计算机的域名,它由三个标号组成,其中标号 com 是顶级域名,标号 cctv 是二级域名,标号 mail 是三级域名。

DNS 规定,域名中的标号都由英文字母和数字组成,每一个标号不超过 63 个字符,也不区分大小写字母。标号中除连字符(-)外不能使用其他的标点符号。级别最低的域名写在最左边,而级别最高的顶级域名则写在最右边。由多个标号组成的完整域名总共不超过 255 个字符。DNS 既不规定一个域名需要包含多少个下级域名,也不规定每一级域名代表什么意思,各级域名由上一级的域名管理机构管理,而最高的顶级域名则由互联网名称与数字地址分配机构(Internet Corporation for Assigned Names and Number,ICANN)进行管理。用这种方法可以使每一个域名在整个因特网范围内是唯一的,并且也容易设计出一种查找域名的机制。图 6-12 是因特网域名空间的结构。

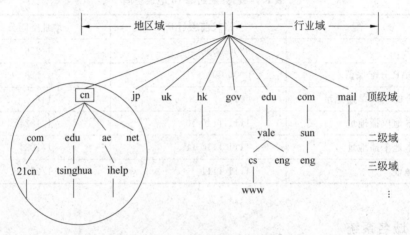

图 6-12 因特网域名空间

用域名树来表示因特网域名系统是最清楚的。它实际上是一个倒过来的树,在最上面是根,但是没有对应的名字。根下面一级的节点就是最高一级的顶级域名。顶级域名可往下划分子域,即二级域名。再往下划分就是三级域名、四级域名,等等。一旦某一个单位拥有了一个域名,它就可以自己决定是否要进一步划分其下属的子域,并且不必由其上级机构批准。域名树的树叶就是单台计算机的名字,它不能再继续往下划分子域了。需强调指出的一点是,因特网的名字空间是按照机构组织来划分的,与物理的网络无关,与 IP 中的"子网"也没有关系。

2. 域名服务器

域名系统是使用分布在各地的域名服务器具体实现的,从理论上讲,可以让每一级域名都有一个相应的域名服务器,使所有的域名服务器构成和图 6-12 相对应的"域名服务器树"的结构。但这样做会使域名服务器的数量太多,使域名系统的运行效率降低。因此 DNS 就采用划分区的办法来解决这个问题。

一个服务器所负责管辖的范围叫做区,各单位可以根据具体情况来划分自己管辖范围的区。但在一个区内的所有主机必须是能够连通的,每一个区设置相应的权限域名服务器,用来保存该区中所有主机的域名到 IP 地址的映射。总之,DNS 服务器的管辖范围不是以域为单位,而是以区为单位。区是 DNS 服务器实际管辖的范围,区可能等于或小于域,但一定不可能大于域。图 6-13 给出了 DNS 服务器树状结构图。

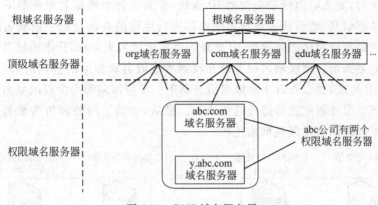

图 6-13　DNS 域名服务器

　　DNS 域名服务器树状结构图可以更加准确地反映出 DNS 的分布式结构,图 6-13 中的每一个域名服务器都能够进行部分域名到 IP 地址的解析,当某个 DNS 服务器不能进行域名到 IP 地址的转换时,它就设法找因特网上别的域名服务器进行解析。因特网上的 DNS 域名服务器也是按照层次安排的,每一个域名服务器都只对域名体系中的一部分进行管辖。根据域名服务器所起的作用,可以把域名服务器划分为以下 4 种不同的类型:

　　(1) 根域名服务器。是最高层次的域名服务器,也是最重要的域名服务器。所有的根域名服务器都知道所有顶级域名服务器的域名和 IP 地址。根域名服务器是最重要的域名服务器,因为不管是哪一个本地域名服务器,若要对因特网上的任何一个域名进行解析,只要自己无法解析,就首先要求助于根域名服务器。假定所有的根域名服务器都瘫痪了,那么整个 DNS 系统就无法工作。

　　(2) 顶级域名服务器。负责管理在该顶级域名服务器注册的所有二级域名。当收到 DNS 查询请求时,就给出相应的回答。

　　(3) 权限域名服务器。就是前面讲过的负责一个区的域名服务器。当一个权限域名服务器还不能给出最后的查询回答时,就会告诉发出查询请求的 DNS 客户,下一步应当找哪一个权限域名服务器。

　　(4) 本地域名服务器。这类域名服务器并不属于图 6-13 所示的域名服务器层次结构,但它对域名系统十分重要。当一个主机发出 DNS 查询请求时,这个查询请求报文就发送给本地域名服务器。本地域名服务器离用户较近,一般不超过几个路由器的距离。当所要查询的主机也属于同一个本地 ISP 时,该本地域名服务器立即就能将所查询的主机名转换为它的 IP 地址,而不需要再去询问其他的域名服务器。

　　图 6-14 给出了 DNS 查询示例,下面简单讨论一下域名的解析过程:

　　(1) 递归查询。如图 6-14(a)所示,如果主机所查询的本地域名服务器不知道被查询域名的 IP 地址,那么本地域名服务器就以 DNS 客户身份,向其他域名服务器继续发出查询请求报文(即替代该主机继续查询),而不是让该主机自己进行下一步查询。因此,递归查询返回的查询结果或者是所要查询的 IP 地址,或者是报错,表示无法查询到所需的 IP 地址。

　　(2) 迭代查询。如图 6-14(b)所示,当根域名服务器收到本地域名服务器发出的迭代查询请求报文时,要么给出所要查询的 IP 地址,要么告诉本地域名服务器下一步应该查询的域名服务器信息,然后让本地域名服务器进行后续的查询过程。根域名服务器通常是把自己知道的顶级域名服务器的 IP 地址告诉本地域名服务器,让本地域名服务器再向顶级域名服务器查询。顶级域名服务器在收到本地域名服务器的查询请求后,要么给出所要查询的 IP 地址,要么告诉本地域名服务器下一步应该向哪一个权限域名服务器进行查询。本地域名服务器就这样进行迭代查询。最后,知道了所要解析的域名的 IP 地址,然后把这个地址返回给发起查询的主机。

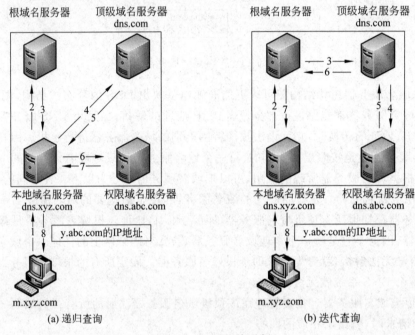

图 6-14　DNS 查询示例

6.2.4　客户/服务器模式

　　因特网上提供的各种服务都是采用客户/服务器模式的。其基本思想是,在因特网中,某些计算机提供其他计算机可以访问的服务,任何提供服务的一方称为服务器,而访问该项服务的另一方称为客户机。作为客户机要运行相应的客户端软件,同样地,服务器也必须运行服务器程序。例如用户通过 Telnet 使用远程计算机上的资源,或是通过 E-mail 程序发送电子邮件,都是建立了客户机与服务器之间的通信关系。与客户端不同的是,服务器由于提供服务的需要,必须时刻准备好接受客户端发来的请求,因此,作为服务器的计算机必须始终处于运行状态,一旦服务器崩溃或者由于检修而暂停运行,那么正在访问该服务器的客户机将收到一个错误信息,表明此次连接失败。因此服务器具有良好的性能至关重要。

因特网以客户/服务器的工作模式来传递信息。信息大多数驻存在服务器上,客户机连接服务器,特别是大型计算机可获取访问服务。这些服务包括搜索 Web 数据库服务器上的信息,传送 Web 页面,处理接收或发出的邮件等。因此无论用户何时使用因特网,都是连接到某台服务器上,请求使用服务器上的信息资源。

客户机通常是本地的个人计算机,如基于 Windows 环境的 PC、Macintosh 机等,服务器通常是功能强大的计算机,运行着 UNIX、Windows NT 等高性能操作系统。客户机连接服务器可以采用局域网、电话线或基于 TCP/IP 协议的广域网。建立客户/服务器模式,使得多个客户端可以同时访问存储在同一服务器上的应用程序和文件资源。

以 WWW 服务为例,客户机是指 PC 上的 Web 浏览器,服务器则是因特网上位于某一位置上的 Web 服务器。客户机向服务器发送请求,服务器处理请求后,将指向的 Web 页面返回给浏览器。一个用户请求 Web 页面的过程为:首先客户端使用服务器的 IP 地址请求网络,然后服务器通过将网页发送给客户端的 IP 地址来做出响应,最后 Web 客户端软件对网页进行格式化并将其显示给用户。

6.3 无线网络原理

整个世界逐渐走向移动化,连接世界的传统方式已经无法应付新的生活方式所带来的挑战,如果非得通过实体电缆才能连接到网络,用户的活动范围势必大幅缩小。无线网络便无此限制,用户可以享有较宽广的活动空间。无线设备以及它们所提供的服务已经改变了人们的生活,无线网络最大的优点是可以让人们摆脱有线的束缚,更便捷、更自由地进行沟通。

6.3.1 无线网络概述

无线网络的历史起源可以追溯到 20 世纪 40 年代的第二次世界大战期间,美国陆军采用无线电信号进行资料传输,他们研发出一套无线电传输技术。这项技术让许多学者得到了灵感,1971 年,夏威夷大学的研究员创造了第一个基于封包式技术的无线电通信网络。这种被称作 ALOHANET 的网络可以算是早期的无线局域网络(WLAN),包括 7 台计算机,采用双向星形拓扑横跨 4 座夏威夷的岛屿,中心计算机放置在瓦胡岛上。从这时开始,无线网络可以说是正式诞生了。

无线网络(wireless network)指的是任何形式的无线计算机网络,普遍和电信网络结合在一起,不需电缆即可在节点之间相互链接。无线网络让用户摆脱了网络连接端口的束缚,不再受制于网络的物理位置。相较于固定式网络,无线网络具有如下优点:

(1)移动性。用户有四处游走的需要,不过数据通常集中存储。能够让用户在移动中访问数据可以大幅提高生产力。无线网络没有物理连接口,其设计能够满足人们移动性的要求。

(2)便捷性。对传统的有线网而言,要在某些场所布线相当困难。而且,布线不但成本高,同时也十分耗时。无线网络无需网线,没有重新布线的问题。利用无线网络,用户可以迅速地构建小型、临时性的自组网络以供使用。例如,无线网络在机场、酒店、车站、图书馆以及咖啡馆均有广泛应用。

无线网络与固定式网络是相互补充,而非取而代之的技术。就像移动电话与固定电话,无线网络给用户提供移动性和便捷性。相较于一般网络,无线网络所使用的媒介更为开放。从定义上来说,无线网络所使用的媒介不像实体电缆那样有明确的路径,而只是经过特殊编码与调制过的无线电波链路来传输数据。

6.3.2 无线通信

作为无线网络技术存在和发展的基础,无线通信技术的原理是学习无线网络的必备知识。下面给出简要介绍。

1. 无线传输媒介

传输媒介(transmission medium)指的是数据传输系统中发送器和接收器之间的物理路径。传输媒介可分为导向(guided)和非导向(unguided)两类。在这两种情况下,通信都是以电磁波的形式进行的。对导向媒介而言,电磁波被引导沿某一固定媒介前进,例如双绞线、同轴电缆和光纤等。非导向媒介的例子是大气和外层空间,它们提供了传输电磁波信号的手段,但不引导它们的传播方向,这种传输形式通常称为无线传播(wireless transmission)。

无线电频率(RF)简称射频,无线电通信是绝大部分无线网络的核心,其原理类似于人们熟知的电台广播和电视广播。RF 频段是指 9kHz～300GHz 之间的电磁频谱,不同的频段用来传输不同的业务。在对无线传输的研究和应用中,人们感兴趣的频率范围有 3 个。频率范围为 1～100GHz 称为微波频率(microwave frequencies)。在这个频率范围内,可实现高方向性的波束,而且微波非常适合用于点对点传输,它也可用于卫星通信。30MHz～1GHz 频率范围的电磁波称为无线电广播频段。还有一种对本地应用重要的频率范围是红外频段,它覆盖的频率范围大致为 $3\times10^{11}\sim2\times10^{14}$ Hz,红外线在有限的区域内对于局部的点对点以及点对多点应用非常有用。

2. 无线传输技术

1) 扩频技术

扩频(Spread Spectrum,SS)是一种重要的通信技术,可用于传输模拟和数字信息。扩频最主要的优点是在同样的频带内可以减少甚至消除与窄带传输之间的干扰,可以显著提高射频数据链路的可靠性。不同于简单的调幅或者调频无线电,扩频信号使用的宽带远大于简单传输相同信息所占的带宽。图 6-15 是扩频传输的简单示意图,窄带干扰(图中的信号Ⅰ)在对接收到的信号"解扩"时被消除。扩频信号具有类似噪声的特性,这使得它很难被窃听。

2) 复用和多址技术

通信技术中一个关键的指标是传输效率,即尽量充分利用信道。实际上就是同时传

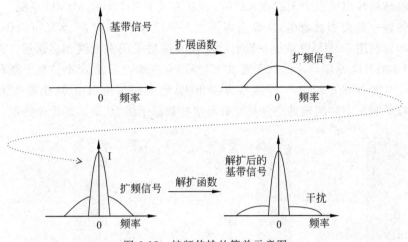

图 6-15 扩频传输的简单示意图

输多个信号,在两点间的信道中同时传输互不干扰的多个信号称"信道复用",而在多点间实现互不干扰的多边通信称"多址接入"。其本质是信号分割,即赋予各信号不同特征或地址,然后根据各特征间的差异来区分,按不同地址分发,以实现互不干扰的通信。复用或多址技术的关键是设计正交信号集合,使各信号彼此无关。

常见的复用方式有频分复用(FDM)、时分复用(TDM)、码分复用(CDM)、空分复用(SDM)等。多址通信方式有时分多址(TDMA)、频分多址(FDMA)、正交频分复用(OFDM)、码分多址(CDMA)、空分多址(SDMA)等。

3) 调制技术

调制是指将输入信息变换为适用于信道传输的形式。信号源信息通常包含直流分量和频率较低的频率分量,称为基带信号。基带信号一般不能直接作为传输信号,需变换为一个比基带频率高得多的信号,以用于信道传输。该信号称为已调信号,基带信号称为调制信号。

调制过程改变了高频载波即信息载体信号的幅度、相位或频率,使其随基带信号幅度的变化而变化。相逆的解调过程则将基带信号从载波中提取出来,使接收方能正确处理。常用的调制技术有模拟调制、数字调制、脉冲调制等。

4) 超宽带无线电技术

超宽带无线通信技术基于 20 世纪 60 年代美国和苏联发展的军用脉冲雷达技术。脉冲雷达或脉冲无线电发射非常短的电磁脉冲,典型情况是长度小于 1ns,不需要载波信号,这么短的脉冲会使传输的有效带宽从 500 兆赫到数吉赫。超宽带无线电具有非常低的功率频谱密度,使得它应用于要求较长电池寿命的应用场合。超宽带的另一个特点是频谱整形,具有控制发射功率谱的能力,从而避免在某些窄带频谱传输。超宽带有三种数据通信应用:跳时脉冲位置调制、直接序列扩频超宽带以及多带超宽带。

5) MIMO

MIMO(Multiple Input Multiple Output,多输入多输出)指利用多发射、多接收天线进行空间和时间分集的技术,利用多天线来抑制信道衰落。一个无线通信系统,只要其发送端和接收端均采用了多个天线或天线阵列；就构成了一个无线 MIMO 系统。

多径传输一般会引起衰落，从而造成损害。但对 MIMO 而言，多径可以作为一个有利的因素加以利用。MIMO 系统在发射端和接收端均采用多天线和多通道。图 6-16 所示为 MIMO 的系统原理。传输信息流 $S(K)$ 经过空时编码形成 N 个信息子流 $C_i(k)$($i=1,2,\cdots,N$)。这 N 个子流由 N 个天线发射出去，经空间信道后由 M 个接收天线接收。多天线接收机利用空时编码处理分开并解码这些数据子流，从而实现优化处理。

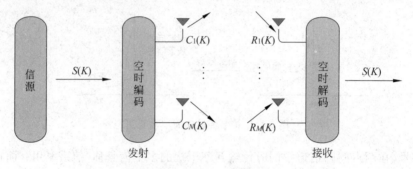

图 6-16 MIMO 系统原理

6）近场通信

近场通信（NFC）是一个超短范围的无线通信技术，它是用磁场感应使得两个物理上接触的或者是在几厘米范围内的设备能互相通信。NFC 是作为一项实现消费电子设备之间互联的技术而出现，是由无连接识别技术和网络技术融合发展而来的，目标是通过自动连接和配置实现简单的点到点的连接。NFC 和标准 RF 无线通信的本质区别在于：RF 信号是在收发设备之间传送的。标准的 RF 通信，例如 Wi-Fi，被称为远场通信，因为通信距离与它的天线尺寸相比很大。近场通信是基于两个设备之间的直接磁场或者电场的耦合，而不是通过无线电波在自由空间的传播来实现的。

6.3.3 无线网络拓扑

1. 无线网络的构件

无线网络中设备之间通过无线媒介互联在一起，以实现交换信息的功能。图 6-17 显示了无线网络环境。在无线网络中会看到下列元素。

1）无线主机

如同在有线网络中一样，主机是运行应用程序的端系统设备。无线主机（wireless host）可以是便携机、掌上计算机、PDA、电话或者台式计算机。主机本身可能移动，也可能不移动。

2）无线链路

主机通过无线通信链路（wireless communication link）连接到一个基站或者另一个无线主机。不同的无线链路技术有不同的传输速率和传输距离。

图 6-18 显示了几种比较流行的无线链路标准的两种主要特性：覆盖区域和链路速

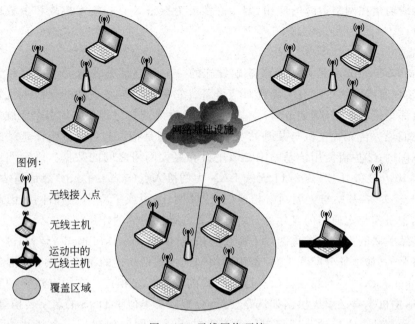

图 6-17 无线网络环境

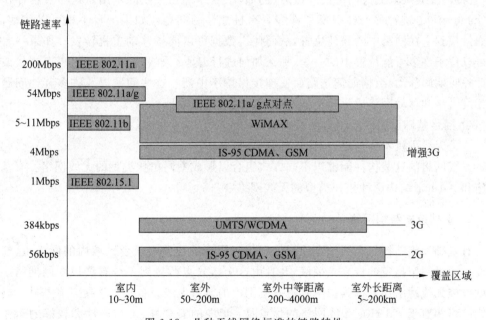

图 6-18 几种无线网络标准的链路特性

率。该图仅表示了提供这些特性的大致概念。例如,这些类型中的某些网络现在正在部署中,某些链路速率取决于距离、信道条件和在无线网络中的用户数量,这些数据可能比显示的值更高或更低。

在图 6-17 中,无线链路将位于网络边缘的主机连接到更大的网络基础设施中。无线链路有时同样应用在网络内部以连接路由器、交换机和其他网络设备。然而,我们关注的焦点是无线通信在网络边缘的应用,因为许多最为振奋人心的技术挑战和多数增长就发生在这里。

3）基站

基站(base station)是无线网络基础设施的一个关键部分。与无线主机和无线链路不同,基站在有线网络中没有明确的对应设备。它负责向与之关联的无线主机发送数据和从主机那里接收数据(例如分组)。基站通常负责协调与之相关联的多个无线主机的传输。当我们说一台无线主机与某基站"相关联"时,则是指:①主机位于该基站的无线通信覆盖范围内;②主机使用该基站中继该主机和更大网络之间的数据。蜂窝网络中的蜂窝塔(cell tower)和 IEEE 802.11 无线 LAN 中的接入点(access point)都是基站的例子。

在图 6-17 中,基站与更大网络相连(如因特网、公司或家庭网、电话网),因此这种连接在无线主机和与之通信的其他部分之间起着链路层中继的作用。

与基站关联的主机常被称为以基础设施模式(infrastructure mode)运行,因为所有传统的网络服务(如地址分配和选路)都由网络向通过基站相连的主机提供。在自组织网络(Ad hoc network)中,无线主机没有这样的基础设施与之相连。在没有这样的基础设施的情况下,主机本身必须提供诸如选路、地址分配以及类似于 DNS 的名字转换等服务。

当一台移动主机移动范围超出一个基站的覆盖范围而到达另一个基站的覆盖范围后,它将改变其接入更大网络的连接点(例如,改变与之相关联的基站),这一过程称作切换(hand off)。这种移动性引发了许多具有挑战性的问题。如果一台主机可以移动,那么如何找到它在网络中的当前位置,从而使得数据可以向该移动主机转发?如果一台主机可以位于许多可能位置中的一个,那么如何进行编址?如果主机在一个 TCP 连接或者电话呼叫期间移动,数据如何选路而使连接保持不中断?这些问题以及许多其他问题使得无线网络和移动网络成为一个让人振奋的网络研究领域。

4）网络基础设施

这是无线主机希望与之进行通信的更大网络。

无线网络的这些构件能够以不同方式组合以形成不同拓扑类型的无线网络。有基础设施和 Ad hoc 结构两种拓扑类型的无线网络。

2. 基础设施结构网络

有基础设施结构是无线站点通常处于相对固定的位置上或者区域内的网络,这些无线设备通过一个指定的接入点关联,并且由这个接入点桥接到一个有线以太网网络。有基础设施无线网络还可以为位于其覆盖范围内的漫游无线设备提供连接。有基础设施的无线网络相对于 Ad Hoc 无线网络的优点是:集中的安全性、可扩展性和较好的运作范围。缺点主要是接入点或者其他无线网络设备的成本较高。

在有基础设施的无线网络中,接入点作为通信中心,为无线节点提供连接,有基础设施的无线网络拓扑如图 6-19 所示。有基础设施的无线网络中的节点按需建立它们的连接,但这种连接不是对等的,有基础设施的无线网络拓扑都是星形的,为了访问网络资源,有基础设施的无线网络中的所有节点都与一个中央聚合设备(即接入点)通信。

有基础设施的无线网络的中央设备就是无线接入点。为了与接入点关联,必须将无

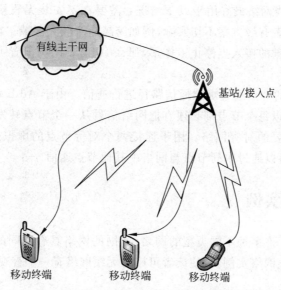

图 6-19   有基础设施的无线网络拓扑

线节点的服务集标识符(SSID)配置成与接入点的一样,在大多数应用中,使用有基础设施的无线网络扩展一个有线网络,这样节点就可以通过接入点访问有线网络。目前,有基础设施的无线网络是最常使用的无线联网模式。

3. Ad hoc 结构网络

Ad hoc 结构可以用于组建一个允许设备间直接相互通信的无线网络。设备可以在网络中自由移动,并且可以与覆盖范围内的任何一个无线设备连接。图 6-20 给出了 Ad hoc 结构无线网络的拓扑。图中几台计算机之间可以直接建立连接和通信,不需要无线接入点的支持。如图所示,Ad hoc 网络在其覆盖范围内的设备之间建立了一种对等布局,Ad hoc 网络中的一台设备只能与其覆盖范围内的其他设备进行关联和通信。

图 6-20   Ad hoc 结构网络拓扑

Ad hoc 结构无线网络最好用于以下情况：需要在不安装无线接入点的情况下建立一个全无线网络，或者有线方案不切实际，例如跨越一个较大区域。在有基础设施的无线网络中，如果某台关键的接入点停止工作了，那么 Ad hoc 结构配置可以作为有基础设施的无线的备份。

Ad hoc 网络中的节点通过虚拟通信路径进行通信。由于 Ad hoc 网络可能包含也可能不包含接入点，所以每个节点都必须有把网络信号从一个节点转发到另一个节点的能力，从而构建一个需要的对等网络。用于连接两个对等节点的虚拟路径将被临时创建。这就允许一个节点可以通过中间节点与网络中其他节点通信。

6.4 无线网络实例

无线网络覆盖了许多种不同类型的网络，不同的网络具有不同的目标、尺度和技术。本节将介绍一些无线网络实例，以使读者可以对无线网络有一个直观的认识。

6.4.1 Wi-Fi：IEEE 802.11 无线局域网

无线局域网（Wireless Local Area Networks，WLAN）在工作场所、家庭、教育机构、咖啡馆、机场以及街头得到了广泛的使用，已成为一种重要的因特网接入技术。尽管 20 世纪 90 年代研发了许多有关 WLAN 的标准和技术，其中有一类标准已经明显成为赢家——IEEE 802.11 WLAN，也称为 Wi-Fi(Wireless Fidelity，无线保真)。

IEEE 802.11 网络由客户（比如笔记本电脑和移动电话）和称为接入点（Access Point，AP）的基础设施组成。通常 AP 被安装在建筑物内，有时也称为基站。接入点连接到有线网络上，所有客户之间的通信都要通过接入点进行。客户也可以与位于无线电范围内的其他客户直接交谈，比如在一个没有接入点的办公室内，两台计算机直接进行通信。即它支持有基础设施的无线网络拓扑和 Ad hoc 结构网络拓扑两种模式。

图 6-21 显示了 IEEE 802.11 无线 LAN 体系结构的基本构件。IEEE 802.11 体系结构的基本构件模块是基本服务集（Basic Service Set，BSS），一个 BBS 通常包含一个或多个无线站点和一个在 IEEE 802.11 术语中称为接入点的中央基站。图 6-21 展示了两个 BSS 中的 AP，它们连接到一个互联设备上（如交换机或者路由器），互联设备又连接到因特网中。在一个典型的家庭网络中，有一个 AP 和一个将该 BSS 连接到因特网的路由器（通常与电缆或 ADSL 调制解调器封装在相同的盒子中）。

IEEE 802.11 传输随着无线条件的变化而异常复杂，哪怕是环境中的很小一点变化都会引起无线传输的不同效果。在所使用的 IEEE 802.11 频率上，无线电信号可以被固态物体反射出去，使得一个传输的多个回波可能沿不同的路径到达接收器。回波可能相互抵消或互为因果，造成接收到的信号出现大幅波动。这种现象称为多径衰落（multipath fading），如图 6-22 所示。

解决这种可变无线环境问题的关键想法是路径的多样性（path diversity），或沿多条独立的路径发送信息。这样，即使由于衰落造成其中一条路径上的无线条件变差，接收器

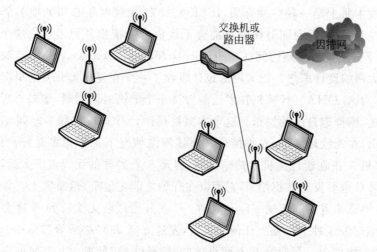

图 6-21　IEEE 802.11 WLAN 体系结构

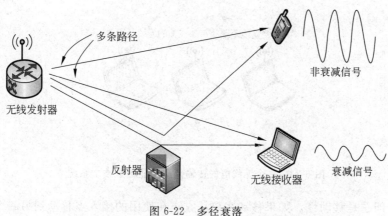

图 6-22　多径衰落

还是有可能收到信息。这些独立的路径通常内置在物理层的数字调制方案中。调制方案的选项包括使用整个允许频段中的不同频率、遵循不同天线之间的不同空中路径，或者在不同时段内重复比特。

　　不同版本的 IEEE 802.11 使用了所有这些技术。最初标准(1997 年)定义的无线局域网运行在 1Mbps 或 2Mbps,采用频率跳跃或将信号扩展到所允许频谱的方法。几乎马上人们就抱怨它太慢了,所以 IEEE 802.11 工作组开始制定更快的标准。扩频设计得到进一步扩展,并成为运行速率高达 11Mbps 的 IEEE 802.11b 标准(1999 年)。IEEE 802.11a (1999 年)和 IEEE 802.11g(2003 年)标准切换到了一个不同的调制方案,该方案称为正交频分复用(Orthogonal Frequency Division Multiplexing,OFDM)。OFDM 将频谱的宽带分成许多窄带,不同的比特在这些窄带上并行发送。它将 IEEE 802.11a/g 的比特率提高到了 54Mbps。虽然这已经是一个显著的进步,但人们仍然希望有更大的吞吐量来支持更苛刻的使用。IEEE 802.11n 采用了更宽的频带,而且每台计算机最多可以有 4 根天线,达到的速率高达 450Mbps。

由于无线本质上是一种广播介质,IEEE 802.11 无线电还必须处理多个传输同时发生而导致的冲突问题,因为同时传输可能会干扰信号的接收。为了解决这个问题,IEEE 802.11 采用了载波侦听多路访问(Carrier Sense Multiple Access,CSMA),该方案借鉴了经典有线以太网的设计思想。以太网的设计吸收了一个在夏威夷开发的早期无线网络思想,该网络称为 ALOHA。计算机在发送前等待一个随机时间间隔,如果它听到别的计算机已经在发送,则推迟自己的发送。这个方案使得两台计算机在同一时间发送的可能性比较小。然而,在无线环境下,它不能像在有线网络情况下工作得那么好。如图 6-23 所示,假设计算机 A 正在给计算机 B 传输数据,但是 A 发射器的无线范围太短,无法到达计算机 C。如果 C 也要发送数据给 B,它可以在开始之前先侦听,但事实上它并没有听到任何东西,这并不意味着它的传输一定会成功。C 在开始之前无法听到 A 将会导致双方的传输在 B 接收时发生冲突。发生任何冲突后,发送方 A 和 C 必须等待另一个较长的随机时间,然后重发数据包。尽管存在上面讲述的"隐蔽终端"问题,但 CSMA 方法在实际中仍可以使用。

图 6-23　一个无线电的传输范围不能覆盖整个系统

另一个问题是移动性。如果移动客户从它正在使用的接入点移动到另一个接入点的覆盖范围内,需要完成一些移交工作。对应的解决方案是 IEEE 802.11 网络可以由多个蜂窝组成,每个都有其自己的接入点,并且通过一个分布式系统把这些蜂窝连接在一起。分布式系统往往是交换式以太网,但它可以使用任何其他技术。随着客户的移动,他们可能会发现另一个信号比他们目前正在使用的信号质量更好,于是改变自己与接入点的关联。从外部来看,整个系统看起来就像是一个单一的有线局域网。

这就是说,到目前为止,与移动电话网络的移动性相比,IEEE 802.11 具有有限的移动性。典型情况下,游动的客户从一个固定位置移动到另一个固定位置时,可以使用 IEEE 802.11 与因特网连接,通常不是"在路上"使用。游动使用并不真的需要移动性。即使使用 IEEE 802.11 的移动性,它也只是延伸了单个 IEEE 802.11 网络,至多能覆盖一座大型建筑物。未来的解决方案需要为跨越不同网络和不同技术的客户提供移动性(例如,IEEE 802.21)。

最后,还有安全问题。由于无线传输是广播性质的,附近的计算机很容易接收到并非发给它们的信息包。为了防止出现这种情况,IEEE 802.11 标准还包括了一个称为有线等效保密(Wired Equivalent Privacy,WEP)的加密方案。当时的想法是让无线网络像有线网络一样安全,这是一个好主意。但不幸的是,这个方案有缺陷,并且很快被攻破。此后它已被更新的方案所替代,IEEE 802.11i 标准给出了不同的加密细节,这个方案也称为 Wi-Fi 保护接入(Wi-Fi Protected Access),最初称为 WPA,现在更名为 WPA2。

IEEE 802.11 已经引发了一场无线网络的革命,并且一直持续着。除了建筑物之外,它开始被安装在火车、飞机、船只和汽车上,使人们无论身在何处都可以在网上冲浪。移动电话和所有形式的消费电子类产品(从游戏机到数码相机)都可以用它进行通信。

6.4.2 IEEE 802.11 以外的标准:蓝牙和 WiMAX

IEEE 802.11 Wi-Fi 标准主要用于相距 100m 的设备间的通信。而两个其他的 IEEE 802 协议,即蓝牙(定义在 IEEE 802.15.1 标准中)和 WiMAX(定义在 IEEE 802.16 标准中),则是分别用于短距离和长距离的标准。

1. 蓝牙

IEEE 802.15.1 网络以小范围、低功率和低成本运行,它本质上是一个低功率、短距离、低速率的"电缆替代"技术,用于互联笔记本、外围设备、蜂窝电话和 PDA;而 IEEE 802.11 是一个大功率、中等范围、高速率的接入技术。为此,IEEE 802.15.1 网络有时被称为无线个人区域网络(Wireless Personal Area Network,WPAN)标准。IEEE 802.15.1 的链路层和物理层基于早期的用于个人区域网络的蓝牙(bluetooth)规范。IEEE 802.15.1 网络以 TDM 方式工作于无需许可证的 2.4GHz 无线电波段,每个时隙长度为 $625\mu s$。在每个时隙内,发送方利用 79 个信道中的一个进行传输,同时从时隙到时隙以一个已知的伪随机方式变更信道。这种称作跳频扩展频谱(Frequency-Hopping Spread Spectrum,FHSS)的信道跳动的形式将传输及时扩展到整个频谱。IEEE 802.15.1 能够提供高达 4Mbps 的数据率。

IEEE 802.15.1 网络是自组织网络,不需要网络基础设施(如接入点)来互联 IEEE 802.15.1 设备,因此,IEEE 802.15.1 设备必须自己进行组织。IEEE 802.15.1 设备首先组织成一个多达 8 个活动设备的皮可网 (piconet),如图 6-24 所示。

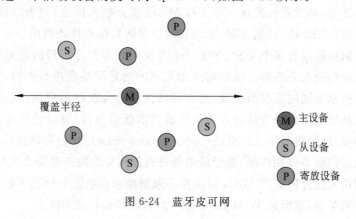

图 6-24　蓝牙皮可网

其中一个被指定为主设备,其余充当从设备。主节点真正控制皮可网,它的时钟确定了皮可网中的时间,它可以在每个奇数时隙中发送,而从设备仅当主设备在前一时隙与其通信后才可以发送,并且只能发送给主设备。除了从设备,网络中也可以有多达255个寄放(parked)设备。这些设备仅当其状态被主节点从"寄放"转换为"活动"之后才可以进行通信。

2. WiMAX

WiMAX(全球微波接入互操作)是 IEEE 802.16 标准家族,该标准的目标是通过广阔的区域可以与电缆调制解调器和 ADSL 网络相比的速率,向大量的用户交付无线数据。IEEE 802.16d 更新了早期 IEEE 802.16a 标准。IEEE 802.16e 标准的目标是支持以 120km/h 速度的移动性(相当于欧洲以外的大部分国家的高速公路的速度),具有一种用于小型、资源受限设备(如 PDA、电话和笔记本电脑)的不同的链路结构。

IEEE 802.16 体系结构基于基站的概念,这些基站在中央为大量潜在的与该基站相关联的客户机(称为客户站点)服务。在此意义下,WiMAX 与 Wi-Fi 的基础设施模式和蜂窝电话网络相像。该基站根据图 6-25 中所示的 TDM 帧结构,与下行(从基站到客户站点)和上行(从客户站点到基站)方向协调链路层分组的传输。这里使用术语"分组"而不是术语"帧",来区分链路层的数据单元与图 6-25 中所示的 TDM 帧结构。WiMAX 因此以时分多路复用(TDM)方式运行,尽管成帧时间是可变的,如下面所讨论的那样。WiMAX 也定义了一种 FDM 运行模式,但本书不讨论它。

图 6-25　IEEE 802.16 TDM 帧结构

在该帧的开始,基站首先发送一个下行 MAP(媒介接入协议)列表的报文,该报文通知用户站点的物理层性质(调制方案、编码和纠错参数),这些性质将用于传输帧中的后继分组突发。在帧中可以有多个突发,并在一个突发中有多个分组目的地是给定的用户站点。在该突发中的所有分组都由该基站使用相同的物理层性质进行传输。然而,这些物理层性质可能根据不同的突发而改变,允许基站在最适合接收用户站点的物理层传输方案中选取。该基站根据到每个接收方所估计的当前信道条件,可以选择在该帧期间将发送的接收方集合,这种机会主义调度法(opportunistic scheduling)将物理层协议与发送方和接收方之间的信道条件相匹配,基于信道条件选择将分组发送到哪个接收方,这使得基站能最好地利用无线介质。WiMAX 标准并不强制要求在给定的情况下必须使用一种特定的物理层参数集合,这留给 WiMAX 设备厂商和网络运行者来决定。

WiMAX 基站也规范了客户站点通过使用 UL-MAP 报文接入上行信道的方式。这些报文控制了时间量，每个用户站点给定了接入在后继上行链路子帧中的信道。此外，WiMAX 标准并不强制规定任何特别的策略来向客户机分配上行信道时间，这是一个留给网络运行者的决定。取而代之的是，WiMAX 为实现能够向不同的用户站点给出不同的信道接入时间的策略，提供一种机制（例如 UL-MAP 控制报文）。上行的子帧的初始部分用于向用户传输下列报文：无线链路控制报文、在 WiMAX 网络中请求接入和鉴别的报文和高层与管理相关的控制报文（如 DHCP 和 SNMP）。

WiMAX 是一个面向连接的体系结构，允许每个连接具有一个相关的服务质量（QoS）、流量参数和其他信息。提供该 QoS 的方式也与网络运营者有关。WiMAX 提供了一种低层次机制（例如，信道估计和连接准入请求字段携带基站与主机之间的信息），这既不是提供 QoS 的整体方法，也不是提供 QoS 的策略。即使每个用户站点通常具有一个 48b 的 MAC 地址（如同在 IEEE 802.3 和 IEEE 802.11 网络中一样），这个 MAC 更适合看作是 WiMAX 中的一个设备标识符，因为端点之间的通信最终被映射到一个连接标识符上（而不是连接的发送和接收端点的地址）。

上面简要介绍了 WiMAX 的方式，还有许多没有讨论的主题，如功率管理（类似于 IEEE 802.11 中的睡眠模式）、切换、来自基站的 MAC PDU 传输的信道状态相关调度、QoS 支持和安全性。IEEE 802.16 标准还在继续研发中，WiMAX 系统将在未来几年中继续演化。

6.4.3 蜂窝网络

蜂窝网络（cellular network）是一种移动通信硬件架构，由于构成网络覆盖的各通信基地台的信号覆盖呈六边形，从而使整个网络像一个蜂窝而得名。

1. 蜂窝网络体系结构概述

术语"蜂窝"（cellular）指一个地理区域被分成许多称作发射区（cell）的地理覆盖区域，如图 6-22 左侧所示。每个发射区包括一个基站，负责向或从位于其发射区内的移动站点发送或接收信号。一个发射区的覆盖区域取决于许多因素，包括基站的发射功率、移动站点的传输功率、发射区中的障碍建筑物以及基站天线高度。尽管图 6-23 显示每个发射区包含一个位于其中心的基站，但当前许多系统将基站放置于 3 个发射区的交汇处，这样一个具有定向天线的基站就可以服务于 3 个发射区。

1）基本体系结构

如图 6-26 所示，每个基站通过一个有线基础设施连接到一个广域网中，如公共电话交换网（PSTN）或直接与因特网相连。特别地，图 6-26 显示每个基站连接到一个移动交换中心（Mobile Switching Center，MSC），它负责管理来自移动用户的呼叫的建立和拆除。MSC 包含普通电话交换中心（如 PBX 或中心局）所具有的大多数功能，并增加了处理用户移动性所需的附加功能。

2）空中接口接入技术

在一个给定的发射区中，通常会有许多同时的呼叫。这些呼叫需要共享分配给蜂窝

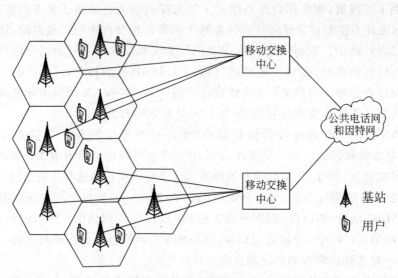

图 6-26　蜂窝网体系结构

服务提供商的无线电频谱的那个部分。大多数蜂窝系统当前使用如下两种广泛应用方法之一共享无线电频谱：

（1）频分多路复用（FDM）和时分多路复用（TDM）的组合。在纯 FDM 中，信道被划分成许多频段，每个呼叫分配一个频段。在纯 TDM 中，时间被划分为帧，每个帧又被进一步划分为时隙，每个呼叫在轮回帧中被分配使用特定的时隙。在 FDM/TDM 组合的系统中，信道被划分为一组频率子带，在每个子带中，时间又被划分为帧和时隙。因此，对于一个 FDM/TDM 组合系统，如果某信道被划分为 F 个子带，并且时间被划分为 r 个时隙，那么该信道可支持 T 个同时呼叫。

（2）码分多址（CDMA）。CDMA 并不按时间或频率划分。相反，所有用户同时共享同样的无线电频率。发射区中的每个用户都分配一个独特的比特序列，称作码片序列。当发送方和接收方使用同样的码片序列时，接收方可以从来自其他发送方的许多并行的发送中将该发送方的传输恢复出来。CDMA 的一个主要优点是它不必进行频率分配。当使用 FDM/TDM 系统时，接收方对来自同一频段的其他信号的干扰很敏感。因此，在 FDM/TDM 系统中，一个频率只有在那些相距足够远，能避免这种干扰的发射区中才能被重用。当设计 CDMA 时，这种频率重用（frequency reuse）不是主要考虑的问题。

2．蜂窝网标准和技术

蜂窝网系统的发展已经历了几代：1G、2G、3G 以及 4G 和 5G，每一代有不同的技术。

1）第一代移动通信技术（1G）

第一代移动通信技术（1G）是指最初的仅限语音的模拟蜂窝电话标准，制定于 20 世纪 80 年代。Nordic 移动电话（NMT）就是这样一种标准，应用于 Nordic 国家、东欧以及俄罗斯。其他 1G 标准还包括美国的高级移动电话系统（AMPS）、英国的总访问通信系统（TACS）、日本的 JTAGS、西德的 C-Netz、法国的 Radiocom 2000 和意大利的 RTMI。

第一代移动通信采用的是模拟技术和频分多址（FDMA）技术，工作频率一般为 450～900MHz，仅能提供 9.6kbps 通信带宽。由于受到传输带宽的限制，不能进行移动通信的长途漫游，只能是一种区域性的移动通信系统。第一代移动通信有多种形式，我国主要采用的是 TACS。第一代移动通信有很多不足之处，如容量有限、制式太多、互不兼容、保密性差、通话质量不高、不能提供数据业务和不能提供自动漫游等。模拟蜂窝服务在许多地方正被逐步淘汰。

2）第二代移动通信技术（2G）

与第一代模拟蜂窝移动通信相比，第二代移动通信系统采用了数字化技术。从模拟切换到数字有几个优点。首先，通过将语音信号数字化处理和压缩带来了容量上的收益。其次，通过对语音和控制信号实行加密改进了安全性，这反过来又防止了欺诈和窃听，不管是有意扫描还是因射频传播导致的其他呼叫干扰。最后，它催生了诸如手机短信等新服务的展开。

和第一代移动电话一样，第二代移动电话的发展也没有形成全球化的统一标准，已经开发出来并已被广泛获得部署的系统有好几种。数字高级移动电话系统（Digital Advanced Mobile Phone System，D-AMPS）是数字版本的 AMPS。它可与 AMPS 并存，使用 TDM 把多个电话呼叫复用在同一频率信道。D-AMPS 由国际标准的 IS-54 和其后继标准 IS-136 描述。全球移动通信系统（Global System for Mobile，GSM）已成为占主导地位的系统。虽然在美国流行比较慢，但实际上现在它在全球已无处不在。与 D-AMPS 一样，GSM 也是 FDM 和 TDM 的混合。码分多址（Code Division Multiple Access，CDMA）则是一个完全不同类型的系统，它既不基于 FDM 也不基于 TDM，由国际标准 IS-95 描述。尽管 CDMA 没有成为占主导地位的 2G 系统，但其技术已成为 3G 系统的基础。

下面简要描述一下 GSM，因为它主导着 2G 系统。GSM（全球移动通信系统），始于 20 世纪 80 年代，作为欧洲单一 2G 标准化的努力而诞生。第一个 GSM 系统在 1991 年开始部署，并很快取得成功。随着它被远在大洋洲的国家所接受，人们明白 GSM 将会获得比在欧洲更大的成功，因此更名 GSM 使得它具有更多的全球吸引力。

GSM 和其他我们将要了解的移动电话系统保留了 1G 系统的设计理念，以蜂窝为基础，频率可跨蜂窝复用，并随着用户的移动而切换蜂窝，GSM 带宽 200kHz，信道速率 270.8kbps。图 6-27 显示了 GSM 的体系结构。移动电话本身可以分成手机和可移动芯片两部分。芯片具有用户和账户信息，称为 SIM 卡，即用户识别模块（Subscriber Identity Module）的简称。正是 SIM 卡激活了手机，并包含了移动电话和网络相互识别对方和加密通话所需要的机密。SIM 卡可以被取出并插入到另一个手机，对网络而言该手机就成了你的移动电话。

移动电话通过空中接口（Air Interface）与蜂窝基站通话，每个蜂窝基站都连接到一个基站控制器（Base Station Controller，BSC），该控制器控制蜂窝的无线资源分配并处理切换事务。BSC 又被连接到一个移动交换中心（Mobile Switching Center，MSC），由 MSC 负责电话呼叫的路由并和 PSTN（公共交换电话网）相连。

为了能够路由呼叫，MSC 需要知道目前在哪里可以找到手机。它维护着一个称为访

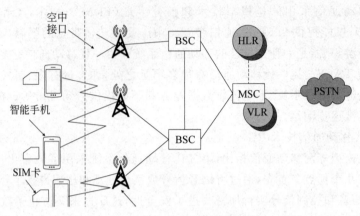

图 6-27　GSM 移动网络体系结构

问者位置寄存器(Visitor Location Register,VLR)的数据库,该数据库包括了所有附近的移动电话,这些移动电话都与它所管理的蜂窝关联。移动网络中还有另外一个数据库,记录了每个移动电话的最后一个已知位置。这就是所谓的归属位置寄存器(Home Location Register,HLR)。这个数据库用来把入境呼叫路由到正确的位置。这两个数据库必须在移动电话从一个蜂窝移动到另一个蜂窝时及时更新。

3)第三代移动通信技术(3G)

第三代移动通信技术是指支持高速数据传输的蜂窝移动通信技术。3G 服务能够同时传送声音(通话)及数据信息(电子邮件、即时通信等)。3G 技术的代表特征是提供高速数据业务。

3G 与 2G 的主要区别是在传输声音和数据的速度上的提升,它能够在全球范围内更好地实现无线漫游,并处理图像、音乐、视频流等多种媒体形式,提供包括网页浏览、电话会议、电子商务等多种信息服务,同时也要考虑与已有第二代系统的良好兼容性。为了提供这种服务,无线网络必须能够支持不同的数据传输速度,也就是说在室内、室外和行车的环境中能够分别支持至少 2Mbps、384kbps 以及 144kbps 的传输速度(数值根据网络环境会发生变化)。3G 是第三代通信网络,目前国内不支持除 GSM 和 CDMA 以外的网络,GSM 设备采用的是频分多址,而 CDMA 使用码分扩频技术,先进功率和话音激活可提供的网络容量是 GSM 的 3 倍以上,业界将 CDMA 技术作为 3G 的主流技术,国际电联确定三个无线接口标准,分别是 CDMA2000、WCDMA、TD-SCDMA。

CDMA2000 由高通公司主导,从窄频 CDMA 标准发展而来,可以从原有的 CDMA 直接升级,建设成本低廉。WCDMA 的支持者主要是以 GSM 系统为主的欧洲厂商,包括爱立信、阿尔卡特、诺基亚、朗讯、NIT、富士通。系统可以架设在现有的 GSM 网络上,在 GSM 系统普及的地区有较大的优势。TD-SCDMA 是由我国主导的 3G 标准,由原邮电部电信科学技术研究院提出,由于国内的庞大市场,该标准受到各大电信设备厂商的重视。

4)第四代移动通信技术(4G)

4G 是第四代移动通信及其技术的简称,它是集 3G 与 WLAN 于一体,能够传输高质量视频图像,并且图像传输质量与高清晰度电视不相上下的技术产品。4G系统能够以100Mbps的速度下载,是拨号上网的2000倍,上传的速度也能达到20Mbps,并能够满足几乎所有用户对于无线服务的要求。在用户最为关注的价格方面,4G与固定宽带网络不相上下,而且计费方式更加灵活机动,用户完全可以根据自身的需求确定所需的服务。此外4G可以在DLS和有线电视调制解调器没有覆盖的地方部署,然后再扩展到整个地区。由此可见,4G有着不可比拟的优势。

4G网络结构可分为3层:物理网络层、中间环境层、应用网络层。物理网络层提供接入路由选择功能,由无线和核心网结合完成。中间环境层的功能有QoS映射、地址变换和安全性管理等。各层之间的接口开放,使开发和提供新的应用及服务更为容易。4G技术提供无缝高速率的数据服务,并运行多个频带;能自适应多个无线标准及多模终端能力;能跨越多个运营商,提供大范围服务。

5)第五代移动通信技术(5G)

5G指的是移动电话系统第五代,也是4G之后的延伸,正在研究中。还没有任何电信公司或标准制定组织的公开规格或官方文件提到5G。2013年12月17日,韩国政府计划2018年试运行5G。5G没有具体的标准,它只是一个正在逐渐形成具体轮廓的模糊概念,5G系统的研发将面向2020年移动通信的需求,包含体系架构、无线组网、无线传输、新型天线与射频以及新频谱开发与利用等关键技术。

在5G技术中,未来基站将更加小型化,可以安装在各种场景;具备更强大的功能,去除了传统的汇聚节点;网络架构进一步扁平化,未来网络架构是功能强大的基站叠加一个大服务器集群。工信部电信研究院标准所所长王志勤认为,在5G时代,用户将永远在线、始终在线;用户在任何地点、任何时间都可以保证获得100Mbps端到端的通信速率。

5G技术将提供超级容量的带宽,短距离传输速率将达10Gbps,这意味着用户可以几乎不受限制地传输大量数据文件,瞬间下载一部电影,在线视频、3D电影和游戏等高带宽的应用也将流畅无阻。当用户以任何方式接入移动网络、读取任何数据时都不需要网络的等待。整个社会就像科幻片一样。无所不在的感知、高清视频、医疗、教育、消防、家庭智能系统等等都可通过各种移动终端轻松实现;房子、车子、各种消费品等等都开始联网。人类社会将万物互联,体验更多样的数字化生活。

6.4.4　无线传感器网络

无线传感器网络(Wireless Sensor Networks,WSN),就是部署在监测区域内大量的廉价微型传感器节点组成,通过无线通信方式形成的一个多跳自组织网络的网络系统,其目的是协作感知、采集和处理网络覆盖区域中感知对象的信息,并发送给观察者。无线传感器网络是Ad Hoc网络应用在传感器技术中的一种具有动态拓扑结构的组织网络。无线传感器网络已经得到了世界的广泛关注,近年来,特别是微机电系统(Micro-Electro-Mechanical Systems,MEMS)技术的发展,促进了智能传感器的发展。

1. 无线传感器网络结构

无线传感器网络结构如图 6-28 所示,通常包括传感器节点(sensor node)、汇聚节点(sink node)和管理节点,即无线传感器网络的三个要素是传感器、感知对象和观察者。

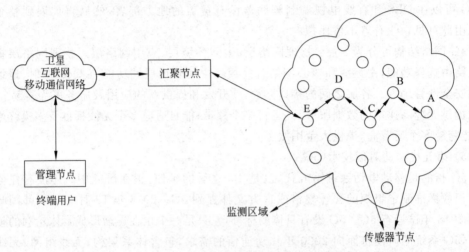

图 6-28   无线传感器网络结构图

在无线传感器网络的工作过程中,大量传感器节点随机部署在监测区域内部或附近,能够通过自组织的方式构成网络。传感器节点监测的数据沿着其他传感器节点逐跳进行传输,在传输过程中监测数据可能被多个节点处理,经过多跳后路由到汇聚节点,最后通过互联网或卫星到达管理节点。用户通过管理节点对传感器网络进行配置和管理,发布监测任务以及收集监测数据。

2. 传感器节点结构

传感器节点由传感器模块、处理器模块、无线通信模块和能量供应模块 4 部分组成,如图 6-29 所示。

传感器模块负责监测区域内信息的采集和数据转换;处理器模块负责控制整个传感器节点的操作,存储和处理本身采集的数据以及其他节点发来的数据;无线通信模块负责与其他传感器节点进行无线通信,交换控制信息和收发采集数据;能量供应模块为传感器节点提供运行所需的能量,通常采用微型电池。

由于传感器节点采用电池供电,一旦电能耗尽,节点就失去了工作能力。为了最大限度地节约电能,在硬件设计方面应尽量采用低功耗器件,在没有通信任务的时候,切断射频部分电源;在软件设计方面,各通信协议都应该以节能为中心,必要时可以牺牲一些其他的网络性能指标,以获得更高的电源效率。

3. 无线传感器网络的体系结构

无线传感器网络的体系结构由分层的网络通信协议、网络管理平台以及应用支撑三

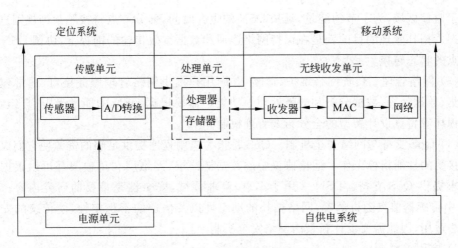

图 6-29　传感器节点结构

个部分组成,如图 6-30 所示。

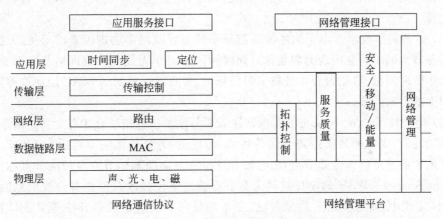

图 6-30　无线传感器网络体系结构图

1) 分层的网络通信协议

类似于传统因特网中的 TCP/IP 协议体系,无线传感器网络由物理层、数据链路层、网络层、传输层和应用层组成。物理层提供简单但健壮的信号调制和无线收发技术;数据链路层负责数据成帧、帧检测、媒体访问和差错控制;网络层主要负责路由生成与路由选择;传输层负责数据流的传输控制,是保证通信服务质量的重要部分;应用层包括一系列基于监测任务的应用软件。

2) 网络管理平台

网络管理平台主要是对传感器节点自身的管理以及用户对传感器网络的管理,包括拓扑控制、服务质量管理、能量管理、安全管理、移动管理、网络管理等。

(1) 能量管理。负责控制节点对能量的使用。在 DSN 中,电池能量是各个节点最宝贵的能源,为了延长网络存活时间,必须有效地利用能量。

(2) 拓扑控制。负责保持网络连通和数据有效传输。由于传感器节点被大量密集地部署于监控区域,为了节约能量,延长 DSN 的生存时间,部分节点将按照某种规则进入休眠状态。拓扑管理的目的就是在保持网络连通和数据有效传输的前提下,协调 DSN 中各个节点的状态转换。

(3) 网络管理。负责网络维护、诊断,并向用户提供网络管理服务接口,通常包含数据收集、数据处理、数据分析和故障处理等功能。需要根据 DSN 的能量受限、自组织、节点易损坏等特点设计新型的全分布式管理机制。

(4) QoS 支持与网络安全机制。QoS 是指为应用程序提供足够的资源使它们以用户可以接受的性能指标工作。通信协议中的数据链路层、网络层和传输层都可以根据用户的需求提供 QoS 支持。DSN 多用于军事、商业领域,安全性是重要的研究内容。由于 DSN 中传感器节点随机部署、网络拓扑的动态性以及信道的不稳定性,使传统的安全机制无法适用,因此需要设计新型的网络安全机制。

3) 应用支撑平台

应用支撑平台建立在分层网络通信协议和网络管理技术的基础上,它包括一系列基于检测任务的应用层软件,通过应用服务接口和网络管理接口来为终端用户提供具体的应用支持。

(1) 时间同步技术。由于晶体振荡器频率的差异及诸多物理因素的干扰,无线传感器网络各节点的时钟会出现时间偏差。而时钟同步对于无线传感器网络非常重要,如安全协议中的时间戳、数据融合中数据的时间标记、带有睡眠机制的 MAC 层协议等都需要不同程度的时间同步。

(2) 定位技术。WSN 采集的数据往往需要与位置信息相结合才有意义。由于 WSN 具有低功耗、自组织和通信距离有限等特点,传统的 GPS 等算法不再适合 WSN。WSN 中需要定位的节点称为未知节点,而已知自身位置并协助未知节点定位的节点称为锚节点(anchor node)。WSN 的定位就是未知节点通过定位技术获得自身位置信息的过程。在 WSN 定位中,通常使用三边测量法、三角测量法和极大似然估计法等算法计算节点位置。

(3) 应用服务接口。无线传感器网络的应用是多种多样的,针对不同的应用环境,有各种应用层的协议,如任务安排、节点查询和数据分发协议等。

(4) 网络管理接口。主要是传感器管理协议,用来将数据传输到应用层。

4) 无线传感器网络的特点

无线传感器网络除了具有 Ad hoc 网络的移动性、断接性、电源能力局限性等共同特征以外,还具有很多其他鲜明的特点。

(1) 大规模网络。为了获取精确信息,在监测区域通常部署大量传感器节点,传感器节点数量可能达到成千上万甚至更多。通过不同空间视角获得的信息具有更大的信噪比;通过分布式处理大量采集的信息能够提高监测的精确度,降低对单个节点传感器的精度要求;大量冗余节点的存在,使得系统具有很强的容错性能;大量节点能够增大覆盖的监测区域,减少洞穴或者盲区。

(2) 低速率。传感器网络节点通常只需定期传输温度、湿度、压力、流量、电量等被测参数,相对而言,被测参数的数据量小,采集数据频率较低。

（3）低功耗。通常，传感器节点利用电池供电，且分布区域复杂、广阔，很难通过更换电池方式来补充能量，因此，要求传感器网络节点的功耗要低，传感器的体积要小。

（4）低成本。应用 WSN 时，监测区域广，传感器的节点多，且有些区域环境的地形复杂，甚至连工作人员都无法进入，一旦安装传感器则很难更换，因而要求传感器的成本低廉。

（5）短距离。为了组网和传递数据方便，两个传感器的节点之间的距离通常要求在几十米到几百米之间。

（6）高可靠。WSN 的信息获取是靠分布在监测区域内的各个传感器检测到的，如传感器本身不可靠，则其信息的传输和处理是没有任何意义的。

（7）动态性。对于复杂环境的组网，其覆盖区域往往会遇到各种电、磁环境的干扰，加之供电能量的不断损耗，易引起传感器节点故障，因此要求传感器网络具有自组织、智能化和协同感知等功能。

5）无线传感器网络应用

（1）军事领域。无线传感器网络具有可快速部署、可自组织、隐蔽性强和高容错性的特点，因此非常适合在军事上应用。利用无线传感器网络能够实现对敌军兵力和装备的监控、战场的实时监视、目标的定位、战场评估、核攻击和生物化学攻击的监测和搜索等功能。目前许多国际机构的课题都是以战场需求为背景展开的。例如，美军开展的如C4KISR 计划、Smart SensorWeb、灵巧传感器网络通信、无人值守地面传感器群、传感器组网系统、网状传感器系统 CEC，等等。

在军事领域应用方面，该项技术的远景目标是：利用飞机或火炮等发射装置，将大量廉价传感器节点按照一定的密度布放在待测区域内，对周边的各种参数，如温度、湿度、声音、磁场、红外线等各种信息进行采集，然后由传感器自身构建的网络通过网关、互联网、卫星等信道传回信息中心。

实例1：2005 年，美国军方成功测试了由美国 Crossbow 产品组建的狙击手定位系统。该系统如图 6-31 所示，节点被安置在建筑物周围，能够有效地按照一定的程序组建成网络进行突发事件（如枪声、爆炸源等）的检测，为救护、反恐提供有力手段。

图 6-31　狙击手定位系统

实例2：美国科学应用国际公司采用无线传感器网络构筑了一个电子周边防御系统，为美国军方提供军事防御和情报信息。在这个系统中，采用多枚微型磁力计传感器节点来探测某人是否携带枪支，以及是否有车辆驶来；同时，利用声传感器，该系统还可以监视车辆或者移动人群。

（2）农业领域。我国是农业大国，农作物的优质高产对国家的经济发展意义重大。在农业方面，无线传感器网络有着卓越的技术优势。它可用于监视农作物灌溉情况、土壤空气变更、牲畜和家禽的环境状况以及大面积的地表检测。以下介绍国内外在这个领域所作的一些尝试。

实例1：2002年，英特尔公司率先在美国俄勒冈州建立了世界上第一个无线葡萄园。传感器节点被分布在葡萄园的每个角落，每隔一分钟检测一次土壤温度、湿度或该区域有害物的数量，以确保葡萄可以健康生长。研究人员发现，葡萄园气候的细微变化可极大地影响葡萄酒的质量。通过长年的数据记录以及相关分析，便能精确地掌握葡萄酒的质地与葡萄生长过程中的日照、温度、湿度的确切关系。这是一个典型的精准农业、智能耕种的实例。

实例2：北京市科委计划项目"蔬菜生产智能网络传感器体系研究与应用"正式把农用无线传感器网络示范应用于温室蔬菜生产中。在温室环境里单个温室即可成为无线传感器网络的一个测量控制区，采用不同的传感器节点构成无线网络来测量土壤湿度、土壤成分、pH值、降水量、温度、空气湿度和气压、光照强度、CO_2浓度等，来获得农作物生长的最佳条件，为温室精准调控提供科学依据。最终使温室中传感器和执行机构实现标准化、数字化、网络化，从而达到增加作物产量、提高经济效益的目的。

（3）建筑领域。我国正处在基础设施建设的高峰期，各类大型工程的安全施工及监控是建筑设计单位长期关注的问题，如三峡工程、苏通大桥、渤海海域大量的海洋平台和海底管线、2008年的奥运场馆等。采用无线传感器网络，可以让大楼、桥梁和其他建筑物能够感觉并意识到自身的状况，将状态信息自动传输到管理部门，从而可以让管理部门按照优先级进行定期维修。

实例1：利用适当的传感器，例如压电传感器、加速度传感器、超声传感器、湿度传感器等，可以有效地构建一个三维的防护检测网络。该系统可用于监测桥梁、高架桥、高速公路等道路环境。对许多老旧的桥梁，桥墩长期受到水流的冲刷，传感器能够放置在桥墩底部，用以感测桥墩结构；也可放置在桥梁两侧或底部，搜集桥梁的温度、湿度、震动幅度、桥墩被侵蚀程度等，能减少断桥所造成的生命财产损失。

实例2：对珍贵的古建筑进行保护，是文物保护单位长期以来的一个工作重点。将具有温度、湿度、压力、加速度、光照等传感器的节点布放在重点保护对象当中，无须拉线钻孔，便可有效地对建筑物进行长期的监测。此外，对于珍贵文物而言，在保存地点的墙角、天花板等位置监测环境的温度、湿度是否超过安全值，可以更妥善地保护文物。

（4）工业领域。随着无线通信网络技术的发展和应用，无线通信网络传输技术的应用已不再局限于传统的商业办公领域，而逐步进入到工业制造领域。传感器网络可用于危险工作环境，在煤矿、石油钻井、核电厂和组装线工作的员工将可以得到随时监控。这些传感器网络可以提供工作现场有哪些员工，他们在做什么，以及他们的安全保障状况等重要信息。在工厂的每个排放口安装相应的无线节点，完成对工厂废水、废气污染源的监测，样本的采集、分析和流量测定。

实例1：北京邮电大学的研究人员开展了煤矿瓦斯报警和矿工定位无线传感器网络

系统的研究,一个节点上包括了温湿度传感器、瓦斯传感器、粉尘传感器等。传感器网络经防爆处理和技术优化后,可用于危险工作环境,矿工及其周围环境将可以得到随时监控。

随着制造业技术的发展,各类生产设备越来越复杂精密。现在工作人员从生产流水线到复杂机器设备,都尝试着安装相应的传感器节点,以便时刻掌握设备的工作健康状况,及早发现问题及早处理,从而有效地减少损失,降低事故发生率。

实例2:电子科技大学、中国空气动力研究与发展中心以及北京航天指挥控制中心的研究人员利用无线传感器网络进行大型风洞测控环境的监测,对旋转机构、气源系统、风洞运行系统以及其他没有基础设施,而有线传感器系统安装又不方便或不安全的应用环境进行全方位检测。

6.4.5 无线 Mesh 网络

无线 Mesh 网络(Wireless Mesh Network,WMN)又称无线网状网、无线网格网等,这个名词大约出现在 20 世纪 90 年代中期以后。WMN 本质上属于移动 Ad hoc 网络,它与后者的最大区别在于其用户终端相对来说移动性较低,WMN 一般不是作为一个独立的网络形态存在,而是因特网核心网的无线延伸。WMN 是从移动 Ad hoc 网络分离出来,并承袭了部分 WLAN 技术的新的网络技术。严格地说,WMN 是一种新型的宽带无线网络结构,一种高容量、高速率的分布式网络,它与传统的无线网络有较大的差别。

1. 无线 Mesh 网络的特点

1)无线 Mesh 网络与蜂窝网络的主要区别

WMN 区别于蜂窝网络的主要特点有以下几点。

(1)可靠性提高,自愈性强。在 WMN 中,链路为网状结构,如果其中的某一条链路出现故障,节点可以自动转向其他可接入的链路,因而对网络的可靠性有较高的保障,但是在采用星形结构的蜂窝移动通信系统中,一旦某条链路出现故障,可能造成大范围的服务中断。

(2)传输速率大大提高。在采用 WMN 技术的网络中,可融合其他网络或技术(如Wi-Fi、UWB 等),理论上速率可以达到 54Mbps,甚至更高。而目前正在发展的 3G 技术,其理论传输速率在高速移动环境中仅支持 144kbps,步行慢速移动环境中支持 384kbps,即使是在静止状态下也才达到 2Mbps。

(3)投资成本降低。WMN 大大节省了骨干网络的建设成本,而且 AP、IR(Intelligent Router,智能路由器)、WR(Wireless Router,无线路由器)等基础设备比起蜂窝移动通信系统中的基站等设备要便宜得多。

(4)网络配置和维护简便快捷。在 WMN 中,网络的配置更方便,AP、IR、WR 等基础设备小巧,且易安装和维护,不像传统蜂窝移动通信系统那样需要维护建设在高塔上的基站,另外网络的扩展也比较方便,只需增加一些必要的小型设备即可。

2)无线 Mesh 网络与 WLAN(Wi-Fi)的主要区别

从拓扑结构上看,WLAN 是典型的点对多点(Point to Multiple Points,P2MP)网络,

而且采取单跳方式,因而数据不可转发。WLAN可在较小的范围内提供高速数据服务(IEEE 802.11b可达11Mbps,IEEE 802.11a可达54Mbps),但由于典型情况下WLAN接入点的覆盖范围仅限于几百米,因此如果想在大范围内应用WLAN的这种高速率服务模式,成本将非常高昂。而对于WMN,则可以通过WR对数据进行智能转发(需要对WLAN传统的AP功能进行扩展和改进),直至把它们送至目的节点,从而把接入点服务的覆盖延伸到几公里远。WMN的显著特点就是可以在大范围内实现高速通信。

从协议上看,WMN与移动Ad hoc网络基本类似。WLAN的MAC协议完成的是本地业务的接入,而WMN则有两种可能,一种是本地业务的接入,另一种是其他节点业务的转发。对于路由协议,WLAN是静态的因特网路由协议+移动IP;但WMN则主要是动态的按需发现的路由协议,只具有较短暂的生命周期。

3) 无线Mesh网络与移动Ad hoc网络的主要区别

WMN与移动Ad hoc网络很类似,可以把WMN看成是移动Ad hoc网络技术的另一种版本或一种特例。然而,两者仍然存在一些各自的特点。

(1) 虽然WMN与移动Ad hoc网络均是点对点(Point to Point,P2P)的自组织的多跳网络,但从根本上说,WMN由无线路由器构成的无线骨干网组成。该无线骨干网提供了大范围的信号覆盖与节点连接。然而移动Ad hoc网络的节点都兼有独立路由和主机功能,节点地位平等,接通性是依赖端节点的平等合作实现的,健壮性比WMN差。

(2) WMN节点移动性低于移动Ad hoc网络中的节点,所以WMN注重的是"无线",而移动Ad hoc网络更强调的是"移动"。

(3) 从网络结构来看,WMN多为静态或弱移动的拓扑,而移动Ad hoc网络多为随意移动(包括高速移动)的网络拓扑。

(4) WMN与移动Ad hoc网络的业务模式不同。对于前者,节点的主要业务是来往于因特网的业务;对于后者,节点的主要业务是任意一对节点之间的业务流。

(5) 从应用来看,WMN主要是因特网或宽带多媒体通信业务的接入,而移动Ad hoc网络主要用于军事或其他专业通信。

4) 无线Mesh网络的主要优点

(1) 可靠性大大增强。WMN采用的网格式拓扑结构避免了点对多点星形结构,如IEEE 802.11 WLAN和蜂窝网等由于集中控制方式而出现的业务汇聚、中心网络拥塞以及干扰、单点故障,而需要额外的可靠性投资成本。

(2) 具有冲突保护机制。WMN可对产生碰撞的链路进行标识,同时选择可选链路与本身链路之间的夹角为钝角,减轻了链路间的干扰。

(3) 简化链路设计。WMN通常需要较短的单跳无线链路,所以不需要安装天线塔,天线通常安装在屋顶、电线杆和灯柱上,这样降低了天线的成本(传输距离与性能),另一方面降低了发射功率,也随之减小了不同系统射频信号间的干扰和系统自干扰,最终简化了无线链路设计。

(4) 网络的覆盖范围增大。由于WR与IAP(Intelligent AP)的引入,终端用户可以在任何地点接入网络或与其他节点联系,与传统的网络相比,接入点的覆盖范围大大增加,而且频谱的利用率也大大提高,系统的容量得到了增大。

（5）组网灵活，维护方便。由于 WMN 本身的组网特点，只要在需要的地方加上 WR 等少量的无线设备，即可与已有的设施组成无线的宽带接入网。WMN 的路由选择特性链路中断或局部扩容和升级不影响整个网络运行，因此提高了网络的柔韧性和可行性。与传统网络相比，功能更强大、更完善。

（6）投资成本低，风险小。WMN 的初建成本低，AP 和 WR 一旦投入使用，其位置基本固定不变，因而节省了网络资源。WMN 具有可伸缩性、易扩容、自动配置和应用范围广等优势，对于投资者来说，在短期之内即可获得盈利。此外，WMN 一般采用非许可证频段，所以为用户也节省了服务支出。

2. 无线 Mesh 网络体系结构

WMN 由客户节点、Mesh 路由器节点和网关节点组成。但根据网络具体配置的不同，WMN 不一定包含以上所有类型的节点。通常 Mesh 客户节点可以是笔记本电脑、PDA、Wi-Fi 手机、RFID 阅读器和无线传感器或控制器等；Mesh 路由器可以是普通的PC，也可以是专用的嵌入式系统，如 ARM（Advanced RISC Machines，ARM）等。

为提高 Mesh 网络的灵活性，通常 Mesh 路由器配置有多个无线接口，各个接口可以是相同的，也可以是不同的。与传统的无线路由器相比，Mesh 路由器在很多地方均作了增强，除提升了多跳环境下的路由功能以外，对 MAC 协议、功率控制等也有所改进。

Mesh 客户节点也有可能分为两类：一类是普通的 WLAN 客户节点，这类节点不具有移动 Ad hoc 网络典型意义下的信息转发功能，只是作为普通终端设备接入网络；另一类节点既具有普通终端节点的接入功能，又具有路由和信息转发功能，即兼具了无线路由器的功能，但通常这类节点不具备网关或网桥节点的功能。

若按节点的不同功能，网络结构可分为基础设施的网络结构、终端设备的网络结构和混合结构。若按结构层次，网络又可分为平面结构、多级结构和混合结构。这两种分层思路本质上是相似的，基础设施的网络结构就是一种多级结构，而终端设备的网络结构就是一种平面结构，以下分别加以介绍。

1）平面网络结构

图 6-32 所示为 WMN 中最简单的一种结构——平面结构。图中所有的节点为对等结构，具有完全一致的特性，即每个节点均包含相同的 MAC、路由、管理和安全等协议，既具有客户端节点的功能，也具有能够转发业务的路由器节点的功能。显然，网络中的节点与现有的 WLAN 等技术不直接兼容。这种结构适用于节点数目较少且不需要接入到核心网络的场合。

平面网络结构也称为终端设备网络结构。这时，网络中的节点为具有 Mesh 路由器功能的增强型终端用户设备。终端用户自身配置 RF 装置，通过无线信道的连接形成一个点对点的网络。这是一种任意网状的拓扑结构，节点可以任意移动，网络拓扑结构会动态变化。在这种环境中，由于终端的无线通信覆盖范围有限，两个无法直接通信的用户终端可以借助其他终端的分组转发功能进行数据通信。在任一时刻，终端设备在不需要其他基础设施的条件下可独立运行，可支持移动终端较高速率的移动，快速形成宽带网络。终端用户模式事实上就是一种 Ad hoc 网络结构模式，它可以在没有或不便利用现有网络

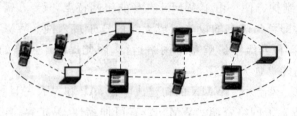

图 6-32　WMN 平面结构

基础设施的情况下提供一种通信支撑环境。

2）多级网络结构

图 6-33 所示为 WMN 典型的多级结构，分为上层和下层两个部分。在这种结构中，终端节点可以是普通的 VoIP 手机、笔记本电脑和无线 PDA 等。这些终端节点设备通过 Mesh 路由器（相当于 WLAN 中的 AP）接入到上层 Mesh 结构的网络中，实现网络节点的互连。

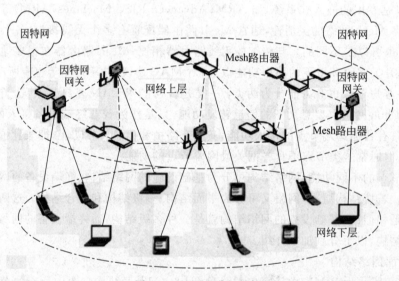

图 6-33　WMN 分级结构

该结构模式在接入点（Mesh 路由器）与终端用户之间形成无线回路。移动终端通过 Mesh 路由器的路由选择和中继功能与网关节点形成无线链路，网关节点通过路由选择及管理控制等功能为移动终端选择与目的节点通信的最佳路径，从而形成无线回路。同时移动终端通过网关节点也可与其他网络相连，从而实现无线宽带接入。这样的结构降低了系统建设成本，也提高了网络覆盖率和可靠性。这种结构的另一个优点是网络可以兼容市场上已有的设备，但缺点是任意两个终端节点之间不具备直接通信的功能。

3）混合网络结构

图 6-34 所示的混合结构为以上两种结构的混合。在这种结构中，终端节点已不是目前市面上仅仅支持 WLAN 的普通设备，而是增加了具有转发和路由功能的 Mesh 设备，设备之间可以以 Ad hoc 方式互联，直接通信。一般来说，终端节点设备需要同时能够支

持接入上层网络 Mesh 路由器和本层网络对等节点的功能。

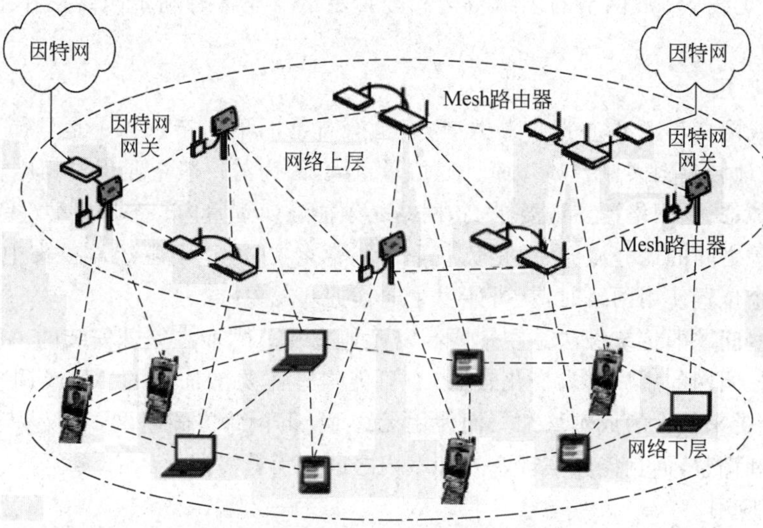

图 6-34　WMN 混合结构

　　在以上各种结构中,为了简明起见,没有再细分 Mesh 路由器的种类。实际上,在构建 WMN 的典型应用时,上层的网络边缘路由器还需要具有网关或网桥节点的功能,以便与 IP 核心网相连,接入因特网。

　　由于上述结构中的两种接入模式具有优势互补性,因此同时支持这两种模式的设备可以在一个广阔的区域内实现多跳方式的无线通信;移动终端既可以与其他网络相连,实现无线宽带接入,又可以与其他用户直接通信;并且可以作为中间的路由器转发其他节点的数据,送往目的节点。所以,WMN 不仅可以看作是 WLAN 与移动 Ad hoc 网络融合的一种网络,也可看作是因特网的一种无线版本。

3. 无线 Mesh 网络应用

Mesh 网络在家庭、企业和公共场所等诸多领域都具有广阔的应用前景。

1) 家庭应用

　　无线 Mesh 网络的一个重要用处就是用于建立家庭无线网络。家庭式无线 Mesh 网络可以连接台式 PC、笔记本电脑、HDTV、DVD 播放器、游戏控制台以及其他各种消费类电子设备,而不需要复杂的布线和安装过程。在家庭无线 Mesh 网络中,各种家用电器既是网上的用户,也作为网络基础设施的组成部分为其他设备提供接入服务。当家用电器增多时,这种组网方式可以提供更多的容量和更大的覆盖范围。无线 Mesh 网络在家庭应用中的另外一个好处是它能够支持带宽高度集中的应用,如高清晰度视频等。

2) 企业应用

　　目前,企业的无线通信系统大都采用传统的蜂窝电话式无线链路,为用户提供点对点和点对多点传输。无线 Mesh 网络则不同,它允许网络用户共享带宽,消除了目前单跳网络的瓶颈,并且能够实现网络负载的动态平衡。在无线 Mesh 网络中增加或调整 AP 也比有线 AP 更容易,配置更灵活,安装和使用成本更低。尤其是对于那些需要经常移动接入点的企业,无线 Mesh 网络的多跳结构和配置灵活将非常有利于网络拓扑结构的调整和升级。

3) 学校应用

校园无线网络与大型企业非常类似,但也有自己的不同特点。一是校园 WLAN 的规模大,不仅地域范围大,用户多,而且通信量也大,因为与一般企业用户相比学生会更多地使用多媒体;二是网络覆盖的要求高,网络必须能够实现室内、室外、礼堂、宿舍、图书馆和公共场所等之间的无缝漫游;三是负载平衡非常重要,由于学生经常要集中活动,当学生同时在某个位置使用网络时,就可能发生通信拥塞现象。

解决这些问题的传统做法是在室内高密度地安装 AP,而在室外安装的 AP 数量则很少。但由于校园网的用户需求变化较大,有可能经常需要增加新的 AP 或调整 AP 的部署位置,这会带来很大的成本增加。而使用无线 Mesh 网络方式组网,不仅易于实现网络的结构升级和调整,而且能够实现室外和室内之间的无缝漫游。

4) 医院应用

无线 Mesh 网络还为像医院这样的公共场所提供了一种理想的联网方案。由于医院建筑物的构造密集而又复杂,一些区域还要防止电磁辐射,因此是安装无线网络难度最大的领域之一。医院的网络存在布线比较困难和对网络的健壮性要求很高的特点。

采用无线 Mesh 组网则是解决这些问题的理想方案。如果要对医院无线网络拓扑进行调整,只需要移动现有的 Mesh 节点的位置或安装新的 Mesh 节点就可以了,过程非常简单,安装新的 Mesh 节点也非常方便。而无线 Mesh 的健壮性和高带宽也使它更适合于在医院中部署。

5) 旅游休闲场所应用

无线 Mesh 网络非常适合于在那些地理位置偏远,布线困难或经济上不合算,而又需要为用户提供宽带无线因特网访问的地方,如旅游场所、度假村、汽车旅馆等。无线 Mesh 网络能够以最低的成本为这些场所提供宽带服务。

6) 快速部署和临时安装应用

对于那些需要快速部署或临时安装的地方,如展览会、交易会或灾难救援等,无线 Mesh 网络无疑是最经济有效的组网方法。比如,如果需要临时在某个地方开几天会议或办几天展览,使用无线 Mesh 网络来组网可以将成本降到最低。

作为一种新型的网络,由于 WMN 组网快速灵活,接入速率高,覆盖范围广,投资较小,技术相对成熟,网络建设时间短,便于升级,将对于网络运营商具有巨大的诱惑力。无线 Mesh 网络既是 WLAN 的延伸,又可以作为 3G 的补充,也可与 WiMAX 相辅相成,也解决了无线接入的"最后一公里"的瓶颈问题。无线 Mesh 网络不仅在战场、救灾等特殊领域也有着不可替代的作用,同时在人们的日常公共通信服务中也有着巨大的应用潜力,因而无线 Mesh 网技术将给无线宽带领域带来重大变革。

7) Portal 智能交通系统实例

下面通过 MeshNetworks 公司英格兰 Portal 智能交通系统应用介绍无线 Mesh 网络的实际应用。

　　该系统位于英格兰的朴茨茅斯市,其主要目的是为公共交通中的旅客提供实时准确的交通信息,包括客车的到达、出发时间等,旅客可以通过一个远程终端来查看这些信息。该方案的应用大大提高了城市交通系统的服务质量,使旅客的乘车过程更加方便、安全、舒适。另外,该系统也为城市交通调度公司提供了实时合理的调度信息和快捷方便的管理手段。

　　如图 6-35 所示,在该系统中包括了 4 种不同的终端设备:中心 AVL(自动车辆定位)服务系统、公交车 GPS 定位系统、数据/语音通信系统和站台信息传输系统。系统的设计与以往的方式截然不同,采用了美国 MeshNetworks 公司的即时 WMN 结构和技术,并且与 GPRS 无线技术相结合,一起构成了全新的数字无线网络骨干。320 辆公交车内装有嵌入式 Windows 操作系统和 MeshNetworks 公司的 QDMA 网卡,站台上的乘客可以轻易地知道汽车的位置,并可以收发电子邮件,进行无线数据/语音通信,查询行车信息,购买车票等。

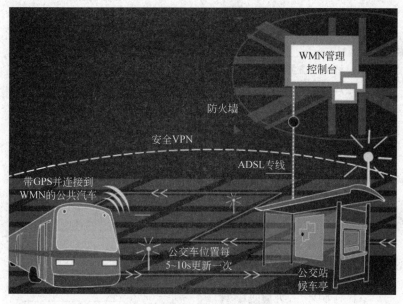

图 6-35　智能交通系统应用方案

6.5　社交网络基础

　　社交网络即社交网络服务(Social Network Service,SNS),是专注于构建在线社区的一种服务,社区中的用户有着共同的兴趣或活动,或者他们都想探索新的兴趣和活动。SNS 由 J. A. Barnes 于 1954 年在 Human Relations 一文中首先使用。1967 年,哈佛大学的心理学教授 Stanley Milgram 创立的六度分隔理论被认为是社交网络的理论基础。按照六度分隔理论,网络上每个用户的社交圈都不断放大,最后就可构成一个大型的社交网络。社交网络将社会关系视为点和节。点指的是网络中单独的作用因素,节指的是各因素之间的关系。社交网络指出了个体通过各种社会相似属性,从泛泛之交到家庭血缘关系联系起来的方式。各节点之间可以有很多种关系。以最简单的形式为例,社交网络是被研究节点之间所有相关关系的地图。

6.5.1 社交网络的发展

社交网络源自网络社交,网络社交的起点是电子邮件。社交网络的发展历史如图 6-36 所示。

图 6-36 社交网络的发展

1971 年,人类第一封电子邮件诞生。麻省理工学院博士 Ray Tomlinso 的 E-mail 打开了网络通信之门,其起源就是为了方便阿帕网(ARPANET)项目的科学家们互相分享研究成果。BBS 则更进了一步,把"群发"和"转发"常态化,理论上实现了向所有人发布信息并讨论话题的功能。

1991 年,英国计算机科学家 Tim Berners-Lee 经过多年实践和改进,创办了以超链接为特征的万维网。

1994 年,斯沃斯莫尔学院(Swarthmore College)学生 Justin Hall 建立自己的个人站点 Justin's Links from the Underground,与外部网络开始互联。Justin Hall 把这个站点更新了 11 年,被称为"个人博客元勋"(founding father)。

1995 年,Classmates.com 成立,旨在帮助曾经的幼儿园同学、小学同学、初中同学、高中同学、大学同学重新取得联系。Classmates.com 在 2008 年的时候还拥有 5000 万会员,到 2010 年才跌出社交网站 TOP 10。

1996 年,早期搜索引擎 Ask.com 上线,它允许人们用自然语言提问,而非关键词(比如"今天上映什么电影",而不是"10 月 23 日电影上映")。

1997 年,美国在线(American Online,AOL)发布的实时交流工具 AIM 上线。

1998 年,在线日记社区 Open Diary 上线,它允许人们即使不懂 HTML 知识也可以发布公开或私密日记。更重要的是,它首次实现了人们可以在别人的日志里进行评论回复。

1999 年,博客工具 Blogger 和 LiveJournal 出现;后来 Blogger 在 2003 年被 Google 收购,但该产品目前仍然存在——全球科技公司之间的专利站捧红的 FOSS Patent 就是用 Blogger 建立的网站。

2000 年,Jimmy Wales 和 Larry Sanger 共同成立 Wikipedia,这是全球首个开源、在线、协作而成的百科全书,完全不同于《大英百科全书》的编撰方式。Wiki 的用户在第一年就贡献了 20 000 个在线词条。目前维基百科仍然坚持以募捐的方式筹措运营资金,2011 年年底他们募集 2000 万美元来维持 2012 年的运营。

2001 年,Meetup.com 网站成立,专注于线下交友。这个有着 12 年历史的网站,现在每月还有 34 万个群组举行线下活动。网站的创建者是 Scott Heiferman,2001 年 9·11 事件以后,他成立了 Meetup.com 来帮助人们互相联系——而且不只是线上的。Meetup.com 是一个兴趣交友网站,他鼓励人们走出各自孤立的家门,去与志趣相投者交友、聊天。现在它每月会有 34 万个群组在当地社区进行聚会,一起吃喝玩乐、聊天、社交甚至学习。

2002 年,Friendster 上线,这是首家用户规模达到 100 万的社交网络。Friendster 开创了通过个人主页进行交友的先河,在它两年之后,Facebook 正式在哈佛大学寝室上线。目前在 Facebook 的攻势下,Friendster 在全球范围内基本式微,不过在印度尼西亚和菲律宾仍然受欢迎。有意思的是,Facebook 在这两个国家也极其受欢迎。

2003 年,面向青少年和青年群体的 MySpace 上线,它再一次刷新了社交网络的成长速度:一个月注册量突破 100 万。MySpace 发展到后来涉黄和无谓谩骂逐渐增多,管理者不加规范,以致难以扩大用户,最终被出售。如果说 2005 年卖给新闻集团的 5.8 亿象征着它是未来的新星,那么 2011 年以 3500 万美元贱卖给广告商则意味着这颗流星陨落。2003 年上线的还有 WordPress,它由全球各地的几百名网友通过在线协作创建,目前在全球已经拥有数千万用户。截至 2011 年 12 月,发布一年的 WordPress 3.0 获得了 6500 万次下载。与 WordPress 相关的故事不计其数,信息图中讲到它帮助一个自闭症女孩走出病症的故事,这个叫 Carly Fleishmann 的女孩通过在计算机上敲打文字的方式使自己摆脱了自闭症;随后她创办了 Carly's Voice 的 WordPress 个人博客,帮助其他人摆脱自闭症。

2004 年,Facebook 成立,根据 7 月 Facebook 上市后的首份财报,Facebook 目前每月有 9.55 亿用户活跃用户(MAU),每月移动平台活跃用户数有 5.43 亿。

2004 年创立的还有 flickr,现在它依然是非常活跃的图片社区,只不过东家已经变成了雅虎。

2005 年,YouTube 成立,它在成立后迅速被 Google 相中,2006 年从 Google 那里得到的收购价是 16.5 亿美元。

2006 年,Twitter 成立,由于它内容限制在 140 字以内,使它迅速成为方便的交流工具和强大的自媒体平台。

2006 年成立的还有 Spotify,它现在是社交音乐分享型应用的典型,拥有 1500 万 MAU 和 400 万付费用户。

2007 年,轻博客平台 Tumblr 成立,目前该平台上有 7700 万个博客;根据 2011 年 7 月的数据,该网站每月的独立访问量是 1340 万。信息图中举到一个例子,一个名叫 Ana White 的女木匠在 Tumblr 上开通博客分享自己对木匠工作的喜爱,现在她的博客每月访问量有 300 万,所获得的广告收入足以养家。

2008 年,Groupon 上线,是国际上最大的团购网站,但近一年股价跌逾 80%,一直走下坡路。

2009 年,Foursquare 上线,以"签到"(check-in)组建基于地理位置的社交网络,Foursquare 成立于纽约市,每年 4 月 16 日在纽约拥有一个独特的"4SQ 日"。截至今年 4 月,Foursquare 拥有 2000 万注册用户数。

2010 年,Google 围绕最成功的产品 Gmail 推出微博客和沟通工具 Google Buzz,但这是一个失败的产品,2011 年 12 月 15 日彻底被 Google 终结。

2011 年,Google Buzz 的继承者 Google+上线,根据 2012 年 9 月的数据,Google+拥有 4 亿注册用户,每月 1 亿活跃用户。

2012 年 Pinterest 呈现爆发式增长(很大一部分原因是它在 2011 年年底被 TechCrunch 评为"年度最佳创业公司"),它是目前网站史上最快达到 1000 万独立访客的网站。

6.5.2 在线社交网络

在线社交网络是一个系统,其中的主体是用户(user),用户可以公开或半公开个人信息;用户能创建和维护与其他用户之间的连接(或朋友)关系及个人要分享的内容信息(如日志或照片等);用户通过连接(或朋友)关系能浏览和评价朋友分享的信息。

在线社交网络与传统的 Web 网络最大不同之处在于:传统的 Web 网络的主体是内容信息,依靠内容信息组织在一起,呈现给用户;而在线社交网络的主体是人,依靠人与人之间的朋友关系组织在一起。在线社交网络必须具备三项基本功能:允许用户创建和维护朋友关系,上传自己要分享的内容信息,浏览其他用户分享的内容信息。

1. 在线社交网络分类

按照其功能属性,大致可以把社交网络分为如下类别。

1) 交友网络

这类社交网络是现实社交圈子的映射,其朋友关系的真实性和关系维护的便捷性吸引了大量用户的参与。这类网站国际上比较流行的有 Facebook、MySpace 和 Cyworld 等;国内比较流行的有人人网和开心网(kaixin001.com)。除此之外,面向商务人士的 xing 和 linkedin、婚恋交友网也属于此类网络。

2) 博客网络

博客站点提供的最基本功能是博客的发布和用户关注服务,用户之间的关注关系就形成了社交网络。博客网络一般是有向网络,即用户 A 关注用户 B 的博客,但用户 B 未必关注用户 A 的博客。近几年迅速兴起的微博客引发了人们对信息传播的关注。较大的博客站点有 Google blogger(www.blogger.com)、Microsoft live spaces(home.spaces. live.com)、新浪博客(blog.sina.com.cn)、腾讯 Qzone (qzone.qq.com)、LiveJournal (www.livejournal.com)、Twitter(twitter.com)和 Follow5(www.follow5.com)等。

3) 媒体分享网络

这类网络主要用于用户发布、共享和检索媒体资源,如视频、图片或书签等。这些站点降低了信息发布的门槛,吸引大量用户参与进来。这些站点除了提供资源发布和共享服务外,也提供交友服务。这些站点上的用户形成的社交网络一般也是有向网络。较大的站点有视频分享网站 YouTube(www.youtube.com)和优酷(www.youku.com)、图片分享网站 Flickr (www.flickr.com)、网络书签站点 CiteULike(www.citeulike.com)等。

4) 即时通信网络

即时通信系统是一种实时交流工具,系统中的每个用户都有自己的联系人(或好友)列表。根据用户之间的好友关系可以构建即时通信系统中的社交网络。有代表性的即时通信系统有 MSN(www.msn.com)、QQ(im.qq.com)和 Skype(www.skype.com)等。

上述站点所提供的服务之间有互补和重叠之处,如视频分享网络优酷上的用户也可以指定自己的好友;Facebook 和人人网上的用户也可以发布自己的微博客,这使得我们很难在社交网络的分类上给出严格的划分。

2. 在线社交网络实例

1) Facebook

Facebook(中文名称"脸谱")是一个典型的在线社交网站,于 2004 年 2 月 4 日上线,最初是由美国哈佛大学在校学生 Mark Zuckerberg 与两位室友一同创建的一个面向哈佛大学在校学生的校内联系及校友交流平台。Facebook 一经推出便立刻横扫哈佛校园,短短的一个月内就有超过半数的哈佛学生成为注册用户,在随后的两个月中,注册范围继续扩展至波士顿地区的其他高校,在美国的大学生中掀起了一股使用 Facebook 的热潮。截至 2010 年 7 月,Facebook 在全球已拥有超过 6 亿的活跃用户,成为世界上最大的交友网站。

Facebook 在技术架构方面使用的是经典的 LAMP(Linux、Apache、MySQL、PHP)组合。其 Web 服务器是 Linux、Apache 和 PHP,数据库是 MySQL。

盈利是社交网络的长久持续发展之道,如图 6-37 所示,目前 Facebook 的盈利模式主要包括三类,一是网络广告,这些广告一般是与用户相关的商家提供的;二是栏目广告;三是通过第三方开放平台推出 App 增值服务,这也是最重要最有前景的模式。

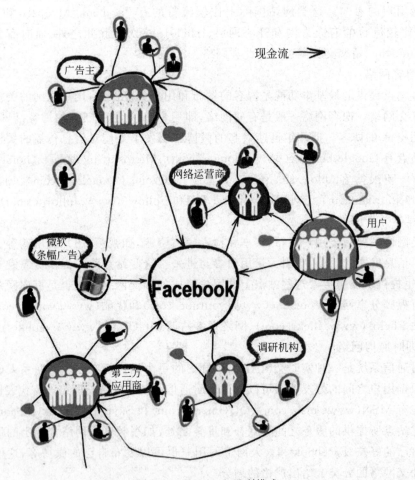

图 6-37 Facebook 盈利模式

Facebook 是现今全球市值最高的互联网公司,这样一个庞大的社交网络帝国如何在现有的基础上继续演绎辉煌,创造互联网更大的奇迹,不仅是 Mark Zuckerberg 需要面对的,也是每个互联网人士应该思考的,这对于整个互联网生态环境将会有举足轻重的影响。

2）Twitter

Twitter（中文名称"推特"）是一个微型博客网站，2006 年 3 月成立于美国旧金山，由博客技术先驱 Evan Wiliams 的新兴公司 Obvious 公司开发创建，在最初阶段，这项服务只是用于向好友手机发送文本信息，2006 年年底，服务升级，用户可以通过即时信息服务和个性化推特网站，利用无线网络、有线网络等通信技术即时接收和发送信息。Twitter本来是一种鸟叫声，创始人认为鸟叫是短、频、快的，符合网站中信息快播的内涵，因此选择了 Twitter 作为网站的名称。

Twitter 主要向用户提供社交和发布短信的功能。不同用户间通过 Follow 来进行互相关注，当 Follow 了一个 Twitter 用户后，那个用户所发布的消息就会按照时间顺序全部出现在自己的 Twitter 主页上。如果 Follow 了多位用户，那么在页面上将会显示这些用户混合在一起的信息，可能是当天的热点新闻、一首歌或者一个视频链接。Twitter 首页如图 6-38 所示。

图 6-38　Twitter 首页

与 Facebook 一样，Twitter 也推出了自己的第三方开放平台。网站的服务商将自己的网站服务封装成一系列 API 进行开放，吸引一些第三方的开发人员在该平台上开发商业应用，这些第三方应用同时又扩大了 Twitter 原有的功能，让 Twitter 更好用，从而极大地丰富了 Twitter 平台的功能和乐趣。

Twitter 作为一种社会化媒体，对于信息传播的影响是巨大的。在 2008 年美国总统的选举中，奥巴马就是得益于 Twitter 等媒介对于自己成功当选的推动，他的团队创建了一个社交网络来增进奥巴马在网络上的影响力，充分利用了 Twitter、Facebook、YouTube 等新兴的社会化媒体，塑造了奥巴马 Web 2.0 一代的形象，拉668不少选票。善于学习的奥巴马则通过自己在网络上的营销为自己鲜明地树立起清新、年轻、锐意进取的候选人形象，拉近了选民与自己的距离，尤其是博得了年轻人的支持，使得其更具亲和力和竞争力。此外，Twitter 上还注册有社会各界的大量名人，如科学家、艺术家、流行歌手、技术工程师等，使得其上所发表的信息更具有传播性，内容更加丰富充实，满足了不同类别人之间交流了解的需求。

3. 社交网络研究

随着社交网络的蓬勃发展,关于社交网络的研究也越来越多地引起了学术界的关注。目前,社交网络的主要研究内容有社交网络的拓扑分析、社交网络中的信息传播、社交网络的安全隐私、社交网络的连接研究、用户行为分析以及社会化推荐等等。在此对社交网络的拓扑分析、社交网络中的信息传播以及社交网络隐私安全进行简要介绍。

1) 社交网络拓扑分析

当社交网络刚开始进入研究者的视线的时候,人们希望通过了解社交网络的拓扑特性和已知的一些网络,例如万维网、因特网的拓扑结构进行比较。对于社交网络的结构进行深入的了解可以帮助我们更好地评估现有系统,设计新的社交网络,探索社交网络对互联网的结构特性设计应用,优化网络性能。例如,可以基于社交网络结构检测可信用户或有影响力的用户,这类似于利用互联网结构发现权威信息源。目前已有关于利用社交网络消除垃圾邮件、提高搜索性能、抵御 Sybil 攻击的研究。

人们对社交网络拓扑特性的研究主要是基于节点度分布、平均路径长度、网络直径和聚类系数等。就像许多世界中的网络具有小世界特征和无标度特征一样,大部分社交网络也被证实具有这两种特性。

小世界网络中节点大部分都是不相邻的,但大多数节点间的距离却很短,其特征路径长度与节点的对数成正比。如果一个网络和与其具有相同规模的随机网络相比拥有小的平均路径长度和大的聚类系数,那么它就是一个小世界网络。在小世界网络中,人们通过很少的跳数就能取得联系,信息传播也更快。

在社交网络中,少数节点拥有大量的连接,而大部分的节点却只有很少量的连接,各节点之间的度(度是描述一个网络图的最基本的术语,度数表示一个节点的连接数,即与该节点相连的边的数目)分布具有严重的不均匀性,一般而言它们符合幂律分布。将度分布符合幂律分布的复杂网络叫做无标度网络。

2) 社交网络中的信息传播

社交网络凭借其庞大的用户群每天都在传播着巨量的内容。例如,YouTube 上每分钟就就有 10 小时的新视频诞生,Flicker 上已有超过 20 亿张图片。正是基于这种广泛的流行性,社交网络已被当做宣传内容、推销产品、发起政治运动的有力工具。许多电影公司将其预告片放到 MySpace 上进行宣传;美国总统候选人利用 YouTube 发起政治运动;个人和业余艺术家将歌曲、艺术作品、博客放到社交网络上,以期被广大网民看到。

社交网络在信息传播方面扮演着越来越重要的角色,社交网络的信息传播特征和传播机制是一个很重要的研究点。目前社交网络信息传播的模型大都是基于独立级联模型(Independent Cascade Model,ICM)的,针对 ICM 存在的问题,研究人员不断探索并提出相应的改进方法,在此领域的研究仍在不断深入。

3) 社交网络安全隐私

社交网络提供了用户表现自我的平台,帮助用户进行社交活动,添加好友,与他人保持联系,共享资源。用户注册个人主页,按照自己的意愿进行设计,用于商业来往、娱乐、资源共享等。社交网络的出现使人们的社交行为在虚拟世界与现实世界中重叠,许多社交关系能够在社交网站得到体现,因此,用户的个人资料、用户与好友之间的关系都会相应地存储在社交网站中。

随着越来越多的用户通过社交网络进行信息交流与传播,安全问题正日益凸显出来,通过社交网络收集和利用用户隐私信息变得更加容易;用户的隐私暴露的风险不断增加,用户个人权益遭受损害的可能性也不断增加。因此,社交网络中用户的隐私安全正成为一个亟待解决的问题。

尽管社交网络的根本目的是提供给用户一个线上互动和交流的平台,但不同网站的定位、目标和实现方法等都存在很大的不同。不同的社交网络有着不同的特点,因此其信息泄露的内容、信息泄露的方式也变得多种多样。社交网络中用户的隐私信息类型主要包括四个方面,分别是用户的个人信息、用户分享的信息、用户的人际关系信息以及通过数据挖掘所获取的信息。

社交网络应用的广泛性与多样性使得用户隐私信息泄露的方式也变得多种多样。除了用户自己透露的信息之外,社交网站以及第三方应用都可能造成用户隐私的泄露。目前很多研究者从技术的角度寻找社交网络的用户隐私保护途径。解决隐私保护的传统技术方法包括简单的匿名保护,对数据进行部分隐匿和泛化、随机化处理后再进行分析挖掘,基于密码学的隐私保护技术等。社交网络的隐私安全是社交网络领域中的一个重要研究问题。

6.5.3　移动社交网络

移动和社交已经成为互联网中非常火爆的概念,移动社交网络(Mobile Social Networks,MSN)是结合社会科学和移动网络无线通信技术的新型网络形式。随着移动设备数量的增长和能力不断增强,移动社交网络呈现着蓬勃发展的势头。移动社交网络是通过移动设备建立的以社会交互为目的的网络。目前对移动社交网络的理解主要分为两种:一种是现实世界承载社会交互的开放式自组织的真实网络;另一种是虚拟的万维网(Web)社交网络在移动设备上的延伸,由相对固定的成员组成,更多地体现虚拟性。前者能够通过感知设备捕获具有时空特征的人类移动和社会交互,是架在虚拟信息空间和真实物理世界之间的一座桥梁。中国互联网数据中心调查表明,手机用户之间的沟通、传播与分享正在构建自组织移动社交网络,并逐步渗透到人们日常生活、工作、学习和娱乐中。

1. 移动社交网络的特征

人类同时生存于物理和虚拟两个社会空间中。很长一段时间里,这两个社会空间是分离的。Web 社交网络缩短了时空距离,在一定程度上促进了人们的交流,但是面对面交互的机会也减少了。社会学家认为线下物理活动对于社交更为重要,事实的确如此,我们更依赖和信赖真实的现实世界交互。移动社交网络连接了物理和虚拟两个社会空间,融合了人们线上、线下的体验,形成了混合社交空间。与传统基于 Web 的在线社交网络相比,移动社交网络具有以下特点。

（1）感知的实时连续性。由于人们是在不停地、自然地移动，通过自身携带的移动感知设备，可以获取用户实时、连续的现场数据，实时无缝获取情境信息。

（2）数据的真实时空性。传统社交网络是以 Web 数据为分析基础，其主体是虚拟的人，在线行为也属于虚拟行为。移动社交网络主体更趋近于真实世界的人，通过移动社交网络获取的数据更能体现人类行为和社会交互的时空特性。

（3）服务的即时即地性。移动社交网络能够实现即时即地的服务，如基于位置的推荐服务。

在移动社交网络中，感知随时随地发生，交流无处不在，服务触手可及。一方面，个人凭借随身携带的智能化移动终端设备，随时随地获取自身时空特征信息并与他人分享，即时即地享受服务，这种移动性与情境感知能力极大地扩展了在线社会网络的交互功能；另一方面，通过对大规模个人和群体日常行为和社会交互数据的挖掘与分析，提取具有应用价值的社群交互特征信息，移动社交网络能够对一些社会性问题的解决提供有力的支持，如健康卫生（传染病防控）、公共安全（有组织犯罪预警）等。

2. 移动社交网络的分类和组成

移动社交网络是一个以用户为中心的移动通信系统，它在不断地发展以满足用户对数据交换、共享信息和交付服务的需求。移动社交网络大致可以分为以下两类。

1）基于 Web 的移动社交网络

基于 Web 的移动社交网络使用在线社交网络服务（如 Facebook、Twitter 等），或者通过移动设备访问移动门户网站获取所需信息。移动用户可以通过互联网提供的可用的无线连接与基于 Web 的应用程序进行通信。有许多基于 Web 的移动社交网络应用程序的 MSN 支持并提供这些服务。例如 iPhone Facebook App 就是一个允许用户与基于 Web 的 Facebook 交互的移动应用程序。Google Latitude 也是一种基于 Web 的社会感知移动应用，帮助移动用户查找已经分享自己位置信息的人的位置信息。这种基于 Web 的移动社交网络利用简单的无线协议来传输移动用户的身份信息，并将它们与用户兴趣、地理位置、活动状态等不同的语境信息绑定。通常，基于 Web 的移动社交网络在结构上是一种集中式的通信结构。

2）分布式的移动社交网络

在分布式移动社交网络中，多个移动用户组成一个群组，并且在群组中共享数据，不需要连接到集中式服务器上。移动用户在任何时候加入这个群组，都可以同群组中的其他人进行数据交换、共享信息等操作。移动用户可以通过蓝牙、Wi-Fi 等无线技术加入已有的群组。在这种类型的社交网络中，数据信息是由移动用户产生的，这些用户基于共同的兴趣进行交互，形成一个社交群组，并在群组中共享自己的数据信息。例如，EyeVibe 是一个移动用户视频聊天的社区，用户可以在社区中共享或者传输视频资源。

如图 6-39 所示，移动社交网络由三个主要部分构成：内容提供器、移动设备以及网络基础设施。内容提供器是一个连接到因特网的固定专用服务器，通过网络基础设施向用户提供数据信息。移动设备是有不同无线接口的手机、个人计算机或者其他设备，移动设备可以从内容提供器那里接收数据，同时可以产生数据或者向其他移动设备传输数据。

网络基础设施用来从源数据端向目的接收端传输数据,分为集中式和分布式两种基本结构。

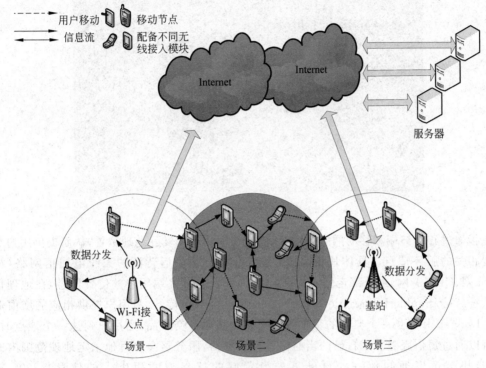

图 6-39 移动社交网络的组成

3. 移动社交网络应用

随着人类社交活动的动态化,移动社交网络应用需求不断增加。移动社交网络应用的目的是,通过使用无线或者移动通信技术增加移动用户之间的社会联系。下面简要介绍移动社交网络的一些相关应用。

1)医疗保健服务

人们对自身健康越来越重视,一种新型的应用模式是通过健康监护帮助人们在日常生活中避免一些心理或者生理上的疾病。在医疗保健领域,移动社交网络可以用来交换信息,并向用户提供一个讨论学习的平台。PatientsLikeMe 是一种免费的基于 Web 的社交网络应用。PatientsLikeMe 意为"像我一样的病人",是一家专门为病患打造的社交网站,建立于 2004 年,总部位于美国马萨诸塞州的剑桥,他们的口号是:让患者帮助患者提高生活质量(Patients helping patients live better every day)。通过该网站,患者可以找到与自己病情类似的成员,进行点对点的交流。到目前为止,PLM 已经拥有 8 万多成员,对于一所以病患为对象的社交网络来说,这个数字已经十分庞大。图 6-40 为 PatientsLikeMe 的网站首页。

2)基于位置的服务

基于位置的服务(Location Based Service,LBS)是移动社交网络的另一个重要应用。

图 6-40　PatientsLikeMe 首页

它是指通过移动终端和移动网络的配合,确定移动用户的实际地理位置,从而提供用户与位置相关的服务信息。具体地说,LBS 是通过电信移动运营商的无线电通信网络(如GSM 网、CDMA 网)或外部定位方式(如 GPS)获取移动终端用户的位置信息,在地理信息系统(Geographic Information System,GIS)平台的支持下,为用户提供相应的增值业务。Dodgeball 就是一个典型的基于位置服务的移动社交产品,当用户到达一个地点时,他可以通过短信服务发送自己的当前位置到服务器,服务器会告诉他一定地理范围内的好友,甚至可以通知他一些自己事先设置好的感兴趣的陌生人的信息。2005 年Dodgeball 被 Google 收购,随后 Google 在此基础上推出了 Google Latitude,图 6-41 是Google Latitude 应用软件示意图,它是通过手机连接的通信基站和 Wi-Fi 热点 IP 地址来进行定位的,可以获得每一个用户在任何时候的地理位置信息。

图 6-41　Google Latitude 应用软件示意图

3) 可穿戴服务

可穿戴计算增大了真实和物理世界的社会互动。可穿戴网络包含许多可穿在身上的移动设备,用于行为建模、健康监测以及娱乐等实际应用。通过可穿戴设备,移动社交网络可以将互联网所需要的语境数据进行整合,达到使一些日常工作自动化的目的。可穿戴设备可以通过模拟人类情感给人以感觉或者触觉上的接触,例如 Hug Shirt 可以给人提供一种虚拟的拥抱,给被拥抱者以温暖和热情,感觉像是被真实世界的人拥抱一样美好。Hug Shirt 通过蓝牙通信为移动设备开启拥抱功能,是移动社交网络在可穿戴领域的应用。谷歌眼镜移动社交网络和可穿戴服务结合的另一个产品,是由谷歌公司于 2012 年 4 月发布的一款拓展现实的眼镜,它具有和智能手机一样的功能,可以通过声音控制拍照、视频通话和辨明方向以及上网冲浪、处理文字信息和电子邮件等等。

移动社交网络作为一种全新的社交模式,连接了虚拟信息空间和真实物理世界,受到人们越来越多的青睐。美国科技资讯网站 CNET 预测移动社交网络将成为未来社交的主流方式。相对于传统社交网站,移动社交网络的移动化和本地化体现了真实世界社会交互的时空特性,而用户的地理位置结合真实社交关系使得用户的信息更为精准,有利于移动社交网络在数字娱乐、广告投放、健康卫生、公共安全等领域的应用。

习题

1. 试从服务角度描述因特网。

2. 为什么说因特网是网络的网络?

3. 试比较电路交换(circuit switching)和分组交换(packet switching),因特网采用的是哪种方法?

4. 简述因特网的协议层次并说明协议分层的优点。

5. 已知 IP 地址是 141.14.72.24,子网掩码是 255.255.192.0,试求网络地址。若把子网掩码改为 255.255.224.0,网络地址又是什么?

6. 客户/服务器模式的基本思想是什么? 结合实例,分析用户请求 Web 页面的过程。

7. 阐述无线网络的优势并列举几种常见的无线网络。

8. 结合具体的无线网络实例,分析无线移动网络中有哪些挑战。

9. 什么是无线传感器网络? 描述它的体系结构。

10. 无线 Mesh 网络与传统的无线网络有哪些差别?

11. 社交网络有什么特点? 现阶段社交网络研究的内容有哪些?

参 考 文 献

[1] Yale N P,Sanjay J P. 计算机系统概论[M]. 2 版. 梁阿磊,蒋兴昌,林凌,译. 北京：机械工业出版社,2007.

[2] 陈道蓄. 计算机系统基础[M]. 北京：高等教育出版社,2013.

[3] Randal E B,David R O. 深入理解计算机系统[M]. 龚奕利,雷迎春,译. 北京：机械工业出版社,2013.

[4] 袁春风. 计算机系统基础[M]. 北京：机械工业出版社,2014.

[5] Behrouz A F. 计算机科学导论[M]. 刘艺,刘哲雨,等译. 北京：机械工业出版社,2009.

[6] 严蔚敏,吴伟民. 数据结构(C 语言版)[M]. 北京：清华大学出版社,2011.

[7] Patterson D A,Hennessy J L. 计算机组成与设计：硬件、软件接口[M]. 康继昌,樊晓桠,安建峰,译. 北京：机械工业出版社,2012.

[8] Rob Williams. 计算机系统结构[M]. 2 版. 赵学良,等译. 北京：机械工业出版社,2008.

[9] Stephen D Brown,Zvonko G Vranesic. 数字逻辑基础与 Verilog 设计[M]. 3 版. 伍微,译. 北京：清华大学出版社,2011.

[10] 唐朔飞. 计算机组成原理[M]. 2 版. 北京：高等教育出版社,2008.

[11] 白中英. 计算机组成原理[M]. 北京：科学出版社,2008.

[12] 蒋本珊. 计算机组成原理[M]. 2 版. 北京：清华大学出版社,2008.

[13] 李亚民. 计算机组成与系统结构[M]. 北京：清华大学出版社,2000.

[14] 万木杨. 大话处理器——处理器基础知识读本[M]. 北京：清华大学出版社,2011.

[15] Alfred Aho,Jeffrey Ullman,Monica S. Lam,et al. 编译原理[M]. 2 版. 赵建华,等译. 北京：机械工业出版社,2009.

[16] 蒋立源,康慕宁,等. 编译原理[M]. 3 版. 西安：西北工业大学出版社,2005.

[17] 蒋宗礼. 编译原理[M]. 北京：高等教育出版社,2010.

[18] Torben,Mogensen. Basics of Compiler Design [EB/OL]. www. diku. dk/～torbenm/Basics/.

[19] Andrew S. Tanenbaum. 现代操作系统[M]. 陈向群,马洪兵,等译. 北京：机械工业出版社,2009.

[20] Robert Love. Linux 内核设计与实现[M]. 3 版. 陈莉君,康华,译. 北京：机械工业出版社,2011.

[21] 于渊. 自己动手写操作系统[M]. 北京：电子工业出版社,2006.

[22] Gary Nutt. 操作系统[M]. 北京：机械工业出版社,2005.

[23] Harvey M Deitel. 操作系统[M]. 北京：清华大学出版社,2007.

[24] Abraham Silberschatz. 操作系统概念[M]. 北京：高等教育出版社,2010.

[25] Mattbew S. Gast. 802.11 无线网络[M]. 南京：东南大学出版社,2007.

[26] James F. Kurose. 计算机网络自顶向下方法[M]. 4 版. 北京：机械工业出版社,2008.

[27] 谢希仁. 计算机网络[M]. 6 版. 北京：电子工业出版社,2013.

[28] 蔡皖东. 计算机网络[M]. 北京：清华大学出版社,2015.

[29] Kaveh Pahlavan. Principles of Wireless Networks. London：Prentice Hall PTR,2001.

[30] Akyildiz I F, Su W, Sankarasubramaniam Y, et al. Wireless sensor networks：a survey[J]. Computer networks,2002,38(4)：393-422.

[31] 孙利民,李建中,陈渝. 无线传感器网络[M]. 北京：清华大学出版社,2005.

[32] 李士宁. 传感网原理与技术[M]. 北京：机械工业出版社,2014.

［33］ 方旭明.下一代无线因特网技术：无线 Mesh 网络［M］.北京：人民邮电出版社,2006.

［34］ 刘云浩.物联网导论［M］.2 版.北京：科学出版社,2013.

［35］ 於志文,周兴社,郭斌.移动社交网络中的感知计算模型、平台与实践.中国计算机学会通讯,第 8 卷,第 5 期,2012：15-20.

［36］ 张春红.社交网络(SNS)技术基础与开发案例［M］.北京：人民邮电出版社,2012.

［37］ Kayastha N,Niyato D,Wang P,et al. Applications,architectures,and protocol design issues for mobile social networks：A survey［J］. Proceedings of the IEEE,2011,99(12)：2130-2158.

［38］ Bob Lantz,Brandon Heller,Nick McKeown. A Network in a Laptop：Rapid Prototyping for Software-Defined Networks. Hotnets'10,2010.

［39］ Nick McKeown,Software-defined networking. INFOCOM Keynote Talk,2009.

［40］ 张朝昆,崔勇,唐翯祎,等.软件定义网络(SDN)研究进展.软件学报,2015,26(1)：62-81.